中等职业学校规划教材

有 机 化 学

第四版

邓苏鲁 编

化学工业出版社

·北 京·

本书在第三版的基础上，为适应中等职业教育改革和素质教育的需要而再次修订。本书以官能团为主线，采用脂肪族和芳香族混编为主、有分有合的体系，这种体系有利于教学。

全书内容包括绪论、烷烃、不饱和链烃、脂环烃、脂肪族卤代烃、醇和醚、芳烃、酚和芳醇、醛和酮、羧酸及其衍生物、含氮有机化合物、杂环化合物、碳水化合物和蛋白质、合成高分子化合物等。

本书每章除编有学习目标、本章小结和习题外，还编有例题，作为解答各种类型习题的参考。此外，每章还选编与教材内容相关的具有趣味性和知识性的阅读材料，以利于素质教育。

本书符合中等职业教育的特点，注重素质教育，突出实用性、实践性的原则，删去原书理论较深、较难及一些实用性不强的内容，强化了与生产、生活实际、环境保护等联系较为密切的内容，有利于职业能力的培养。文字简明通俗、浅显易懂、条理清晰，内容编排由易到难、循序渐进。

本书为中等职业学校化工工艺专业和工业分析与检验专业的教材，也可作为其他中等职业学校相关专业的教材或参考书。也可供其他专业技术人员学习或参考。

图书在版编目（CIP）数据

有机化学/邓苏鲁编. —4 版. —北京：化学工业出版社，2006.10

（2025.2重印）

中等职业学校规划教材

ISBN 978-7-5025-9552-4

Ⅰ. 有… Ⅱ. 邓… Ⅲ. 有机化学-专业学校-教材 Ⅳ. O62

中国版本图书馆 CIP 数据核字（2006）第 125868 号

责任编辑：陈有华　梁　虹　旷英姿　　文字编辑：张　婷

责任校对：战河红　　装帧设计：于　兵

出版发行：化学工业出版社（北京市东城区青年湖南街 13 号　邮政编码 100011）

印　　装：大厂回族自治县聚鑫印刷有限责任公司

787mm×1092mm　1/16　印张 13¾　字数 320 千字　2025年 2 月北京第 4 版第 48 次印刷

购书咨询：010-64518888　　售后服务：010-64518899

网　　址：http://www.cip.com.cn

凡购买本书，如有缺损质量问题，本社销售中心负责调换。

定　　价：33.00 元

前　言

根据教育部有关中等职业教育的教材要突出实用性和实践性的原则，为培养高素质劳动者和中级、初级专门人才的需要，编者对目前国内的一些有机化学教材进行了研究和探讨，结合九年来各学校使用本书第三版过程中提出的一些宝贵意见，对本书再次修订，以满足中等职业教育改革及素质教育的需要。本书的修订原则是，以中等职业教育的培养目标为标准，以中等职业教育化工工艺专业和工业分析与检验专业对有机化学的基本知识、基本理论、基本实验技能、基本应用能力及素质教育的需要为依据，进行再次修订。修订后的本书有如下特点：

1. 在教材体系上为利于教学，以官能团为主线，同时考虑分子内原子间的相互影响，将第三版的脂肪族和芳香族分编体系，改为脂肪族和芳香族混编为主、有分有合的体系。

2. 本书在章节安排上作了适当的调整，把芳烃调到醇和醚之后，酚和芳醇放在芳烃之后。

3. 突出实用性，内容有增有减，教材中淡化理论知识，删去原书理论较深、较难及一些实用性不强的内容。例如，删去了分子结构的杂化理论、有机反应历程、有机化合物的立体异构、诱导效应和共轭效应、较复杂较难的有机化合物的合成题等内容。删去已经或正在逐步被淘汰的旧工艺、旧方法，而侧重介绍符合环保要求的绿色化学新工艺、新技术和新型催化剂等。强化了与后续专业课程的衔接以及与生产、生活实际，环境保护等联系较为密切的内容，对于目前化工生产或分析鉴定中广为应用的化学反应及反应产物，则侧重加以描述。

4. 注意对学生的素质教育，每章后选编了与正文内容密切相关的且有一定趣味性和知识性的阅读材料，如介绍现代新型材料、环境保护、生命与健康以及在有机化学学科领域做出了重大贡献的科学家等。使学生能够适应新世纪科技飞速发展的需要，激发学生学习本门课程的兴趣。全书内容渗透着科学思维方法，体现了对学生素质教育的要求。

5. 为便于学生学习，利于教学。各章除编排有学习目标、阅读材料、本章小结及具有代表性和典型性的习题外，还编有例题作为解答各种类型习题的参考。为了能够获得较好的教学效果，书中编入一定量的演示实验。

6. 充分考虑中等职业学校学生的特点，本书在文字上力求简明通俗，浅显易懂，条理清晰，内容编排由易到难，循序渐进。某些内容以图文并茂的表现形式，以使学生更易接受。

7. 教材中有部分章或节为选学内容，以“*”标记，使教学内容安排具有一定的弹性，便于各校灵活选择使用。

本书为中等职业学校化工工艺专业和工业分析与检验专业的教材。也可作为其他中等职业学校相关专业的教材或参考书。

在本书编写过程中，安徽化工学校罗爱华老师担任全书的电脑绘图、打字及书稿的校对。此外，在编写中安徽化工学校江霞、肖峰松、焦明哲等老师提供了参考资料并提出了宝贵的意见。本书在编写时也参考了相关的教材和专著，在此一并深表谢意。

由于编者水平有限，书中难免有不妥之处，恳请读者批评、指正。

编者

2006 年 10 月

第一版前言

本书是根据1983年8月在大连召开的《化工中专教材首次征稿评审会议纪实》的通知着手编写的。

本书是以1980年审订的《化工中等专业学校有机化学教学大纲》（草案）为依据，选择基本内容，按照官能团体系，采用脂肪族和芳香族分编的系统而编写的，对于化工中专的基础有机化学采用分编系统可以避免基本原理和规律过于集中，反应又偏重在某些章节的现象，使难点分散，利于教学。

本书共分十九章，第一章至第十七章是各专业必学的内容，第十八章、第十九章各校教师可以根据各地区各专业的需要自行取舍。

在选材方面除了着重讲清有机化学的基本原理、基本规律和基本反应外，书中突出了结构与性质的关系。对于一些成熟的电子理论、反应历程，如共轭效应、诱导效应、亲电加成、亲核加成、亲电取代、亲核取代等都作了一定的介绍；对于立体化学的内容也作了适当的介绍。在编写中，同时注意理论联系实际，难点分散，内容由浅入深、循序渐进并反映国内外有机化学理论的新知识。为了便于学习，本书每章内容均有练习示范题及习题。

本书适用于中等专业学校化工工艺专业及化工分析专业，也可供化工类其他各专业用作教学参考用书，还可作为其他各类中等学校的教学参考用书。

本书由安徽化工学校邓苏鲁同志主编，天津化工学校王玉鑫老师主审，参加审稿的有化工部化工中专有机化学教材编审小组成员刘文基、王书林老师，并邀请了重庆煤校的王光熙老师参加。审稿中提出了许多宝贵意见。编者谨向王玉鑫老师及参加审稿的其他同志致以衷心的谢意。

在本书编写过程中，安徽化工学校罗爱华老师担任了绘图及稿件校对工作。此外，在编写过程中还得到安徽化工学校许多同志的支持与协助，特在此表示谢意。

限于编者的水平，错误和不妥之处在所难免，欢迎各校有关教师和读者予以批评和指正，以供修订时参考。

编者

1984年11月

第二版前言

本书第一版是根据1980年审订的化工中等专业学校“有机化学教学大纲”，按当时的教学情况编写的。随着职业技术教育的不断发展和教育改革的不断深入，化工部于1988年组织有机化学教材编审小组重新制定了化工中等专业学校“有机化学教学大纲”。本书就是按照该大纲的要求，结合近几年第一版教材的使用情况重新编写和修订的。

根据大纲的要求，对本书作以下几点说明。

一、根据教学改革精神，中等专业学校的教材，理论部分不得过深过多，应注意理论联系实际，增强实际操作技能，为此，第二版教材对有机化学的理论内容有所删减，仅讲述最基本的、较成熟的理论，并尽量讲解得通俗易懂，简明扼要，同时删去了苯环的取代基定位规律的理论解释及R、S标记法。对生产上应用不多的反应（如乙酰乙酸乙酯的性质）也删去不讲。

二、由于教材的使用对象是初中生，初学有机化学，因而在烷烃、烯烃、炔烃及二烯烃等章中，首先介绍个别化合物，再讲述同系物的结构和通性，便于学生学习和接受。在章节安排上由原来的十九章减为十六章。删去了羧酸取代物，对映异构，芳卤化合物和芳磺酸等三章。这些章节中所讲述的内容，有的予以删减，有的编入其他的章节中进行讲述，使全书内容较第一版更为精练，重点突出。

三、本书第一章至第十四章是各专业必学的内容，第十五章、第十六章及带“*”号内容各校教师可以根据各地区、各专业的教学要求自行取舍。

四、为了便于学生学习，在本书的附录中增加了有机化合物的分析方法。

本书由安徽化工学校邓苏鲁同志主编，并负责编写第一、二、三、四、五、六、八、九、十二、十三章，南京化工学校邵丽丽同志负责编写本书第七、十、十一、十四、十五、十六章。本书初稿完成后由天津化工学校王玉鑫同志主审，武汉化工学校黎春南同志，北京市化工学校冯蕴华同志参审。审稿中提出了许多宝贵意见，谨此向王玉鑫同志及其他同志表示感谢。

由于编者水平有限，第二版教材中也难免有欠缺之处，欢迎读者提出批评和建议。

编者

1990年3月

第三版前言

本书第二版出版后，在使用过程中许多学校提出了宝贵意见。随着有机化学学科的不断发展和教学改革的深入进行，1996 年颁布了普通化工中等专业学校新的教学计划和教学大纲。为了适应教学改革及素质教育的需要，有必要对第二版教材进行重新编写和修订。

根据 1996 年制定的全国化工中等专业学校“有机化学教学大纲”的要求，对本书做以下几点说明。

一、第三版教材体现了课程教学服从于专业培养目标的需要，服从于人才整体优化的需要。仍以加强基本知识、基本理论、基本计算能力、基本实验操作技能等为主要内容。本书包括有机化学基本内容及有机化学性质实验。

二、在章节和内容安排上作了适当的调整：把脂环烃提到卤代烃之前；芳香族卤代烃不单独列节，这节中的一些内容编入其他章节中讲述；对烷烃、烯烃、炔烃和二烯烃先介绍同系列的结构和通性，再介绍个别化合物。这样使得该书条理性更强、内容更精练。

三、本书中的量和单位均采用 GB 3100～3102—93 的标准，如旋光度更名为旋光角，比旋光度更名为比旋光本领等；有机化合物的命名（特别是母体的位次编号及取代基的列出次序）按中国化学学会“有机化学命名原则（1980）”进行介绍；对有机化合物的命名及合成等做了专题小结；书中适当增加了有机化学与环境、材料、健康等内容。

四、为了便于学习，每章后附有内容小结和习题（标准化练习题可参阅与本书配套的《有机化学例题与习题》）。为了能够获得较好的教学效果，书中编入了一定量的演示实验。

五、本书第一章至第十三章是各专业必学的内容，第十四章至第十六章及带“*”号内容为选学内容。书中的演示实验也可根据教学情况自行选择。

本书为中等专业学校化工工艺及化工分析专业有机化学教材，也可供化工类其他专业及有关工科中等专业学校参考使用。

本书初稿完成后，全国化工中专教学指导委员会基础化学组主持召开了审稿会。参加审稿的有朱永泰、丁敬敏、李弘、袁红兰、初玉霞、王纪丽、李志富、封占英、李海鹰、李百霞等，该书由武汉化工学校黎春南担任主审，审稿中提出了许多宝贵意见，本书的编审工作也得到了化学工业出版社的支持，在此一并感谢。

对书中的错误和不妥之处，敬请各校教师和读者予以指正。

编者

1998 年 7 月

目　　录

第一章 绪论

【学习目标】

1. 了解有机化合物和有机化学的含义。
2. 熟悉有机化合物的特性。
3. 了解碳原子的四价及其共价键的成键方式和碳原子之间的结合方式。
4. 初步掌握有机化合物构造式的书写方法及有机化合物的分类。
5. 了解我国有机化学工业的发展简况，了解有机化学的学习方法。

第一节 有机化合物及有机化学

化学上通常把化合物分为无机化合物和有机化合物两大类，如水（H_2O）、食盐（NaCl）、氨（NH_3）、硫酸（H_2SO_4）等叫做无机化合物；而甲烷（CH_4）、酒精（C_2H_6O）、尿素（CH_4N_2O）和葡萄糖（$C_6H_{12}O_6$）等叫做有机化合物。化学家通过大量的研究发现，从有机化合物的组成来看，它们都含有碳元素，绝大多数还含有氢元素，除含有碳、氢元素外，有机化合物中还常含有氧、氮、硫、磷和卤素等元素。从结构上看，可以把碳氢化合物看作是有机化合物的母体，而其他有机化合物是从碳氢化合物衍生而成的，所谓衍生物是指碳氢化合物中的一个或几个氢原子被其他原子或原子团取代而得到的化合物，因此，有机化合物定义为碳氢化合物及其衍生物。

有机化学是研究有机化合物的化学。它主要研究有机化合物的组成、结构、性质、来源、制法、相互之间的转化关系及其在生产、生活中的应用。

第二节 有机化合物的特性

目前已发现的有机化合物（简称有机物）已达1000万种以上，它们与无机物相比一般有如下特点。

一、容易燃烧

大多数有机物都易燃烧，燃烧时生成二氧化碳，而无机物一般不易燃烧。所以，人们常用引燃的方法来初步鉴别有机物与无机物。

二、熔点较低

有机物的熔点较低，一般在400℃以下；而无机物的熔点则较高，通常难于熔化。纯有机物有固定的熔点，所以测定熔点是检验有机物纯度的简便方法。

三、难溶于水，易溶于有机溶剂

大多数有机物属非极性或弱极性分子，因此，大多数不溶于极性较强的水中，而易溶于非极性或弱极性的溶剂中，如苯、酒精、乙醚等。而无机物则易溶于水中。利用这一性质可将混在有机物中的无机盐类杂质用水洗去。

四、反应速率较慢，反应产物复杂

有机物的反应速率一般较小，通常需加热或加入催化剂，而且副反应较多，而无机物的反应则多数在瞬间完成。

必须指出，有机化合物的这些特性，与无机物相比，仅是相对的，并不是绝对的，例如，大多数有机物易燃烧，但四氯化碳不易燃烧，而且可以作为灭火剂；糖和酒精极易溶于水；三硝基甲苯（TNT）的反应速率很快，能以爆炸的方式进行。但这些是极少数的。有机物这样一些特性是由其化学结构所决定的。

第三节 有机化合物的结构

一、碳原子的四价及其共价键的形成

有机化合物中都含有碳原子，碳原子位于元素周期表中第2周期第ⅣA族，最外层有4个价电子，它与其他原子结合时，既不容易得到电子，也不容易失去电子，而是通过共用电子对的方式形成4个共价键，因此，在有机化合物分子中，碳原子必定显示4价。例如，甲烷（CH_4）的分子是由1个碳原子和4个氢原子以4个共价键的方式结合而成。两个原子形成的共价键，通常用“—”表示。有几个共价键就用几条短线表示。因此甲烷可用下式表示。

```
    H
    |
H—C—H
    |
    H
```

二、碳原子之间的结合方式

碳原子彼此之间也可以结合，而且彼此之间的结合方式很多。碳原子之间可以共价键相互连接成链状，也可以连接成环状，还可以用一对、两对或三对电子结合，分别形成碳碳单键（C—C）、碳碳双键（C═C）和碳碳三键（C≡C）。

—C—C—	—C═C—	—C≡C—
·C : C·	·C :: C·	·C ⋮⋮ C·
单键	双键	三键

三、分子的构造和性质的关系

有机分子中的各原子是按一定顺序和方式相互结合的，分子中各原子间互相结合的顺序和连接方式叫分子的构造❶。表示分子构造的式子叫构造式。

化合物的性质不仅决定于分子的组成，而且也决定于分子的构造，从分子的构造可以了解或推断它的许多化学性质，反过来，也可以从化学性质去确定分子的构造。例如，乙醇和二甲醚，虽然组成相同，分子式都是C_2H_6O，但分子的构造不同，因此性质各异，是两种不同的化合物。

---

❶ 需要指出，以前“构造”和“结构”未做清楚的划分，人们通常把“构造”也叫“结构”。根据国际纯粹化学与应用化学联合会（IUPAC）的建议，“结构”一词应当在更普遍的情况下使用，例如，物质结构、原子结构、电子结构等。如果说分子的结构，那就是指除了分子构造外，还包括分子的构型和构象等。本书不讲述分子的构型和构象。

```
    H  H                    H     H
    |  |                    |     |
H—C—C—OH               H—C—O—C—H
    |  |                    |     |
    H  H                    H     H
```

乙醇（沸点 78.5℃，溶于水，与 Na 反应放出氢气）　　二甲醚（沸点 −23℃，不溶于水，与 Na 不反应）

有机化学把这种分子式相同，构造不同，因而性质不同的化合物称为同分异构体，这种现象称为同分异构现象。这种同分异构体是因分子的构造不同而产生的，因此又可称为构造异构体。所以乙醇和二甲醚互为构造异构体。

有机化合物中，同分异构现象是普遍存在的，这也是有机化合物数目繁多的一个主要原因。

四、有机化合物构造式的表达方式

由于有机化合物中同分异构现象普遍存在，因此，仅用分子式尚不能准确表示某一种有机化合物的构造，必须用构造式来表示，构造式是表示有机化合物分子构造的式子。通常使用的构造式有短线式、缩简式。例如：

化合物	短线式	缩简式
丙烷	H H H H—C—C—C—H H H H	$CH_3—CH_2—CH_3$ 或 $CH_3CH_2CH_3$
丙烯	H H H H—C—C═C—H H	$CH_3—CH═CH_2$ 或 $CH_3CH═CH_2$
2-丙醇	H H H H—C—C—C—H H OH H	$CH_3—CH(OH)—CH_3$ 或 $CH_3CH(OH)CH_3$
环戊烷	五元环，每个 C 连两个 H（H H / H C H / H—C C—H / H—C—C—H / H H）	五元环：CH_2、H_2C、CH_2、H_2C—CH_2

构造式的短线式表示法，是将原子与原子间用短线相连代表键，一条短线代表一个键，当原子与原子之间以双键或三键相连时，则用两条或三条短线相连。缩简式的表示法是在短线式的基础上，不再写出碳或其他原子与氢原子之间的短线，并将两者合并；碳原子与碳原子之间的短线若为单键也可不写，但双键或三键一定要写；碳原子与其他原子（氢原子除外）之间的短线要写。

第四节　有机化合物的分类

有机化合物的数目非常庞大，每年都有许多新化合物被发现或合成出来，为了研究方便，对有机化合物进行科学的分类是必要的，一般有两种分类方法，一种是按碳架分类，另一种是按官能团分类。

一、按碳架分类

根据有机化合物分子碳链的形式以及组成碳链骨架原子等情况，有机化合物可分为四类。

1. 开链化合物

这类化合物分子中的碳原子相互连接成链状，故称开链化合物，又由于这类化合物最初在脂肪中发现，因此又叫脂肪族化合物。例如：

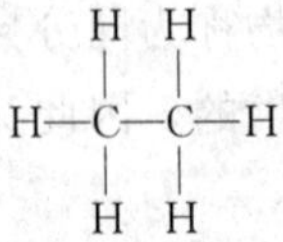

（$CH_3—CH_3$） 乙烷　　（$CH_2═CH—CH_3$） 丙烯　　（$CH_3—OH$） 甲醇

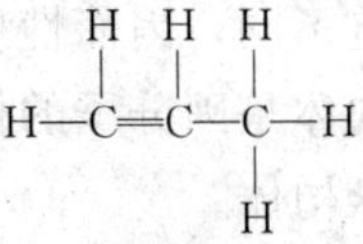

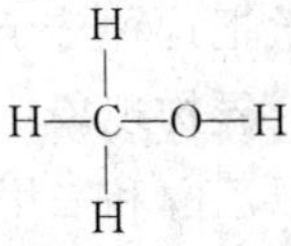

2. 脂环族化合物

这类化合物分子中的碳原子连接成环状，它们的碳架虽是环状，但性质却和脂肪族化合物相似，因此叫做脂环族化合物。

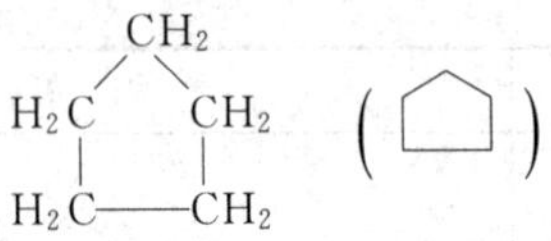

环戊烷 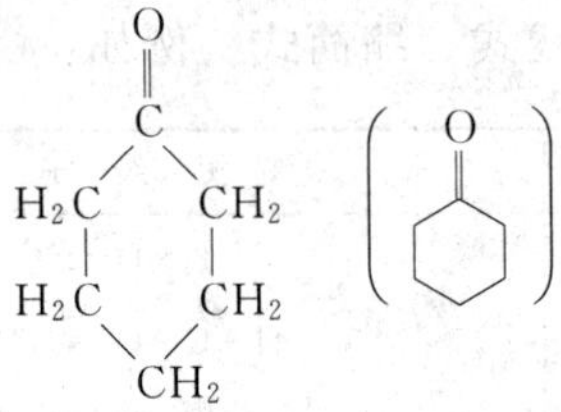　　环己酮

3. 芳香族化合物

这类化合物的分子中，大都含有苯环并具有与脂肪族和脂环族化合物不同的性质。例如：

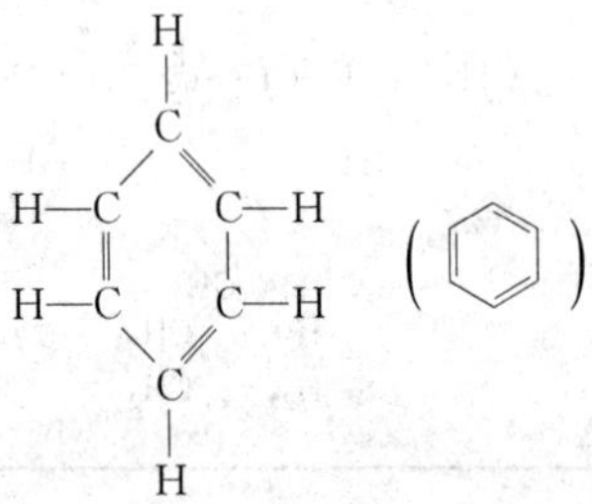

苯 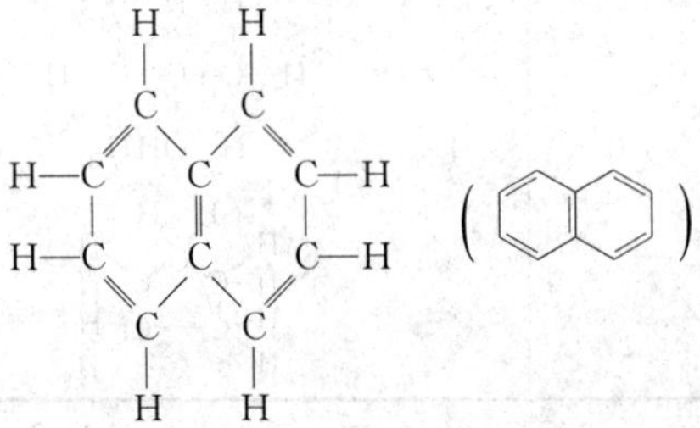　　萘

由于这类化合物最初是从具有芳香味的有机物和香树脂中发现的，所以叫做芳香族化合物。

4. 杂环化合物

这类化合物的分子具有由碳原子和其他元素的原子（如氧、硫、氮等）共同组成环状的结构，故叫杂环化合物，例如：

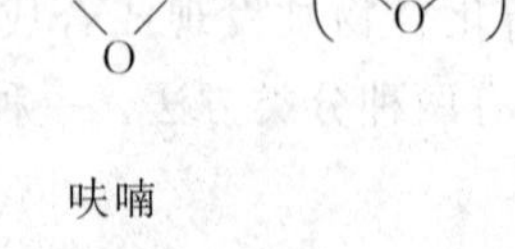

呋喃 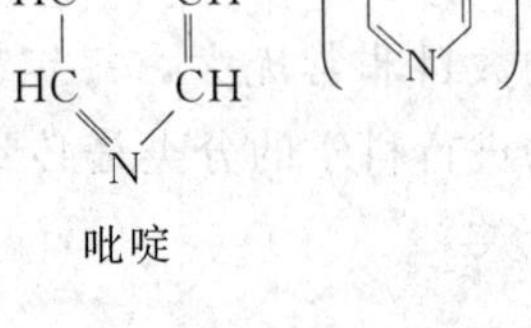　　吡啶

二、按官能团分类

官能团是指分子中比较活泼而易发生反应的原子或基团，它决定化合物的主要性质。含有相同官能团的化合物具有相似的性质，因此按官能团将有机化合物分类，有利于学习和研究。一些重要的官能团及其结构如表 1-1 所示。

表 1-1 一些重要的官能团及其结构

化合物类别	官能团		实例	
	结构	名称		
烯烃	$>C=C<$	双键	$CH_2=CH_2$	乙烯
炔烃	$-C\equiv C-$	三键	$CH\equiv CH$	乙炔
卤代烃	—X(F、Cl、Br、I)	卤原子	CH_3-CH_2Cl	氯乙烷
醇	—OH	醇羟基	CH_3-CH_2OH	乙醇
酚	—OH	酚羟基	C_6H_5-OH	苯酚
醚	—O—	醚键	CH_3-O-CH_3	甲醚
醛	$-\overset{O}{\overset{\|\|}{C}}-H$	醛基	$CH_3-\overset{O}{\overset{\|\|}{C}}-H$	乙醛
酮	$-\overset{O}{\overset{\|\|}{C}}-$	羰基	$CH_3-\overset{O}{\overset{\|\|}{C}}-CH_3$	丙酮
羧酸	$-\overset{O}{\overset{\|\|}{C}}-OH$	羧基	$CH_3-\overset{O}{\overset{\|\|}{C}}-OH$	乙酸
胺	$-NH_2$	氨基	CH_3-NH_2	甲胺
硝基化合物	$-NO_2$	硝基	CH_3-NO_2	硝基甲烷
腈	—CN	氰基	CH_3-CN	乙腈
磺酸	$-SO_3H$	磺酸基	$C_6H_5-SO_3H$	苯磺酸

第五节 有机化学和有机化学工业

生产有机化合物的工业叫有机化学工业，而有机化学则是有机化学工业的理论基础。有机化学工业不仅生产化工原料，还涉及许多工业部门，如石油化工、涂料、塑料、树脂、纤维、橡胶、食品、药物、农药、染料及表面活性剂等，它不仅与人们的衣、食、住、行有紧密关系，也与国家的经济建设和国防建设密切相关。可以说有机化学的成就和发展，对推动国民经济和科学技术的发展都起着十分重要的作用。

我国是文明古国之一，早在 4000 年前已利用酒曲使淀粉发酵酿酒。在西周时已能从淀粉制造饴糖。火药是我国古代四大发明之一。其他如油漆、染色和制药等工艺，在我国古代历史上都有令人瞩目的成就。从现代观点来看，这些成就均属于有机化学工业范畴。然而，封建统治使我国的有机化学工业与其他国家相比，长期处于落后状态。新中国成立后，我国有机化学和有机化学工业得到了快速发展。1965年，我国利用化学方法合成了具有生物活性的结晶牛胰岛素，为蛋白质的合成研究做出了贡献。20世纪末，我国有机化学有了空前的发展，在有机合成等七个方面都做出了较好的成绩，进入21世纪后，我国有机化学工作者与其他学科学者配合，在生命科学、材料科学、环境科学等领域进行了积极的研究。1990年11月，中国在世界上首次观察到DNA的变异结构——三链辫态缠绕片断。人类基因组图谱已正式绘就。这些是在生命科学领域取得的重大进展。

第六节　有机化学的学习方法

有机化学是中等职业学校化工工艺类专业和工业分析与检验专业一门重要的专业基础课，学习有机化学是为了使上述两个专业的学生掌握必需的有机化学的基本知识、基本理论、基本规律和基本技能，为学习后续专业课程和职业技能，奠定必要的基础，并能使学生把所学的知识转化为解决问题和分析问题的能力，成为化工及相关企业或部门的高素质劳动者和初、中级专门人才。要学好有机化学这门课程，除与其他学科一样的学习要求外，还应该做到下面几点。

① 要在正确理解的基础上，掌握有机化学的基本概念、基本理论、基本知识、基本规律和化学术语。

② 学习有机化合物的性质和化学反应式时，应从本质上来认识，物质的性质是由其结构决定的。有机化合物的官能团决定有机化合物的主要性质，具有相同官能团的化合物，其性质也相似，因此，掌握各类官能团的性质及相互转变关系，就能掌握各类有机化合物的主要性质和制法（某一化合物的某一性质，就是另一化合物的制法）。要学会找出知识间的联系及规律。

③ 要学会用化学的思维方法，用化学的眼光去看身边的物质世界，去理解物质世界的变化规律。

④ 化学是一门以实验为基础的科学，通过实验不仅能加深理解、巩固所学到的基础知识和基本理论，更重要的是训练基本技能。在实验中要规范操作，仔细观察，联系理论，认真记录，逐步提高实验操作能力、观察能力、分析和解决问题的能力。

【阅读材料】

碳的循环

碳是组成有机化合物的基本元素，也是人类赖以生存的主要元素之一。随着人们对有机化合物需求量的增加，在原有的超过1000万种的基础上，现在，有机化合物在全世界以每天新合成千余种的速度递增，这需要大量的碳元素。自然界的碳元素为什么会取之不尽，用之不竭？原来，碳是可以循环使用的。碳的循环主要是通过二氧化碳进行的。大气中的二氧化碳和水经植物的光合作用转化成糖类，当植物被动物采食后，糖类被动物吸收并在体内经各种变化转化成二氧化碳等；动物在呼吸时将二氧化碳释放回大气中，又可被植物利用；动、植物死亡后腐烂变质，在地壳压力下经微生物长期的分解作用，会逐渐形成煤、石油和天然气等物质。人们将这些物质作为能源开采出来加以利用时，它们的燃烧产物二氧化碳便又返回大气中，重新进入生态系统循环。而人类对森林过度的采伐，植被大面积被破坏，燃烧产生过量的CO_2等一旦破坏了碳循环的平衡，将给环境带来严重危害。自然界中碳的循环如图1-1所示。

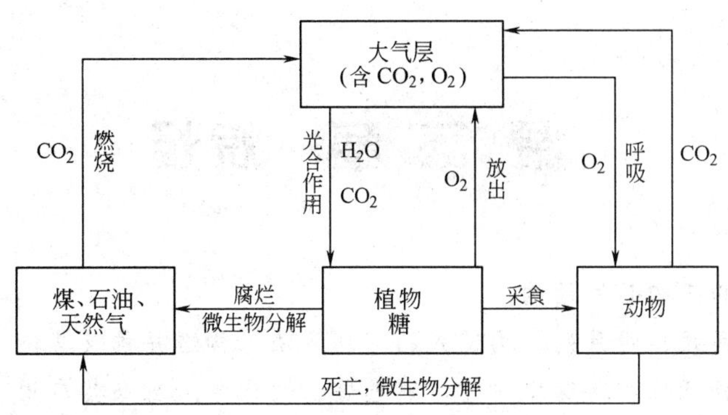

图 1-1　碳循环示意图

习　　题

1. 你身边哪些物质是有机化合物？试举三例。有机化合物有哪些特性？

2. 有机化学的含义是什么？

3. 解释下列概念：

(1) 共价键　　(2) 化学构造　　(3) 碳架　　(4) 构造异构　　(5) 官能团

4. 指出下列化合物所含官能团的名称，各属于哪类化合物？

(1) C_6H_5-OH　　(2) $CH_3-\underset{\large CH_3}{\underset{|}{CH}}-CH_2OH$　　(3) $CH_3-\overset{O}{\overset{\|}{C}}-CH_3$

(4) $CH_3-\overset{O}{\overset{\|}{C}}-H$　　(5) $C_6H_5-NO_2$　　(6) $CH_3-CH_2-CH=CH_2$

(7) CH_3-CH_2Cl　　(8) C_6H_5-COOH　　(9) $C_6H_5-CH_2NH_2$

(10) $CH_3-C\equiv CH$

5. 下列化合物按碳架区分，哪些同属一族，属于哪一族？如按官能团区分，哪些属于同一类化合物？

(1) CH_3-CH_2OH　　(2) $CH_3-\overset{O}{\overset{\|}{C}}-OH$　　(3) C_6H_5-OH

(4) $C_3H_5-\overset{O}{\overset{\|}{C}}-OH$（环丙基）　　(5) $C_4H_3O-\overset{O}{\overset{\|}{C}}-OH$（2-呋喃基）　　(6) $CH_2=CH-CH_2OH$

(7) CH_3-CH_2Cl　　(8) C_6H_5-Cl

第二章　烷烃

【学习目标】

1. 了解碳原子的正四面体结构。
2. 掌握烷烃的通式、同系列、构造式的书写方法、构造异构及其命名方法。
3. 了解烷烃的物理性质及变化规律，熟悉烷烃的化学反应及其应用。
4. 了解甲烷实验室制法及烷烃的来源和用途。

仅由碳和氢两种元素组成的化合物叫碳氢化合物，简称烃（读音 tīng）。分子中只有单键的开链烃叫烷烃。在烷烃分子中碳原子之间以单键相连，其余的价键与氢原子相连，碳原子的四价达到饱和，所以烷烃又称为饱和烃。

第一节　烷烃的结构

一、甲烷的结构

甲烷是最简单的烷烃，它的分子式是 CH_4，其构造式为

$$
\begin{array}{c} H \\ | \\ H—C—H \\ | \\ H \end{array}
$$

。甲烷的构造式可以表示甲烷分子中碳原子与氢原子互相结合的顺序和连接的方式，但不能说明甲烷分子中碳原子和氢原子的空间相对位置。经过大量的科学实验证明，甲烷分子具有正四面体的立体结构。碳原子位于正四面体的中心，而四个氢原子分别位于正四面体的四个顶点上。如图 2-1 所示。每个相邻碳氢键之间的夹角（键角）∠HCH 均为 109°28′，每个碳氢键的键长（2 个成键原子的核间距离）和键能（形成 1mol 共价键时所放出的能量）均相等。

为了形象地表示分子的立体形状，还可利用一些分子模型，最常用的分子模型有两种，一种是球棒模型，又称凯库勒（Kekulé）模型。它用各种不同颜色的球代表不同种类的原子，用短棍表示原子之间的化学键；另一种是根据现代价键的数据，按实测的原子半径和键长比例做成的比例模型，又称斯陶特（Stuart）模型。如图 2-2 所示。

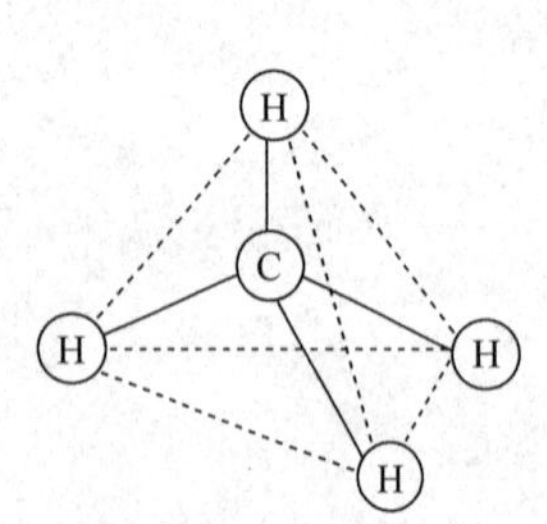

图 2-1　甲烷的正四面体模型

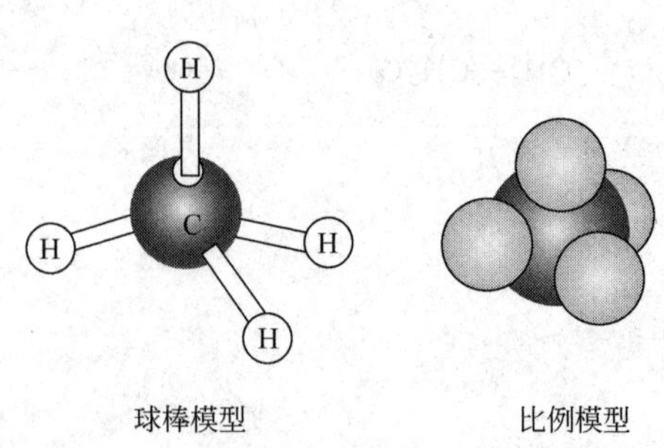

图 2-2　甲烷的分子模型

二、烷烃的通式和同系列

除甲烷以外，在天然气和石油中还存在一系列和甲烷结构相似的烷烃，如含有两个、三个、四个等碳原子的化合物，分别叫做乙烷、丙烷、丁烷等，它们的分子式、短线式、缩简式表示如下：

化合物	分子式	短线式	缩简式
甲烷	CH_4	$\begin{array}{c} H \\ \vert \\ H—C—H \\ \vert \\ H \end{array}$	CH_4
乙烷	C_2H_6	$\begin{array}{c} H\ \ H \\ \vert\ \ \ \vert \\ H—C—C—H \\ \vert\ \ \ \vert \\ H\ \ H \end{array}$	$CH_3—CH_3$ 或 CH_3CH_3
丙烷	C_3H_8	$\begin{array}{c} H\ \ H\ \ H \\ \vert\ \ \ \vert\ \ \ \vert \\ H—C—C—C—H \\ \vert\ \ \ \vert\ \ \ \vert \\ H\ \ H\ \ H \end{array}$	$CH_3—CH_2—CH_3$ 或 $CH_3CH_2CH_3$
丁烷	C_4H_{10}	$\begin{array}{c} H\ \ H\ \ H\ \ H \\ \vert\ \ \ \vert\ \ \ \vert\ \ \ \vert \\ H—C—C—C—C—H \\ \vert\ \ \ \vert\ \ \ \vert\ \ \ \vert \\ H\ \ H\ \ H\ \ H \end{array}$	$CH_3—CH_2—CH_2—CH_3$ 或 $CH_3CH_2CH_2CH_3$

由上述化合物可以看出，甲烷是含一个碳原子的化合物，分子式是 CH_4，含两个碳原子的是乙烷，分子式是 C_2H_6，碳原子数逐渐增多，可以得到一系列的化合物，从甲烷开始，每增加一个碳原子，就相应地增加两个氢原子，如果把碳原子数定为 n，氢原子数就是 $2n+2$，所以可用 C_nH_{2n+2} 这样一个式子来表示这一系列化合物的组成，这个式子就叫做烷烃的通式，这种结构相似，具有同一个通式，在组成上相差一个或多个 CH_2 的一系列化合物称为同系列。同系列中各化合物互称同系物，CH_2 称为系差，同系物具有相类似的化学性质，其物理性质随着相对分子质量的改变而有规律地变化，只要掌握了同系列中几个典型的、有代表性的化合物的性质，就可以推知其他同系物的一般化学性质，这为学习和研究有机化合物提供了方便。

三、烷烃的同分异构现象

如果把甲烷分子中的任何一个氢去掉而换成碳，这个碳上其余的价键再与氢相连就得到乙烷。用同样的方法从乙烷可以导出一个含三个碳原子的烷烃叫做丙烷，但从丙烷中再按这种方法导出含四个碳原子的丁烷时，当碳取代两端两个碳原子上的任何一个氢，则得到（Ⅰ），而取代中间碳原子上的氢则得到（Ⅱ）。

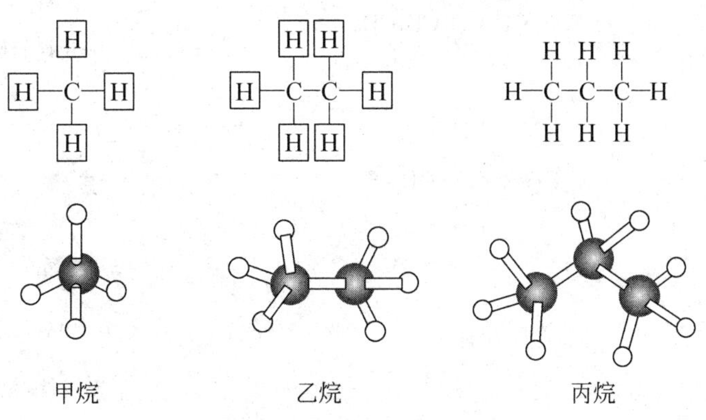

甲烷　　　乙烷　　　丙烷

(Ⅰ) 丁烷(正丁烷)　　正丁烷

(Ⅱ) 2-甲基丙烷(异丁烷)　　异丁烷

（Ⅰ）是直链的化合物，叫正丁烷，沸点-0.5℃，熔点-138.3℃；（Ⅱ）是带支链的化合物，叫异丁烷，沸点-11.73℃，熔点-159.4℃。像这样分子式相同，而构造相异的化合物叫做构造异构体，构造异构体仅是同分异构体中的一种异构体。正丁烷和异丁烷是由于碳链的排列方式不同而形成的构造异构体，因此也可具体地称为碳链异构体。

烷烃从丁烷开始有异构现象。丁烷有两个异构体，用同样方法，由丁烷的两个异构体，可以推出戊烷有三个构造异构体：

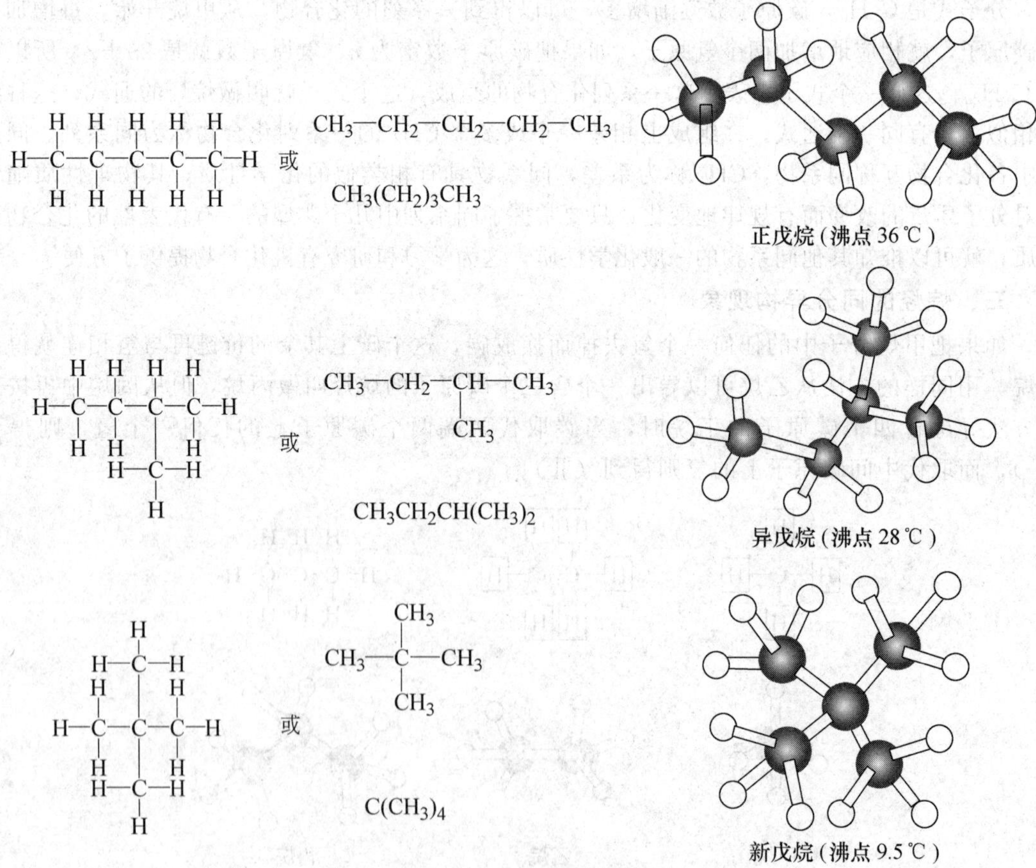

正戊烷(沸点 36℃)

异戊烷(沸点 28℃)

新戊烷(沸点 9.5℃)

在烷烃的同系物中，随着分子中碳原子数的增加，构造异构体的数目显著增多，如表2-1所示。

表 2-1　部分烷烃的构造异构体数目

碳原子数	1	2	3	4	5	6	7	8	9	10	15	20
异构体数	1	1	1	2	3	5	9	18	35	75	4347	366319

从戊烷同分异构体的球棒模型图可以看出，烷烃分子中的碳链是锯齿形的，但为了方便，一般书写构造式时，常用短线式和缩简式，但有时构造式也用键线式来表示。键线式中只需写出锯齿形骨架，用锯齿形线的角（120°）及其端点代表碳原子，不需写出每个碳原子上所连接的氢原子。但是，除氢原子外的其他原子必须写出。例如：

2-甲基戊烷　　$CH_3—CH_2—CH_2—CH(CH_3)—CH_3$

2-丁醇　　OH　　$CH_3—CH(OH)—CH_2—CH_3$

第二节　烷烃的命名

烷烃的命名法是有机化合物命名的基础，故很重要。烷烃常用的命名法有习惯命名法（也称普通命名法）和系统命名法。

一、碳原子的类型

在烷烃分子中，由于碳原子所处的位置不完全相同，它们所连接的碳原子数目也不一样。根据连接碳原子的数目，可将其分为四类：只与一个碳原子直接相连的碳原子叫伯碳原子（或一级碳原子），常用1°表示；与两个碳原子直接相连的叫仲碳原子（或二级碳原子），常用2°表示；与三个碳原子直接相连的，叫叔碳原子（或三级碳原子），常用3°表示；与四个碳原子直接相连的，叫季碳原子（或四级碳原子），常用4°表示。例如：

H　H　H　CH_3

H—C—C—C—C—CH_3

H　H　CH_3　CH_3

1°　2°　3°　4°

与伯、仲、叔碳原子相连的氢原子，分别叫伯、仲、叔氢原子。

二、习惯命名法

① 分子中碳原子数从1到10的烷烃，分别用甲、乙、丙、丁、戊、己、庚、辛、壬、癸等天干命名。碳原子数在十以上的则用中文数十一、十二、十三等数字命名。例如：

C_6H_{14}　己烷　　$C_{10}H_{22}$　癸烷　　$C_{12}H_{26}$　十二烷　　$C_{20}H_{42}$　二十烷

② 为区分同分异构体，常把直链的烷烃称“正”某烷。从端位数第二个碳原子上连有一个“$—CH_3$”支链的，即具有$CH_3—CH(CH_3)\text{+}CH_2\text{+}_n$的构造叫“异”某烷；从端位数第二碳原

子上连有两个“$-CH_3$”支链的，即具有 $CH_3-\overset{CH_3}{\underset{CH_3}{\overset{|}{\underset{|}{C}}}}-$ 构造，此外无别的侧链的称为“新”某烷。例如：

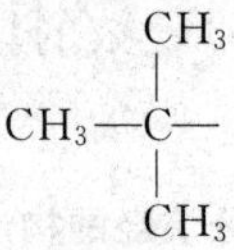

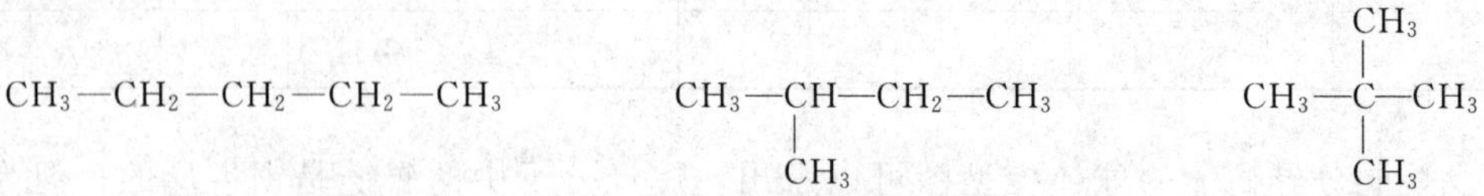

$CH_3-CH_2-CH_2-CH_2-CH_3$ 正戊烷

$CH_3-\underset{CH_3}{\underset{|}{CH}}-CH_2-CH_3$ 异戊烷

$CH_3-\overset{CH_3}{\underset{CH_3}{\overset{|}{\underset{|}{C}}}}-CH_3$ 新戊烷

习惯命名法简单方便，但只适用于构造比较简单的烷烃，对于构造比较复杂的烷烃必须使用系统命名法，为了学习系统命名法，先要熟悉烷基及其命名。

三、烷基

从烷烃分子中去掉一个氢原子后得到的基团叫烷基，通式为$-C_nH_{2n+1}$，常用 R—表示烷基（R—H 通常代表烷烃）。

烷基的名称是根据相应烷烃的名称以及去掉不同的氢原子的类型而得来的。例如：

CH_4（甲烷） $\xrightarrow{\text{去掉一个氢原子}}$ CH_3-（甲基）

CH_3CH_3（乙烷） $\xrightarrow{\text{去掉一个氢原子}}$ CH_3CH_2-（乙基）

$CH_3-CH_2-CH_3$（丙烷）
- $\xrightarrow{\text{去掉一个伯氢原子}}$ $CH_3-CH_2-CH_2-$（正丙基）
- $\xrightarrow{\text{去掉一个仲氢原子}}$ $CH_3-\underset{|}{CH}-CH_3$ 或$(CH_3)_2CH-$（异丙基）

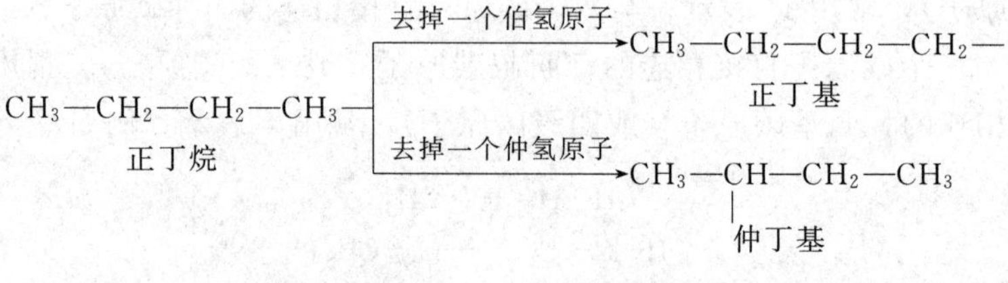

$CH_3-CH_2-CH_2-CH_3$（正丁烷）
- $\xrightarrow{\text{去掉一个伯氢原子}}$ $CH_3-CH_2-CH_2-CH_2-$（正丁基）
- $\xrightarrow{\text{去掉一个仲氢原子}}$ $CH_3-\underset{|}{CH}-CH_2-CH_3$（仲丁基）

$CH_3-\underset{CH_3}{\underset{|}{CH}}-CH_3$（异丁烷）
- $\xrightarrow{\text{去掉一个伯氢原子}}$ $CH_3-\underset{CH_3}{\underset{|}{CH}}-CH_2-$ 或$(CH_3)_2CHCH_2-$（异丁基）
- $\xrightarrow{\text{去掉一个叔氢原子}}$ $CH_3-\underset{CH_3}{\underset{|}{\overset{|}{C}}}-CH_3$ 或$(CH_3)_3C-$（叔丁基）

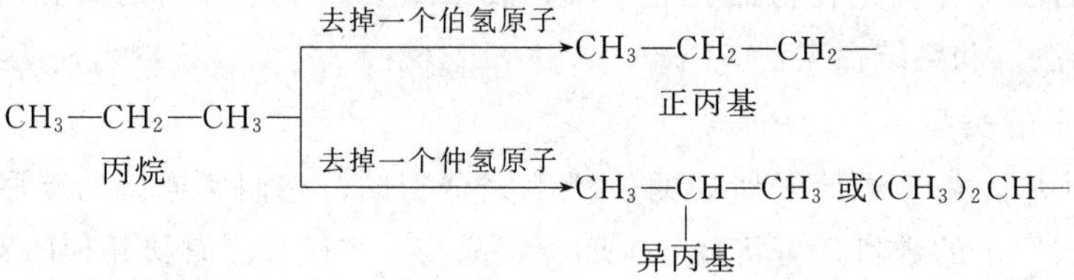

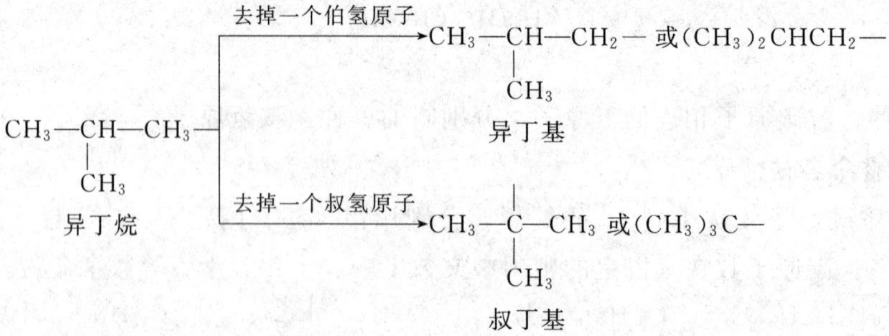

四、系统命名法

系统命名法是采用国际上通用的 IUPAC（国际纯粹与应用化学联合会）命名原则，结合我国文字特点而制定出来的命名方法。

1. 直链烷烃的命名

对于直链烷烃的命名与习惯命名法基本相同，仅在烷烃名称前不写“正”字。例如：

	$CH_3CH_2CH_2CH_2CH_3$	$CH_3(CH_2)_5CH_3$
习惯命名法	正戊烷	正庚烷
系统命名法	戊　烷	庚　烷

2. 支链烷烃的命名

对于带支链的烷烃则看成是直链烷烃的烷基衍生物，按照下列步骤和规则进行命名。

（1）选取主链（母体）　从烷烃的构造式中选取最长的连续碳链作为主链，支链作为取代基，根据主链所含碳原子数目叫某烷。例如：

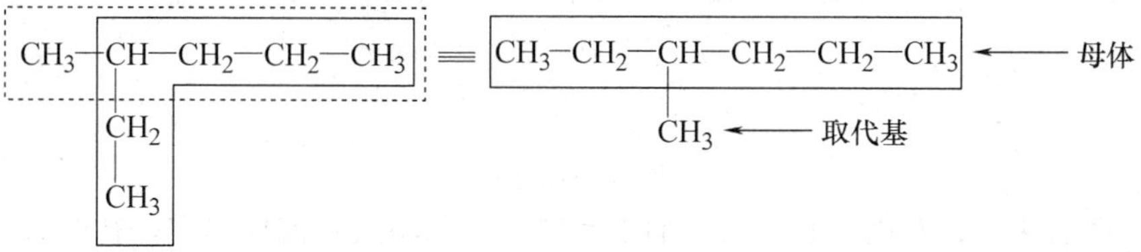

$$CH_3-\underset{\underset{CH_3}{|}}{\underset{CH_2}{|}}{CH}-CH_2-CH_2-CH_3 \equiv CH_3-CH_2-\underset{CH_3}{\underset{|}{CH}}-CH_2-CH_2-CH_3$$

母体

取代基

在上式中，如果选择虚线框内的碳链作为主链，则碳链上的碳原子只有五个；如果选择实线框内的作为主链，则有六个碳原子，所以应选择含有六个碳原子的碳链作为主链，作为母体，叫做己烷。甲基作为取代基。如果分子中有两条以上相等的最长碳链可供选择时，应选择取代基数目较多的为主链。例如：

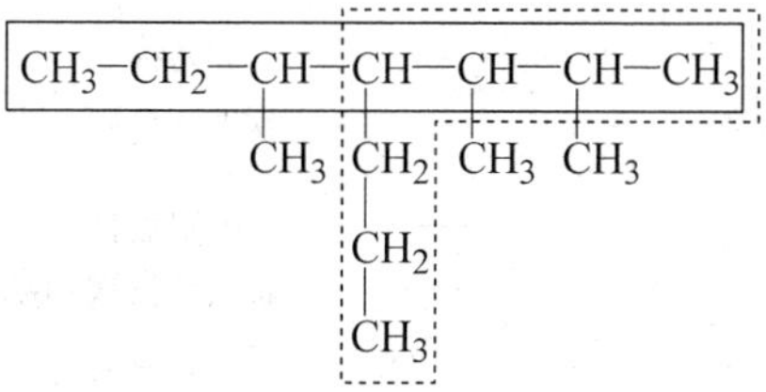

$$CH_3-CH_2-\underset{CH_3}{\underset{|}{CH}}-\underset{\underset{\underset{CH_3}{|}}{\underset{CH_2}{|}}}{\underset{CH_2}{|}}{CH}-\underset{CH_3}{\underset{|}{CH}}-\underset{CH_3}{\underset{|}{CH}}-CH_3$$

应选择实线框内碳链为主链，因其取代基数多于虚线框图内碳链上的取代基数。

（2）给主链碳原子编号　将主链上的碳原子从靠近支链的一端开始，依次用阿拉伯数字1、2、3…编号；取代基所在的位次用主链上碳原子的数字表示。例如：

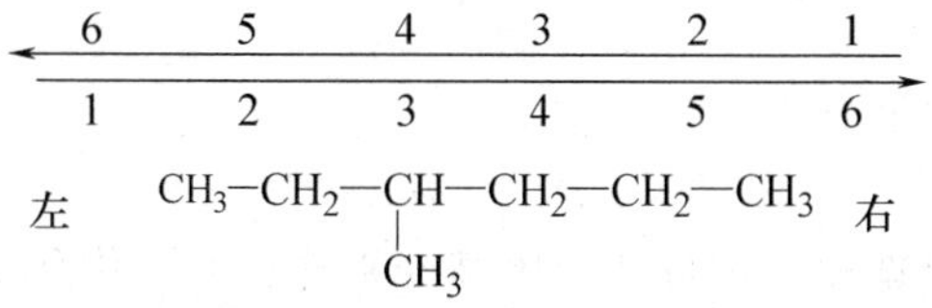

6　5　4　3　2　1（←）

1　2　3　4　5　6（→）

$$左\quad CH_3-CH_2-\underset{CH_3}{\underset{|}{CH}}-CH_2-CH_2-CH_3\quad 右$$

从右到左取代基（即甲基）位次为4，而从左到右则为3，故这个烷烃主链的编号应从左到右，才能使甲基的位次为最小。

（3）写出全称　把取代基的位次，相同取代基的数目，取代基的名称，依次写在母体名称之前。如果含有几个不同的取代基，简单的写在前面，复杂的写在后面，如 CH_3—、CH_3CH_2—、$CH_3CH_2CH_2$—、$(CH_3)_2CH$—、$(CH_3)_3C$—的顺序应依次由前到后排列：如果含有两个以上相同的取代基，则把它们合并起来，在基的名称之前用数字二、三、四……表示其数目，但取代基的位次必须逐个注明，位次的阿拉伯数字之间要用“,”隔开，阿拉伯数字与取代基名称之间用半字线“-”相连，例如：

①

$$
\begin{array}{l}
CH_3-CH_2-\underset{\displaystyle CH_3}{\underset{|}{CH}}-CH_2-CH_2-CH_3
\end{array}
$$

3-甲基己烷

②

$$
\overset{7}{C}H_3-\overset{6}{C}H_2-\underset{\displaystyle CH_3}{\underset{|}{\overset{5}{C}H}}-\underset{\displaystyle \underset{\displaystyle \underset{\displaystyle CH_3}{|}}{\underset{|}{\underset{\displaystyle CH_2}{}}}}{\underset{\displaystyle CH_2}{\underset{|}{\overset{4}{C}H}}}-\underset{\displaystyle CH_3}{\underset{|}{\overset{3}{C}H}}-\underset{\displaystyle CH_3}{\underset{|}{\overset{2}{C}H}}-\overset{1}{C}H_3
$$

2,3,5-三甲基-4-丙基庚烷

③

$$
\overset{1}{C}H_3-\overset{2}{C}H_2-\underset{\displaystyle \underset{\displaystyle CH_3}{|}}{\underset{\displaystyle CH_2}{\underset{|}{\overset{3}{C}H}}}-\underset{\displaystyle CH_3}{\underset{|}{\overset{4}{C}H}}-\overset{5}{C}H_2-\overset{6}{C}H_2-\overset{7}{C}H_3
$$

4-甲基-3-乙基庚烷

在系统命名法中，有机化合物名称的书写有一定的格式，需要遵守，初学者一定要特别注意。

以②为例：

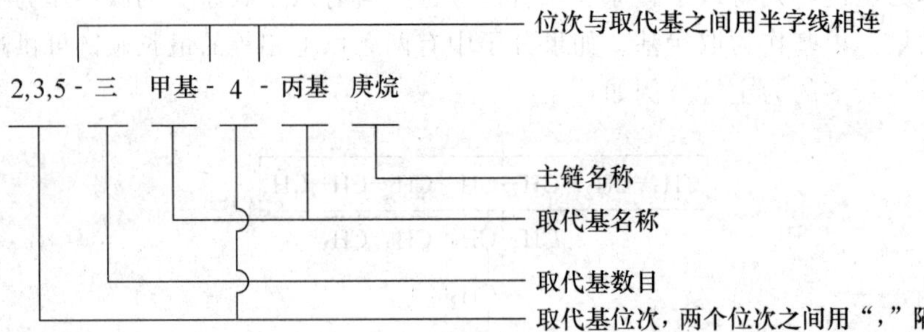

系统命名法的特点是，名称和构造一一对应，可以由化合物的构造式写出名称，也可由名称写出构造式。

【例 2-1】 写出 2,4-二甲基己烷的构造式。

解 ① 首先写出主链碳架。

$$C-C-C-C-C-C$$

主链（己烷）

② 将主链从任意一端编号。

$$\overset{1}{C}-\overset{2}{C}-\overset{3}{C}-\overset{4}{C}-\overset{5}{C}-\overset{6}{C}$$

③ 再根据取代基的位置和名称将两个甲基分别连在 C-2 位和 C-4 位上。

$$C-\underset{\displaystyle CH_3}{\underset{|}{C}}-C-\underset{\displaystyle CH_3}{\underset{|}{C}}-C-C$$

④ 将不满四价的碳原子用氢原子饱和得到化合物完整的构造式。

$$CH_3-\underset{\displaystyle CH_3}{\underset{|}{CH}}-CH_2-\underset{\displaystyle CH_3}{\underset{|}{CH}}-CH_2-CH_3$$

【例 2-2】 化合物 2-乙基丙烷的命名是否有错误？如有请改正。

解 按下列步骤解此类题：

① 首先根据命名写出该化合物的构造式。

$$\overset{1}{CH_3}-\overset{2}{CH}(-CH_2-CH_3)-\overset{3}{CH_3}$$

② 根据构造式按系统命名法原则核对化合物命名是否正确，分析构造式得出最长碳链的碳原子个数不是三而是四，所以该化合物主链名称应为丁烷。

③ 给主链碳原子编号，在 2-位上有一个甲基按照系统命名法原则命名为 2-甲基丁烷。

$$\overset{1}{CH_3}-\overset{2}{CH}(-\overset{3}{CH_2}-\overset{4}{CH_3})-CH_3$$

第三节　烷烃的物理性质

烷烃是一个同系列，不同的烷烃互为同系物，同系物的物理性质按一定的规律变化。一些常见的直链烷烃的物理性质见表 2-2。

表 2-2　一些直链烷烃物理性质

名　　称	分　子　式	熔点/℃	沸点/℃	密度(20℃)/(g/cm³)	折射率 n_D^{20}	状　　态
甲烷	CH_4	−182.5	−164	0.424	—	气态
乙烷	C_2H_6	−183.3	−88.6	0.546	—	
丙烷	C_3H_8	−189.7	−42.1	0.501	1.3397	
丁烷	C_4H_{10}	−138.4	−0.5	0.579	1.3562	
戊烷	C_5H_{12}	−129.7	36.1	0.626	1.3575	液态
己烷	C_6H_{14}	−95.3	68.9	0.659	1.3751	
庚烷	C_7H_{16}	−90.6	98.4	0.6838	1.3878	
辛烷	C_8H_{18}	−56.8	125.7	0.7025	1.3974	
壬烷	C_9H_{20}	−51	150.8	0.7176	1.4054	
癸烷	$C_{10}H_{22}$	−29.7	174	0.7298	1.4102	
十一烷	$C_{11}H_{24}$	−25.6	195.9	0.7402	1.4176	
十二烷	$C_{12}H_{26}$	−9.6	216.3	0.7487	1.4216	
十三烷	$C_{13}H_{28}$	−6.5	235.4	0.7564	1.4256	
十四烷	$C_{14}H_{30}$	5.5	253.7	0.7628	1.4290	
十五烷	$C_{15}H_{32}$	10.0	270.6	0.7685	1.4315	
十六烷	$C_{16}H_{34}$	18.2	287	0.7733	1.4345	
十七烷	$C_{17}H_{36}$	22	301.8	0.7780	1.4369	固态
十八烷	$C_{18}H_{38}$	28.2	316.1	0.7768	1.4390	
十九烷	$C_{19}H_{40}$	32.0	330	0.7776		
二十烷	$C_{20}H_{42}$	36.8	343	0.7886	1.4491	

一、状态

在常温常压下（20℃）时，甲烷至丁烷为气体，戊烷至十六烷为液体，十七烷以上为固体。

二、熔点、沸点

烷烃的熔点、沸点随着相对分子质量的增加而有规律地升高。这是因为同系物随着相对分子质量的增加（或分子中碳原子数的增加），分子间的作用力变大，其熔点、沸点逐渐升高。在碳原子数目相同的烷烃同分异构体中，直链烷烃的沸点较高，支链烷烃的沸点较低，支链越多，沸点越低。例如，戊烷的三种异构体的沸点如下：

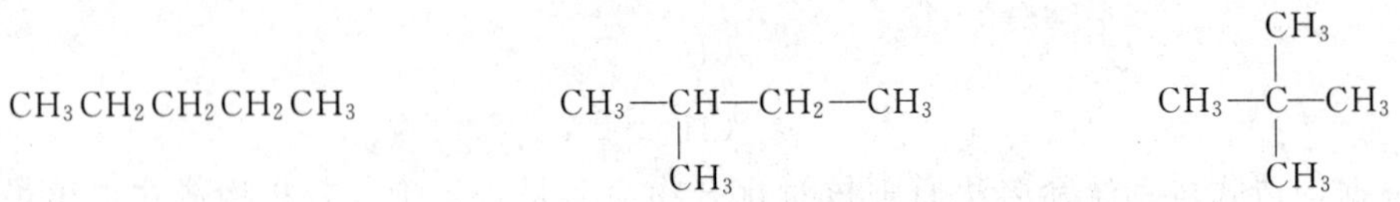

	正戊烷	异戊烷	新戊烷
结构	$CH_3CH_2CH_2CH_2CH_3$	$CH_3—CH(CH_3)—CH_2—CH_3$	$C(CH_3)_4$
沸点/℃	36	28	9.5

这是因为当支链增多时，空间阻碍较大，使分子间距较大，从而分子间的作用力减小而使沸点降低。

三、溶解性

烷烃分子没有极性或极性很弱，因此难溶于水，易溶于有机溶剂。

四、密度

烷烃的密度都小于1，比水轻。随着分子中碳原子数目增加而逐渐增大，相同碳原子数的烷烃中，支链烷烃的密度比直链烷烃略低些。

五、折射率

直链烷烃的折射率随相对分子质量的增加而升高，对于液体烷烃可用折射率进行鉴别。

第四节　烷烃的化学反应及应用

由于烷烃分子中的C—C键和C—H键都是比较牢固的共价单键（又称σ键）。因而化学性质比较稳定，在常温下不易与强酸、强碱、强氧化剂及强还原剂反应，但在高温、光照或催化剂存在下，则可发生卤代反应、燃烧反应和裂化反应。

一、卤代反应

烷烃分子中的氢原子被卤素原子取代的反应称为卤代反应。

烷烃与卤素在室温和黑暗中并不反应，但在高温（约400℃）或漫射光（日光或紫外线）的作用下，甲烷中的氢原子可逐渐被氯原子取代，得到一氯甲烷、二氯甲烷、三氯甲烷和四氯化碳等四种产物的混合物。工业上把这种混合物作为溶剂使用。

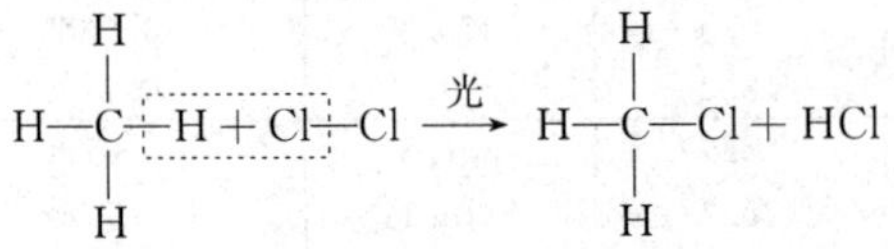

$$CH_4 + Cl—Cl \xrightarrow{光} CH_3Cl + HCl$$

一氯甲烷

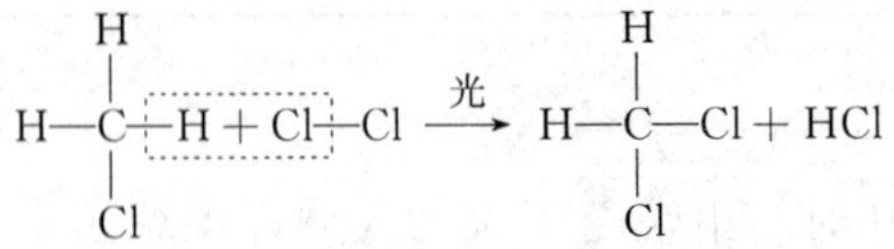

$$CH_3Cl + Cl—Cl \xrightarrow{光} CH_2Cl_2 + HCl$$

二氯甲烷

$$CH_2Cl_2 + Cl—Cl \xrightarrow{光} CHCl_3 + HCl$$

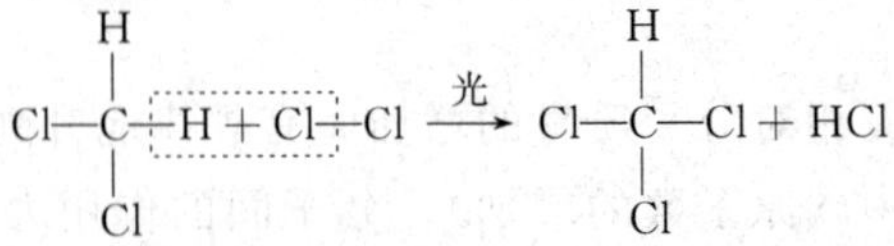

三氯甲烷

$$\text{Cl}-\underset{\text{Cl}}{\overset{\text{Cl}}{\underset{|}{\overset{|}{\text{C}}}}}-\text{H}+\text{Cl}-\text{Cl}\xrightarrow{\text{光}}\text{Cl}-\underset{\text{Cl}}{\overset{\text{Cl}}{\underset{|}{\overset{|}{\text{C}}}}}-\text{Cl}+\text{HCl}$$

四氯甲烷（四氯化碳）

若控制反应条件，特别是调节甲烷与氯气的摩尔比，可以使某种氯甲烷成为其中的主要产物。

例如，甲烷：氯气＝50：1时，一氯甲烷的产量可达98%，如果甲烷：氯气＝1：50时，产物几乎全部是四氯化碳。

一般地说，同一烷烃与卤素进行卤代反应时其反应速率次序是：$F_2>Cl_2>Br_2>I_2$，但由于氟代反应剧烈，难以控制，而碘代反应又难于进行。烷烃的卤代通常指氯代和溴代而言。

二、氧化反应

烷烃在空气中燃烧生成二氧化碳和水，并放出大量的热，例如：

$$CH_4+2O_2\xrightarrow{\text{点燃}}CO_2+2H_2O+Q$$

$$2C_2H_6+7O_2\xrightarrow{\text{点燃}}4CO_2+6H_2O+Q$$

烷烃燃烧的通式为：

$$C_nH_{2n+2}+\frac{3n+1}{2}O_2\xrightarrow{\text{点燃}}nCO_2+(n+1)H_2O+Q$$

【演示实验 2-1】 在一块表面皿上滴数滴石油醚（$C_5\sim C_6$ 烷烃）或液体石蜡，点燃后观察燃烧现象。

由于燃烧时释放出的化学能可转化为热能、机械能等，因此烷烃是人类利用的主要能源之一。如汽油、柴油常用作内燃机的燃料，天然气和液化石油气则主要用作民用燃料。

上述反应也是汽油和柴油作为内燃机燃料的基本原理。

在化工生产中，可以控制适当的条件使烷烃发生部分氧化，生成一系列有用的含氧衍生物，如用石油的轻油馏分（主要含 C_4H_{10}）氧化生产乙酸，用石蜡（含 $C_{20}\sim C_{30}$ 的烷烃）氧化成高级脂肪酸，可用于制肥皂等。

三、裂化反应

烷烃在高温和隔绝空气的条件下发生分解的反应叫裂化反应。反应发生 C—C 键和 C—H 键断裂以及其他反应，生成低级烷烃、烯烃及氢等复杂的混合物。例如：

$$CH_3-CH_2-CH_2-CH_3\xrightarrow[500℃]{\text{裂化}}\begin{cases}\underset{\text{甲烷}}{CH_4}+\underset{\text{丙烯}}{CH_3-CH=CH_2}\\ \underset{\text{乙烯}}{CH_2=CH_2}+\underset{\text{乙烷}}{CH_3-CH_3}\\ H_2+\underset{\text{1-丁烯}}{CH_3-CH_2-CH=CH_2}\end{cases}$$

甲烷的裂化反应，只发生 C—H 键断裂：

$$CH_4\xrightarrow{>1200℃}\underset{\text{炭黑}}{C}+2H_2$$

裂化反应在石油化学工业中具有非常重要的意义。由于反应温度和所需要的产物不同，裂化的方法或条件也不相同。

1. 热裂化

一般在较高温度（500～700℃）和压力（2～5MPa）下进行的裂化反应叫热裂化反应。热裂化反应可使石油中的重质油成分转化成汽油，以提高汽油的产量。

2. 催化裂化

在催化剂硅酸铝存在下，比热裂化更低的温度（450～500℃）、压力（0.1～0.2MPa）下完成的裂化反应叫催化裂化反应。催化裂化可以大幅度提高汽油的质量。

3. 裂解

石油化学工业在高于720℃的温度下，将石油深度裂化的过程叫裂解。裂解主要是为了获得更多的低级烯烃。低级烯烃是有机化学工业的基本原料。国际上常用乙烯的产量来衡量一个国家石油工业发展的水平。

第五节 烷烃的来源及重要的烷烃

一、烷烃的天然来源

烷烃的天然来源主要是石油和天然气。

1. 石油

石油是古代动植物体深埋地下经细菌、地热、压力及其他无机物的催化作用而生成的物质。石油是油状的黏稠液体。石油的化学成分比较复杂，虽然因产地不同而成分各异。其主要成分是各种烃类（链状烷烃、环烷烃、芳香烃等）组成的复杂混合物，同时还含有少量的氧、硫、氮的有机化合物等。由油田得到的原油通常是深褐色的黏稠液体，通常是把石油分成若干馏分来应用。即把原油根据不同的需要按照一定的温度范围进行常、减压蒸馏得到不同的馏分。见表2-3。

表2-3 石油的分馏产物

名称		大致组成	沸点范围/℃	用途
石油气		C_1～C_4	40以下	燃料、化工原料
粗汽油	石油醚	C_5～C_6	40～60	溶剂
	汽油	C_7～C_9	60～205	内燃机燃料、溶剂
	溶剂油	C_9～C_{11}	150～200	溶剂（溶解橡胶、油漆等）
煤油	航空煤油	C_{10}～C_{15}	145～245	喷气式飞机燃料油
	煤油	C_{11}～C_{16}	160～310	点灯、燃料、工业洗涤油
柴油		C_{16}～C_{18}	180～350	柴油机燃料
机械油		C_{16}～C_{20}	350以上	机械润滑
凡士林		C_{18}～C_{22}	350以上	制药、防锈、涂料
石蜡		C_{20}～C_{24}	350以上	制皂、蜡烛、蜡纸、脂肪酸等
燃料油			350以上	船用燃料、锅炉燃料
沥青			350以上	防腐、绝缘材料、铺路及建筑材料
石油焦				制电石、炭精棒、用于冶金工业

注：表中所列温度范围不是绝对的，常因生产情况和对产品质量的要求不同会有一定的变动。

2. 天然气和油田气

天然气是蕴藏在地层内的可燃性气体，它的主要成分是甲烷。根据天然气中甲烷含量的不同，天然气可分为两种，一种称为干天然气，它含甲烷86%～99%（体积分数）；另一种称为湿天然气，它除含 60%～70%（体积分数）的甲烷外，尚有一定量的乙烷、丙烷、丁烷等气体。中国天然气分布很广，尤以四川、新疆最为丰富。

油田气也叫油田伴生气，在石油开采过程中除得到液体原油外，还同时得到大量的石油气，通常称为油田气。油田气的主要成分是甲烷，另外还有乙烷、丙烷和丁烷等低级烷烃，以及少量的其他气体。油田气是很好的化工原料，也可制取液化石油气用作燃料。

二、重要的烷烃——甲烷

甲烷主要来源于天然气和油田气。此外，焦化煤气中约含有 20%～32%（体积分数）的甲烷，矿井内的瓦斯，沼泽表面冒出来的沼气，其主要成分也是甲烷，现在我国农村的许多地方就是利用垃圾、人畜粪便等经过发酵来制取沼气，作燃料使用，因此甲烷又称沼气。

在实验室里，甲烷是用无水醋酸钠（CH_3COONa）和碱石灰（氢氧化钠和生石灰的混合物）混合加热制得的。氢氧化钠与醋酸钠的反应式如下：

$$CH_3COONa + NaOH \xrightarrow{CaO,\ \triangle} Na_2CO_3 + CH_4$$

甲烷是一种无色、无味、无毒、比空气轻的可燃气体。它的密度为 $0.424g/cm^3$。甲烷难溶于水。纯净的甲烷在空气中可以安静地燃烧，但是，甲烷与空气的混合物遇到火花就会发生爆炸，所以在煤矿井里，必须采取安全措施如通风、严禁烟火等，以防矿井内的甲烷与空气混合发生爆炸事故（即瓦斯爆炸）。

甲烷是重要的化工原料和能源，由甲烷制得的三氯甲烷（氯仿）和四氯化碳都是重要的有机溶剂；由甲烷制得的炭黑可作橡胶的填料和油墨的原料；由甲烷制得的合成气及乙炔是重要的有机合成原料。

第六节　烷烃的鉴别方法

由于烷烃的化学性质稳定，一般不用化学反应来鉴别，而是借助元素分析，溶解度试验，物理常数来鉴别。

当一个有机物由元素分析的结果得知只含碳、氢两种元素，该化合物又不与水或 5%的氢氧化钠、5%的盐酸、浓硫酸、酸性高锰酸钾溶液作用时，一般认为该物质是烷烃，再通过物理常数的测定或光谱分析，便可鉴定是什么烷烃。

【阅读材料】

汽油的辛烷值

“辛烷值”是人们用来衡量汽油质量的一种重要指标，它表示了汽油爆震程度的大小。什么是汽油的爆震呢？我们知道，汽油发动机吸气时，将汽油和空气的混合物吸入汽缸中，通过压缩使气体混合物温度升高，达到一定程度后经点火便会燃烧。但是一部分汽油在点火前就超前发生了爆炸式燃烧，这种不能控制的燃烧过程，通过汽油发动机的响声或震动表现出来，这种现象叫做爆震。汽油的爆震既损失能量、浪费燃料，又损坏汽缸。爆震现象与汽油的化学组成有关，汽油中直链烷烃在燃烧时发生的爆震程度比较大，芳香烃和带有支链的烷烃则不易发生爆震。经过比较发现，汽油中以正庚烷的爆震程度最大，而异辛烷的爆震程度最小。人们把衡量爆震程度大小的标准叫做辛烷值，把正庚烷的辛烷值定为 0，异辛烷的辛烷值定为 100。辛烷值越高，汽油的抗爆震性能越好。

需要注意的是，辛烷值只表示汽油的爆震程度，并不表示汽油中异辛烷的真正含量。我国目前使用的车用汽油的牌号就是按照汽油辛烷值的大小划分的。例如，90 号汽油表示该汽油的辛烷值不低于 90。

为了提高汽油的辛烷值，过去广泛采用的一种方法是在汽油中添加抗爆震剂：四乙基铅。四乙基铅是一种带有水果味、具有毒性的油状液体，它可以通过呼吸道、食道或皮肤进入人体，而且很难排泄出去。当人体内的含铅量积累到一定量（大约 100mL 血液中含 80μg）时，就会发生铅中毒。所以，目前世界上许多国家都已限制汽油中铅的加入量，逐步实行低铅化和无铅化。在我国，北京等一些城市已禁止销售含铅汽油；全国将逐渐实现汽油无铅化。目前主要是通过两种途径，既实现汽油无铅化又要提高汽油辛烷值：一是改进炼油技术，发展炼油新工艺，生产高辛烷值的汽油组分；二是研究和开发新型提高汽油辛烷值的调合剂，代替四乙基铅作为汽油的抗爆剂。

本章小结

1. 烷烃

分子中只含 C—C、C—H 键的开链烃，通式为 C_nH_{2n+2}。

2. 同系列

具有同一通式，组成上相差一个或几个系差，结构相似，化学性质相似的一系列化合物称同系列。同系列中的各化合物互称同系物。

3. 烷烃的结构

烷烃分子的碳原子具有正四面体的结构，分子中的 C—C 键和 C—H 键都是比较牢固的共价单键（又称 σ 键）。

4. 烷烃的系统命名法

应遵循下列三条原则：

（1）选主链　选择含支链最多，且最长的连续碳链作主链，命名为某烷（母体）；

（2）主链编号　编号时从靠近支链一端开始给主链编号；

（3）写出名称　按取代基的位次，相同取代基的数目，取代基的名称依次写在母体烷烃名称前面。不同的取代基按先简后繁次序写出。

5. 烷烃的化学反应

$$C_nH_{2n+2}\xrightarrow[\text{光或热}]{X_2}C_nH_{2n+1}X+HX$$

反应活性：$F_2>Cl_2>Br_2$（I_2 困难）
（卤代烷通常为混合物）

$$C_nH_{2n+2}\xrightarrow[\text{燃烧}]{O_2}CO_2+H_2O+Q$$

$$C_nH_{2n+2}\xrightarrow[400\sim600^\circ C]{\text{热裂}}C_{n'}H_{2n'}+C_{n''}H_{2n''+2}+H_2\ \text{等}$$

习　题

1. 用系统命名法命名下列化合物，并指出这些化合物中的伯、仲、叔、季碳原子，分别以 1°、2°、3°、4° 标出。

（1）
$$\begin{array}{c}\quad\ CH_3\\ \quad\ |\\ CH_3-C-H\\ \quad\ |\\ \quad\ CH_3\end{array}$$

（2）
$$\begin{array}{r}CH_3\quad\\ |\quad\ \ \\ CH_3-CH_2-CH_2-C-H\\ |\quad\ \ \\ CH_3\quad\end{array}$$

（3）
$$\begin{array}{l}\qquad\quad CH_3\\ \qquad\quad |\\ CH_3-C-CH_2-CH_3\\ \qquad\quad |\\ \qquad\quad CH_2-CH_2-CH_3\end{array}$$

（4）
$$\begin{array}{l}\qquad\quad CH_2-CH_3\\ \qquad\quad |\\ CH_3-C-CH-CH_3\\ \qquad\quad |\quad\ \ |\\ \qquad\quad CH_3\ CH_3\end{array}$$

2. 推出戊烷（C_5H_{12}）的全部构造异构体的构造式，并用系统命名法命名。

3. 写出下列化合物的构造式，以短线式和缩简式表示。

(1) 2,3-二甲基丁烷　　(2) 2,2-二甲基-4-乙基己烷

4. 下列化合物命名是否有错误？如有请改正。

(1) 2-乙基戊烷　　(2) 3-异丙基己烷

(3) 2,2,4-三甲基戊烷　　(4) 1,1,1-三甲基丁烷

5. 填空题。

(1) 相同碳原子数的烷烃异构体中，直链烷烃的沸点__________支链烷烃的沸点________支链愈多，沸点______。

(2) 烷烃的通式是__________。烷烃分子中的碳原子数每增加一个，其相对分子质量就增加______。

(3) 烷基是烷烃分子中失去 1 个______后，所剩余的部分，如：$—CH_2CH_2CH_3$ 是______，异丁基的构造式是______________。

(4) 在漫射光的作用下，甲烷与氯气发生取代反应，能生成四种________的混合物。工业上把这种混合物作为______，其中"四氯化碳"的分子式为________。

6. 选择题。

(1) 下列化合物中互为同分异构体的是（　　）。

A. 己烷　B. 2,2-二甲基丁烷　C. 2-甲基己烷　D. 戊烷

(2) 异戊烷和新戊烷互为同分异构体的依据是（　　）。

A. 具有相似的化学性质　B. 具有相同的物理性质

C. 具有相同的结构　D. 分子式相同，但碳链排列的方式不同

(3) 实验室制取甲烷的正确方法是（　　）。

A. 乙醇与浓硫酸在 170℃条件下反应　B. 无水醋酸钠与碱石灰混合物加热至高温

C. 醋酸钠与氢氧化钠混合物加热至高温

(4) 下列烷烃的一氯取代物中，没有同分异构体的是（　　）。

A. 乙烷　B. 2-甲基丁烷　C. 丁烷　D. 2,2-二甲基丙烷

(5) 下列各构造式中，代表相同的化合物的是（　　）及（　　）。

A. $(H_3C)_2CHCH_2CH_2CH_3$（两个 H_3C 连于 CH 上）

B. $CH_3CH_2\underset{\displaystyle CH_3}{\underset{|}{C}}HCH_2CH_3$

C. $(C_2H_5)_2CHCH_3$

D. $\overset{CH_3CH_2\quad CH_3}{\underset{CH_3CH_2\quad H}{C}}$（C 上连有 CH_3CH_2、CH_3、CH_3CH_2、H）

E. $CH_3CH_2CH_2—\overset{\displaystyle CH_3}{\underset{\displaystyle CH_3}{C}}—H$

F. $CH_3(CH_2)_2CH(CH_3)_2$

7. 将下列化合物按沸点由高到低排列成序（不要查表）。

(1) 庚烷　(2) 己烷　(3) 癸烷　(4) 2-甲基戊烷　(5) 2,2-二甲基丁烷

8. 回答下列问题：

(1) 为什么衣服上的油渍可以用汽油擦洗？

(2) 汽油着火时，为什么不能用水来灭火？

第三章 不饱和链烃

【学习目标】

1. 了解烯烃、二烯烃和炔烃的结构特点。

2. 掌握烯烃、二烯烃和炔烃的通式，掌握烯烃、炔烃的构造异构现象及其命名方法。

3. 了解烯烃、炔烃的物理性质，掌握烯烃、炔烃的化学反应及其应用。

4. 了解二烯烃的分类，熟悉1,3-丁二烯的1,2-加成和1,4-加成反应、聚合反应及其应用。

5. 了解乙烯、乙炔的实验室制法，烯烃的天然来源，及重要的烯烃和乙炔的用途。

6. 掌握烯烃和炔烃的鉴别方法。

第一节 烯　烃

分子中只含一个碳碳双键（$\gt C=C \lt$）的开链烃，叫烯烃也叫单烯烃。$\gt C=C \lt$ 是烯烃的官能团。烯烃与碳原子数相同的烷烃相比少两个氢原子，因此，又叫不饱和烃。

一、烯烃的结构

1. 结构特征

烯烃的结构特征是分子结构中含有碳碳双键。根据近代物理方法测定证明，碳碳双键不是两个相同的键。其中一个称σ键，结合得较牢固，不易断裂；另一个称π键，它不如σ键那样结合得牢固，在一定条件下容易断裂，所以化学性质比较活泼，容易发生化学反应。最简单的烯烃是乙烯，它的分子式为：C_2H_4，电子式为：$H:\overset{H}{\underset{..}{C}}::\overset{H}{\underset{..}{C}}:H$，构造式为：$H-\overset{H}{\overset{|}{C}}=\overset{H}{\overset{|}{C}}-H$。为了形象地描述乙烯的分子结构，可用分子模型来表示，如图3-1所示。

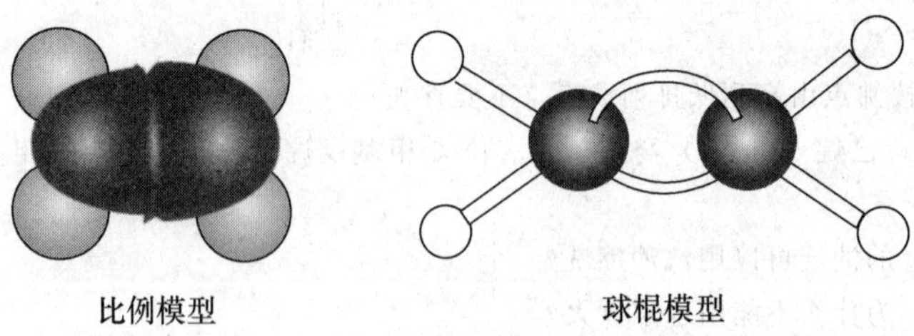

图3-1　乙烯分子的模型

2. 烯烃的同系物和通式

在乙烯分子中增加若干个 CH_2 原子团，就分别得到丙烯、丁烯、戊烯等，它们都是乙烯的同系物。

$CH_2=CH_2$　　$CH_2=CH-CH_3$　　$CH_2=CH-CH_2-CH_3$　　$CH_2=CH-CH_2-CH_2-CH_3$

由于烯烃分子组成上比相同碳原子数的烷烃少两个氢原子，所以，烯烃的通式是 C_nH_{2n}。

二、烯烃的构造异构现象

烯烃的构造异构除碳链异构以外，还有由于双键位置不同而引起的位置异构。在烯烃的同系物中，乙烯和丙烯都没有构造异构体。从丁烯开始有构造异构现象。

烯烃构造异构体的推导方法是：首先写出不同的碳链，再在碳链中可能的位置上依次移动双键的位置，最后用氢原子饱和。例如：C_4H_8 烯烃构造异构体的推导，可按下列步骤写出：

先写出最长碳链，并不断变换双键位置，最后用氢原子饱和。

$$\mathrm{C{-}C{-}C{-}C} \longrightarrow \begin{cases} \mathrm{C{-}C{-}C{=}C} \\ \mathrm{C{-}C{=}C{-}C} \end{cases} \longrightarrow \begin{cases} \mathrm{CH_3{-}CH_2{-}CH{=}CH_2} & \text{1-丁烯} \\ \mathrm{CH_3{-}CH{=}CH{-}CH_3} & \text{2-丁烯} \end{cases}$$

再写出少一个碳原子的碳链，把减少的这个碳原子作为支链，并不断交换支链和双键的位置，最后用氢原子饱和。

$$\mathrm{C{-}\underset{\displaystyle C}{\underset{|}{C}}{-}C} \longrightarrow \mathrm{C{-}\underset{\displaystyle C}{\underset{|}{C}}{=}C} \longrightarrow \mathrm{CH_3{-}\underset{\displaystyle CH_3}{\underset{|}{C}}{=}CH_2}$$

2-甲基丙烯

注意：支链不能连在端点的碳原子上，也不能连在可能重复的碳原子上。

三、烯烃的命名

1. 习惯命名法

简单的烯烃可按习惯命名法命名，例如：

$\mathrm{CH_2{=}CH_2}$	$\mathrm{CH_3{-}CH{=}CH_2}$	$\mathrm{CH_3{-}\underset{\displaystyle CH_3}{\underset{|}{C}}{=}CH_2}$
乙烯	丙烯	异丁烯

2. 系统命名法

构造复杂的烯烃要采用系统命名法，其命名方法与烷烃基本相似。不同点是：①主链的词尾是烯；②要标出碳碳双键的位次编号；③当主链碳原子数超过十个（即用中文数字表示）时加“碳”字，称“碳烯”。例如：

$\mathrm{CH_3(CH_2)_3CH{=}CH(CH_2)_5CH_3}$　5-十二碳烯

烯烃的系统命名法，具体步骤如下。

（1）选主链作为母体　应选择含有双键在内且支链较多的最长碳链为主链（母体），支链作为取代基，根据主链上碳原子的数目叫“某烯”。例如：

$$\mathrm{CH_3{-}\underset{\displaystyle CH_3}{\underset{|}{C}}{=}CH{-}\underset{\displaystyle CH_3}{\underset{|}{CH}}{-}CH_2{-}CH_3} \leftarrow \textbf{主链（母体己烯）} \rightarrow \mathrm{CH_2{=}\underset{\displaystyle CH_2{-}CH_2{-}CH_2{-}CH_3}{\underset{|}{C}}{-}CH_2{-}CH_3}$$

（2）给主链碳原子编号　从靠近双键一端开始给主链碳原子依次编号，碳碳双键的位次用两个双键碳原子中位次较小的数字标出。

$$\overset{1}{\mathrm{CH_3}}{-}\underset{\displaystyle \mathrm{CH_3}}{\underset{|}{\overset{2}{\mathrm{C}}}}{=}\overset{3}{\mathrm{CH}}{-}\underset{\displaystyle \mathrm{CH_3}}{\underset{|}{\overset{4}{\mathrm{CH}}}}{-}\overset{5}{\mathrm{CH_2}}{-}\overset{6}{\mathrm{CH_3}} \qquad \overset{1}{\mathrm{CH_2}}{=}\underset{\displaystyle \overset{3}{\mathrm{CH_2}}{-}\overset{4}{\mathrm{CH_2}}{-}\overset{5}{\mathrm{CH_2}}{-}\overset{6}{\mathrm{CH_3}}}{\underset{|}{\overset{2}{\mathrm{C}}}}{-}\mathrm{CH_2}{-}\mathrm{CH_3}$$

（3）写出烯烃全称　将取代基的位次、相同取代基数目、名称及双键的位次依次写在母体名称某烯之前。例如：

$$\underset{\displaystyle CH_3}{\underset{|}{CH_3{-}C}}{=}\underset{\displaystyle CH_3}{\underset{|}{CH{-}CH}}{-}CH_2{-}CH_3$$　　2,4-二甲基-2-己烯

$$CH_2{=}\underset{\displaystyle CH_2{-}CH_2{-}CH_2{-}CH_3}{\underset{|}{C}}{-}CH_2{-}CH_3$$　　2-乙基-1-己烯

$$CH_3{-}\underset{\displaystyle CH_3}{\underset{|}{CH}}{-}\underset{\displaystyle \underset{\displaystyle CH_3}{\underset{|}{CH_2}}}{\underset{|}{C}}{=}CH{-}CH_3$$　　4-甲基-3-乙基-2-戊烯

烯烃去掉一个氢原子后剩下的基团叫烯基。几个常见烯基的名称如下：

$CH_2{=}CH{-}$	$CH_3{-}CH{=}CH{-}$	$CH_2{=}CH{-}CH_2{-}$	$CH_2{=}\overset{\displaystyle CH_3}{\overset{|}{C}}{-}$
乙烯基	丙烯基 (1-丙烯基)	烯丙基 (2-丙烯基)	异丙烯基

四、烯烃的物理性质

烯烃的物理性质与烷烃相似，也是随着碳原子数的增加而递变。在常温下，C_2～C_4 的烯烃为气体，C_5～C_{18}的为液体，C_{19}以上的为固体。它们的沸点，熔点和密度都随相对分子质量的增加而上升。密度都小于1。它们都是无色物质，不溶于水，易溶于有机溶剂中，乙烯稍带甜味，液态烯烃有汽油的气味。一些烯烃的物理常数见表3-1。

表3-1　一些烯烃的物理常数

名　称	构造式	熔点/℃	沸点/℃	密度(20℃)/(g/cm³)	折射率 n_D^{20}	状态
乙烯	$CH_2{=}CH_2$	−169.71	−103.71	0.384(−10℃)	1.363(−100℃)	气态
丙烯	$CH_2{=}CHCH_3$	−184.9	−47.4	0.5193	1.3567(−40℃)	
1-丁烯	$CH_2{=}CHCH_2CH_3$	−185.4	−6.3	0.5951	1.3962	
1-戊烯	$CH_2{=}CH(CH_2)_2CH_3$	−138.0	29.97	0.6405	1.3715	液态
1-己烯	$CH_2{=}CH(CH_2)_3CH_3$	−139.8	63.3	0.6731	1.3837	
1-庚烯	$CH_2{=}CH(CH_2)_4CH_3$	−119.0	93.6	0.697	1.3998	
1-辛烯	$CH_2{=}CH(CH_2)_5CH_3$	−101.7	121.3	0.7149	1.4087	
1-癸烯	$CH_2{=}CH(CH_2)_7CH_3$	−66.3	172.6	0.740	1.4215	
1-十八碳烯	$CH_2{=}CH(CH_2)_{15}CH_3$	17.5	179	0.791	1.4448	
1-十九碳烯	$CH_2{=}CH(CH_2)_{16}CH_3$	21.5	177(1333Pa)	0.7858	—	固态

五、烯烃的化学反应及应用

碳碳双键是烯烃的官能团，由于碳碳双键中含有不稳定、易断裂的π键，因此化学性质活泼，能发生加成、氧化和聚合反应。

1. 加成反应

在一定条件下，烯烃与一些试剂作用，碳碳双键中的π键断裂，双键两端的碳原子分别与试剂中的两个一价原子或原子团结合，生成加成产物，这种反应叫加成反应。加成反应可用下式表示：

$$\rangle C{=}C\langle + XY \xrightarrow{催化剂} X{-}\underset{|}{\overset{|}{C}}{-}\underset{|}{\overset{|}{C}}{-}Y$$

(1) 催化加氢　在铂、钯或镍等金属催化剂存在下，烯烃能与氢气发生加成反应，生成

烷烃，故称催化加氢。例如：

$$CH_2{=}CH_2 + H{-}H \xrightarrow[\triangle]{Ni} CH_3{-}CH_3$$

$$R{-}CH{=}CH_2 + H{-}H \xrightarrow[\triangle]{Ni} R{-}CH_2{-}CH_3$$

催化加氢反应能定量地进行。在分析上可根据吸收氢气的体积，计算出混合物中不饱和化合物的含量。汽油中含有少量烯烃，性能不稳定，可通过催化加氢使烯烃转变为烷烃，从而提高汽油质量。液态油脂中含有少量烯烃，容易变质，可通过催化加氢，将液态油脂转变为固态油脂，便于保存和运输。固态油脂还可用于生产肥皂。

（2）加卤素　烯烃与卤素容易发生加成反应，生成邻二卤代物（两个卤原子连在相邻的两个碳原子上），这是合成邻二卤代烷的一种重要的方法。例如，工业上制备1,2-二氯乙烷是把乙烯和氯气通入1,2-二氯乙烷溶剂中，在40℃左右，用氯化铁作催化剂，使乙烯与氯气进行加成，且产率很高。

$$CH_2{=}CH_2 + Cl{-}Cl \xrightarrow[40℃，约0.2MPa]{FeCl_3} \underset{Cl}{CH_2}{-}\underset{Cl}{CH_2}$$

1,2-二氯乙烷

1,2-二氯乙烷可用作脂肪、橡胶等的溶剂，谷物的消毒杀虫剂及制备氯乙烯等。

氟与烯烃的反应非常剧烈，往往使它完全分解，碘与烯烃难于发生加成反应。所以一般烯烃加卤素是指加氯或加溴。卤素的活泼次序为：氟＞氯＞溴＞碘

在常温下烯烃与溴的四氯化碳溶液（或溴水）作用，溴的红棕色很快消失。此反应常用于检验烯烃的存在。工业上常用此法检验汽油、煤油中是否有不饱和烃的存在。

$$CH_2{=}CH_2 + \underset{(红棕色)}{Br{-}Br} \xrightarrow{CCl_4} \underset{Br}{CH_2}{-}\underset{Br}{CH_2}$$

1,2-二溴乙烷（无色）

【演示实验3-1】　在试管中加入1mL环己烯和几滴溴的四氯化碳溶液，振摇后，观察溶液颜色的变化。

（3）加卤化氢　烯烃通常在CS_2、石油醚或冰醋酸等溶液中，并在加热条件下，可与卤化氢气体发生加成反应，生成相应的一卤代烷。例如，乙烯与氯化氢加成时，要在加热及催化剂（$AlCl_3$）存在下进行，生成氯乙烷。

$$CH_2{=}CH_2 + H{-}Cl \xrightarrow[130\sim250℃]{AlCl_3} \underset{H}{CH_2}{-}\underset{Cl}{CH_2}$$

氯乙烷

氯乙烷可用作溶剂和冷冻剂。由于它在皮肤上能很快蒸发，因此可使该部位冷至麻木而不致冻伤组织，故可用作局部麻醉剂。氯乙烷还可作为在有机化合物分子中引入乙基的试剂。

溴化氢和碘化氢与烯烃发生同样反应，且比氯化氢容易进行反应，卤化氢与烯烃加成反应的活泼顺序是：　HI＞HBr＞HCl

乙烯是对称分子，不论卤原子和氢原子加到哪一个碳原子上，都得出同样的一卤代乙烷。但是，构造不对称的烯烃（如 $CH_3—CH=CH_2$），与卤化氢反应时，可以得到两种加成产物。

$$CH_3—CH=CH_2 \xrightarrow{HX} \begin{cases} \xrightarrow{\text{I}} CH_3—\underset{\underset{X}{|}}{CH}—CH_3 & \text{2-卤丙烷} \\ \xrightarrow{\text{II}} CH_3—CH_2—CH_2X & \text{1-卤丙烷} \end{cases}$$

究竟是Ⅰ还是Ⅱ呢？实验证明Ⅰ是主要的产物，马尔科夫尼科夫（Markovnikov）从许多实验结果中总结出一条规则，即不对称烯烃与卤化氢加成时，氢原子主要加到含氢较多的双键碳原子上，而卤素则加到含氢较少的双键碳原子上。这一规则叫做马尔科夫尼科夫规则，简称马氏规则，也叫不对称规则。例如：

$$CH_3CH_2CH=CH_2 + HBr \xrightarrow{\text{醋酸}} CH_3—CH_2—\underset{\underset{Br}{|}}{CH}—CH_3$$

$$(CH_3)_2C=CH_2 + HBr \xrightarrow{\text{醋酸}} CH_3—\overset{\overset{CH_3}{|}}{\underset{\underset{Br}{|}}{C}}—CH_3 \quad (100\%)$$

应用这一规则可预测许多反应的主要产物。

（4）加硫酸　烯烃与冷的浓硫酸反应，生成硫酸氢烷基酯。例如：

$$CH_2=CH_2 + \underset{(98\%)}{H^+\,^-OSO_2OH} \xrightarrow{0\sim15℃} \underset{\text{硫酸氢乙酯}}{CH_3—CH_2OSO_2OH}$$

硫酸氢乙酯水解生成乙醇。加热时，则分解生成乙烯：

$$CH_2=CH_2 \underset{H_2SO_4,\ 0\sim15℃}{\overset{170℃}{\rightleftharpoons}} CH_3—CH_2OSO_2OH \underset{H_2SO_4,\ 0\sim15℃}{\overset{H_2O,\ \text{加热}}{\rightleftharpoons}} CH_3CH_2OH$$

不对称烯烃如丙烯与硫酸加成时，反应产物也符合马氏规则，即氢正离子（H^+）主要加到含氢原子较多的双键碳原子上，硫酸氢负离子（$^-OSO_2OH$）则加到含氢原子较少的双键碳原子上。例如：

$$CH_3—CH=CH_2 + \underset{(75\%\sim85\%)}{H^+\,^-OSO_2OH} \xrightarrow{50℃} \underset{\text{硫酸氢异丙酯}}{CH_3—\underset{\underset{OSO_2OH}{|}}{CH}—CH_3} \xrightarrow[\triangle]{\text{水解}} \underset{\text{异丙醇}}{CH_3—\underset{\underset{OH}{|}}{CH}—CH_3}$$

烯烃与硫酸加成后再水解，可生成相应的醇。可看作是烯烃分子中加了一个分子水，所以又叫烯烃的间接水合，工业上可利用这一反应来制备醇。这种技术虽然成熟，但消耗大量浓硫酸，对设备腐蚀极严重。

利用烯烃与硫酸作用可生成能溶于硫酸的硫酸氢酯的性质来分离提纯某些不与硫酸作用，又不溶于硫酸的有机物，如烷烃、卤代烃等。在石油工业中，可将含少量烯烃的烷烃与适量的浓硫酸一起振荡，便可除去烷烃中的烯烃。

【例 3-1】 己烷中含有少量 1-己烯，试用化学方法将其分离除去。

有机化学中分离题可采用下列简便格式：

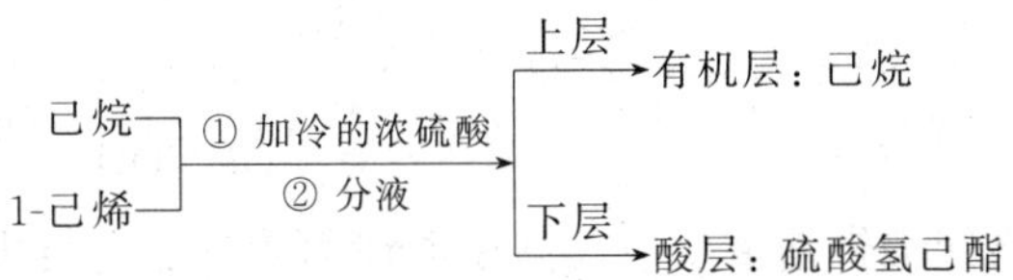

（5）加水　在一般情况下，由于水中质子浓度太低，水不能与烯烃直接加成。但在酸性催化剂磷酸-硅藻土及加热、加压条件下，可与水直接加成生成醇，不对称烯烃与水的反应产物，也符合马氏规则。例如：

$$CH_2{=}CH_2 + H{-}OH \xrightarrow[280\sim300℃,\ 7\sim8MPa]{H_3PO_4\text{-硅藻土}} CH_3{-}CH_2{-}OH$$

$$CH_3{-}CH{=}CH_2 + H{-}OH \xrightarrow[195℃,\ 2MPa]{H_3PO_4\text{-硅藻土}} CH_3{-}\underset{OH}{\underset{|}{CH}}{-}CH_3$$

这种由烯烃与水直接反应制备醇的方法，称直接水合法。此法无间接水合法所产生的废酸及对设备严重腐蚀的问题，因有一定压力，故对设备要求较高，烯烃的纯度需在97%（体积分数）以上。目前我国吉林化学工业公司有机合成厂已用这种方法生产乙醇和异丙醇。

（6）加次卤酸　乙烯与次氯酸加成生成氯乙醇。反应式如下：

$$CH_2{=}CH_2 + HO{-}Cl \longrightarrow \underset{OH}{\underset{|}{CH_2}}{-}\underset{Cl}{\underset{|}{CH_2}}$$

氯乙醇

不对称烯烃与次氯酸加成时，Cl^+ 主要加到含氢较多的双键碳原子上，而 OH^- 则加到含氢较少的双键碳原子上。即加成时也符合马氏规则。反应式如下：

$$CH_3{-}CH{=}CH_2 + HO{-}Cl \longrightarrow CH_3{-}\underset{OH}{\underset{|}{CH}}{-}\underset{Cl}{\underset{|}{CH_2}}$$

1-氯-2-丙醇

在实际生产中，常用氯气和水代替次氯酸。生成的卤代醇是重要的有机原料，如氯乙醇常用作医药和农药（如驱蛔灵、普鲁卡因等）的原料，也是一种植物发芽催化剂。

2. 氧化反应

烯烃分子中的双键活泼性，还表现在它很容易被氧化。当氧化剂和氧化条件不同时，生成的产物也各不相同。

烯烃在空气中可以燃烧，生成水和二氧化碳。乙烯燃烧时的火焰比甲烷燃烧时的火焰明亮并伴有黑烟，乙烯分子中碳的质量分数比甲烷高、燃烧时由于碳没有得到充分燃烧而产生黑烟。反应式如下：

$$C_2H_4 + 3O_2 \xrightarrow{\text{燃烧}} 2CO_2 + 2H_2O$$

$$C_nH_{2n} + \frac{3n}{2}O_2 \xrightarrow{\text{燃烧}} nCO_2 + nH_2O$$

稀的高锰酸钾碱性冷溶液氧化烯烃时，双键中的 π 键断裂，被氧化生成二元醇。同时，高锰酸钾的紫色褪去，生成棕褐色的二氧化锰沉淀。例如：

$$R—CH=CH_2 + KMnO_4(冷、稀) + H_2O \xrightarrow{OH^-} R—\underset{OH}{\underset{|}{C}H}—\underset{OH}{\underset{|}{C}H_2} + MnO_2\downarrow + KOH$$

（紫色） （棕褐色）

烯烃也可以和酸性高锰酸钾溶液反应，高锰酸钾的紫色也会很快褪色，因此根据高锰酸钾紫色溶液的褪色或二氧化锰棕褐色沉淀的生成来鉴定烯烃，也可用于区别烯烃和烷烃。

3．聚合反应

（1）聚乙烯　在一定条件下，乙烯的碳碳双键中的 π 键可以断裂，以头尾相连的形式自相加成能形成很长的碳链，生成聚乙烯：

$$CH_2=CH_2+CH_2=CH_2+CH_2=CH_2+\cdots\longrightarrow\cdots—CH_2—CH_2—CH_2—CH_2—CH_2—CH_2—\cdots$$

这个反应还可以下式表示：

$$nCH_2=CH_2 \xrightarrow[200\sim300℃,\ 100MPa]{少量过氧化物} \lbrack CH_2—CH_2 \rbrack_n$$

乙烯（单体）　　聚乙烯（聚合物）

聚乙烯的相对分子质量可达几万到几十万。这种相对分子质量很大的化合物属于高分子化合物，简称高聚物。由相对分子质量小的化合物分子互相结合成相对分子质量大的高分子的反应叫聚合反应。参加聚合的小分子叫单体，聚合后的大分子叫聚合物。

聚乙烯为乳白色，无味，无臭，无毒的蜡状固体，具有热塑性易加工成形和优良的电绝缘性，耐酸、耐碱、抗腐蚀，是目前大量生产的优良高分子材料。用于制作农用薄膜和食品、药品的容器，制作各类工业和生活用具，还可用作防腐材料、防潮材料，制作电线、电缆及电工部件的绝缘材料等。

（2）聚丙烯　聚丙烯在工业上也是由上述类似方法聚合而成的。聚合反应在 50～80℃，1～2MPa 及齐格勒-纳塔催化剂，如 $Al(C_2H_5)_3$-$TiCl_4$ 存在下聚合：

$$n\underset{CH_3}{\underset{|}{C}H}=CH_2 \xrightarrow[50\sim80℃,\ 1\sim2MPa]{Al(C_2H_5)_3\text{-}TiCl_4,\ 汽油} \lbrack \underset{CH_3}{\underset{|}{C}H}—CH_2 \rbrack_n$$

聚丙烯

聚丙烯为无味、无臭、无毒的乳白色物质，聚丙烯具有较好的耐腐蚀性能、电绝缘性能、柔韧性能、机械性能和防水性能。常用于制造薄膜、薄板、电器设备、工程塑料以及合成纤维等。

4．α-氢原子的反应

双键是烯烃的官能团，通常把与双键碳原子（或其他官能团）直接相连的碳原子叫 α-碳原子，与 α-碳原子相连的氢原子叫 α-氢原子。

α-氢原子

$$H—\underset{H}{\overset{H}{C}}—\underset{\boxed{H}}{\overset{\boxed{H}}{C}}—CH=CH_2$$

α-碳原子

α-氢原子

α-氢原子受双键的直接影响，比较活泼，易进行取代反应和氧化反应，这里只介绍取代反应，氧化反应在以后有关章节再讨论。

在常温下丙烯与氯气反应，主要发生加成反应，生成 1,2-二氯丙烷，但在 500℃左右的高温时，主要是α-氢原子被取代，生成了3-氯-1-丙烯。

$$CH_3-CH=CH_2+Cl_2 \xrightarrow{500℃} \underset{\displaystyle\underset{Cl}{|}}{CH_2}-CH=CH_2+HCl$$

3-氯-1-丙烯

其他烯烃与氯气在高温下进行的反应和丙烯相似，主要也是α-氢原子被取代。

$$CH_3-CH_2-CH=CH_2+Cl_2 \xrightarrow{高温} CH_3-\underset{\displaystyle\underset{Cl}{|}}{CH}-CH=CH_2+HCl$$

3-氯-1-丁烯

六、重要烯烃的工业来源及用途

1. 重要烯烃的工业来源

(1) 石油裂解气　利用石油某一馏分或湿天然气（除主要含甲烷外，还含有较多的乙烷、丙烷等）为原料，经高温在很短的时间（不到1s）之内使其裂解，生成低级烃的混合物质（裂解气），然后经分离得到乙烯、丙烯和丁烯。

(2) 炼厂气　乙烯和丙烯还可以从炼油厂炼制石油时所得到的炼厂气中分离得到。

2. 重要的烯烃及用途

(1) 乙烯　乙烯是无色、稍带甜味、可燃性的气体，乙烯在空气中燃烧时的火焰比甲烷的明亮得多并带黑烟，与空气混合，遇明火会爆炸，其爆炸极限是3%～29%（体积分数）。密度为0.9654g/cm^3。乙烯不溶于水，易溶于汽油、四氯化碳等有机溶剂。

工业上，乙烯主要来源于石油的裂化和裂解。实验室里，乙烯是用浓硫酸与乙醇混合加热到160～180℃，使乙醇脱水而制得，化学反应式如下：

$$CH_3-CH_2-OH \xrightarrow[160\sim180℃]{浓H_2SO_4} CH_2=CH_2\uparrow+H_2O$$

乙烯具有典型烯烃的化学性质。它是生产乙醇、乙醛、环氧乙烷、苯乙烯、氯乙烯、聚乙烯的基本原料。目前，乙烯的系列产品，在国际上占全部石油化工产品产值的一半以上，因此，往往以乙烯的生产水平来衡量一个国家的石油化学工业的发展水平。

此外，乙烯还可用作水果催熟剂等。

(2) 丙烯　丙烯具有烯烃的一般性质，丙烯是无色、易燃的气体，在空气中的爆炸极限是2%～11%（体积分数）。丙烯在工业上，可用来制备甘油、氯丙醇、异丙醇、丙酮、丙烯腈、聚丙烯等。这些产品可进一步制备塑料、合成纤维、合成橡胶等。

(3) 丁烯　丁烯有三种同分异构体，即1-丁烯、2-丁烯和2-甲基丙烯（异丁烯）。异丁烯是制备丁基橡胶的主要原料，也可作为有机玻璃、环氧树脂和叔丁醇等的原料。直链丁烯经催化脱氢得1,3-丁二烯，后者也是合成橡胶的基本原料。

【阅读材料一】

乙烯的催熟作用

在日常生活中也会遇到需将未成熟水果催熟的情况，这时如果没有乙烯，可以把青香蕉和几个熟橘子放在同一个塑料袋里，或者把生苹果和熟苹果放在一起，也可以起到催熟的作用。这是因为，水果在成熟的过程中，自身能放出乙烯气体，利用成熟水果放出的乙烯可以催熟水果。

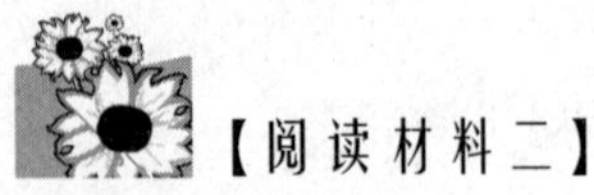【阅读材料二】

液化石油气

在城市中许多家庭中烧水、煮饭用的罐装“煤气”，实际上并不是煤气，而是液化石油气。它是石油化工生产过程中的一种副产品，它的主要成分是丙烷、丁烷、丁烯等，此外，还有少量的硫化氢。液化石油气是通过降温和加压压缩到耐压钢瓶中的，钢瓶中的压强约是大气压强的7～8倍。所以，瓶中贮存的液化石油气的量很大，可以使用较长的时间。

液化石油气在空气中达到一定比例时，遇到明火会引起燃烧，甚至爆炸，因此使用时要注意防止漏气。

第二节 二 烯 烃

分子中含有两个碳碳双键的开链不饱和烃叫二烯烃。由于它比烯烃多一个碳碳双键，故通式为：C_nH_{2n-2}。

一、二烯烃的分类和命名

1. 二烯烃的分类

二烯烃的性质和分子中两个双键的相对位置有密切的关系。根据两个双键的相对位置，可以把二烯烃分为三类。

(1) 累积二烯烃　两个双键连接在同一个碳原子上的二烯烃。例如：

$$CH_2=C=CH_2 \quad \text{丙二烯}$$

(2) 共轭二烯烃　两个双键被一个单键隔开的二烯烃。例如：

$$CH_2=CH-CH=CH_2 \quad \text{1,3-丁二烯}$$

(3) 孤立二烯烃　两个双键被两个或两个以上单键隔开的二烯烃。例如：

$$CH_3-CH=CH-CH_2-CH=CH_2 \quad \text{1,4-己二烯}$$

三种二烯烃中，孤立二烯烃的性质和烯烃相似，累积二烯烃的数量少，且实际应用也不多。共轭二烯烃在理论和实际应用上都很重要，本章主要讲述共轭二烯烃。

2. 二烯烃的命名

二烯烃的系统命名法与烯烃相似。不同之处是分子中含有两个双键，故称二烯烃。其命名要点如下。

(1) 选主链作为母体　选取含有两个双键的最长碳链作为主链（母体），母体名叫“某二烯”。

(2) 给主链碳原子编号　由距双键最近的一端依次编号，并用阿拉伯数字分别标明两个双键和取代基的位次。

(3) 写出二烯烃的名称　将取代基的位次、相同取代基的数目、取代基的名称、两个双键的位次依次写在母体名称某二烯之前。例如：

$$CH_2=CH-CH=CH_2 \qquad \text{1,3-丁二烯}$$

$$\underset{\displaystyle CH_3}{CH_2=\overset{}{\underset{|}{C}}-CH=CH_2} \qquad \text{2-甲基-1,3-丁二烯}$$

二烯烃和烯烃一样具有碳链异构、位置异构（两个双键的相对位置不同）。

二、重要的共轭二烯烃

1. 1,3-丁二烯

（1）1,3-丁二烯的结构特征　1,3-丁二烯分子中含有两个碳碳双键，这两个双键被一个单键隔开，这种构造的双键称为共轭双键，实验数据表明，共轭双键与一般双键不同，其键长趋于平均化，共轭双键虽然具有一般双键的性质，但又与一般双键不同，具有特殊的化学性质。为了形象地描述1,3-丁二烯的分子结构，可用比例模型来表示，如图3-2所示。

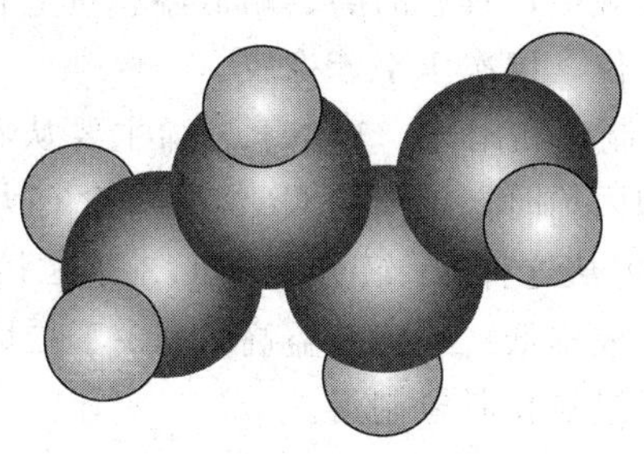

图3-2　1,3-丁二烯分子的比例模型

（2）1,3-丁二烯的物理性质　1,3-丁二烯是无色微带有香味的气体、沸点－4.4℃，密度0.6211g/cm^3，微溶于水，易溶于有机溶剂中。

（3）1,3-丁二烯的化学反应及应用

① 1,2-加成反应和1,4-加成反应。1,3-丁二烯可与氢气、卤素或卤化氢等试剂加成。当与一分子溴加成时，两个溴原子既能加到C-1和C-2两个碳原子上，生成1,2-加成产物（这种加成叫1,2-加成反应），也可以加到两头的C-1和C-4两个碳原子上，而在C-2和C-3两个碳原子之间形成一个新的双键，生成1,4-加成产物（这种加成反应叫1,4-加成反应）。这就是共轭二烯烃所具有的特殊反应性质。

1,3-丁二烯的1,2-加成和1,4-加成是同时发生的，控制反应条件，可调节两种产物的比例。例如在低温下或非极性溶剂中有利于1,2-加成产物的生成，升高温度或在极性溶剂中则有利于1,4-加成产物的生成。

$$\overset{1}{C}H_2{=}\overset{2}{C}H{-}\overset{3}{C}H{=}\overset{4}{C}H_2 + Br_2 \xrightarrow[-15℃]{1,2-加成} \underset{Br}{CH_2}{-}\underset{Br}{CH}{-}CH{=}CH_2$$

3,4-二溴-1-丁烯　正己烷（62%）　氯仿（$CHCl_3$）（37%）

$$CH_2{=}CH{-}CH{=}CH_2 + Br_2 \xrightarrow[-15℃]{1,4-加成} \underset{Br}{CH_2}{-}CH{=}CH{-}\underset{Br}{CH_2}$$

1,4-二溴-2-丁烯　正己烷（38%）　氯仿（$CHCl_3$）（63%）

$$CH_2{=}CH{-}CH{=}CH_2 + HBr \xrightarrow{1,2-加成} \underset{H}{CH_2}{-}\underset{Br}{CH}{-}CH{=}CH_2$$

3-溴-1-丁烯　0℃（71%）　40℃（15%）

$$CH_2{=}CH{-}CH{=}CH_2 + HBr \xrightarrow{1,4-加成} \underset{H}{CH_2}{-}CH{=}CH{-}\underset{Br}{CH_2}$$

1-溴-2-丁烯　0℃（29%）　40℃（85%）

② 聚合反应。共轭二烯烃容易发生聚合反应生成高分子化合物，工业上利用这一反应来合成橡胶。例如：

$$nCH_2{=}CH{-}CH{=}CH_2 \xrightarrow{\text{齐格勒-纳塔催化剂}} \left[\begin{array}{c} H_2C \quad\quad CH_2 \\ \diagdown \quad \diagup \\ C{=}C \\ \diagup \quad \diagdown \\ H \quad\quad\quad H \end{array} \right]_n$$

顺丁橡胶

顺丁橡胶由于结构排列有规律，具有耐磨、耐低温、抗老化、弹性好等优良性能，因此在世界合成橡胶中产量占第二位，仅次于丁苯橡胶。

(4) 1,3-丁二烯的来源、制法和用途　1,3-丁二烯主要从石油裂化气的 C_4 馏分中分离得到；在石油裂解生产乙烯和丙烯时，副产物 C_4 馏分中含有大量的1,3-丁二烯。采用合适的溶剂（如2-甲基甲酰胺），可从这种 C_4 馏分中将1,3-丁二烯提取出来。此法的优点是原料来源丰富、价格低廉、生产成本低、经济效益高。1,3-丁二烯也可以从 C_4 馏分中的丁烯、丁烷脱氢制得，还可由丁烯通过氧化脱氢制得。

$$\left.\begin{array}{l} CH_3{-}CH_2{-}CH{=}CH_2 \\ CH_3{-}CH{=}CH{-}CH_3 \end{array}\right\} \xrightarrow[600\sim650℃]{Fe_2O_3} CH_2{=}CH{-}CH{=}CH_2 + H_2\uparrow$$

$$CH_3{-}CH_2{-}CH_2{-}CH_3 \xrightarrow[600℃,\ 0.02\sim0.03MPa]{Al_2O_3\text{-}Cr_2O_3} CH_2{=}CH{-}CH{=}CH_2 + 2H_2$$

1,3-丁二烯是无色气体，沸点－4.4℃，不溶于水，可溶于汽油、苯等有机溶剂。是合成橡胶和合成树脂的重要单体，如合成丁苯橡胶、顺丁橡胶等以1,3-丁二烯为主要原料。此外，1,3-丁二烯也是重要的有机原料如制备己二腈和癸二酸；还可用来制造火箭燃料、塑料、涂料等。

2. 2-甲基-1,3-丁二烯的来源、制法和用途

2-甲基-1,3-丁二烯（又叫异戊二烯），工业上可从石油裂解的 C_5 馏分中提取异戊二烯。这也是广泛采用的很经济的方法。

工业上也可由异戊烷或异戊烯催化脱氢生成异戊二烯。但此法有设备成本较高、原料转化率较低等缺点。

$$\underset{\displaystyle\quad\ \ |\atop \displaystyle\quad CH_3}{CH_3{-}CH}{-}CH_2{-}CH_3 \xrightarrow[600℃]{\text{催化剂}} CH_2{=}\underset{\displaystyle |\atop \displaystyle CH_3}{C}{-}CH{=}CH_2$$

$$\underset{\displaystyle\quad\ \ |\atop \displaystyle\quad CH_3}{CH_3{-}CH}{-}CH{=}CH_2 \xrightarrow[600\sim650℃]{\text{催化剂}} CH_2{=}\underset{\displaystyle |\atop \displaystyle CH_3}{C}{-}CH{=}CH_2$$

异戊二烯为无色稍有刺激性的液体，沸点34.08℃，密度0.6806g/cm³，难溶于水，易溶于有机溶剂。主要用作合成天然橡胶的单体，也用于制备医药、农药、香料和胶黏剂等。

近年来，利用齐格勒-纳塔催化剂，从异戊二烯单体合成顺-1,4-聚异戊二烯，它的性能与天然橡胶相似，因此，也称合成天然橡胶。

$$nCH_2{=}\underset{\displaystyle |\atop \displaystyle CH_3}{C}{-}CH{=}CH_2 \xrightarrow{\text{齐格勒-纳塔催化剂}} \left[\begin{array}{c} H_2C \quad\quad CH_2 \\ \diagdown \quad \diagup \\ C{=}C \\ \diagup \quad \diagdown \\ H_3C \quad\quad\ H \end{array} \right]_n$$

合成天然橡胶

习　题

1. 用系统命名法命名下列化合物：

(1) $CH_2=CH-CH(CH_3)-CH_2-CH_3$

(2) $CH_3-C(CH_3)=CH-CH(CH_3)-CH_3$

(3) $CH_3-C(=CH_2)-CH_3$

(4) $(CH_3CH_2)_2C=CH_2$

(5) $CH_2=C(CH_3)-CH=CH_2$

(6) $CH_3-C(CH_3)=CH-CH_2-CH_3$

(7) 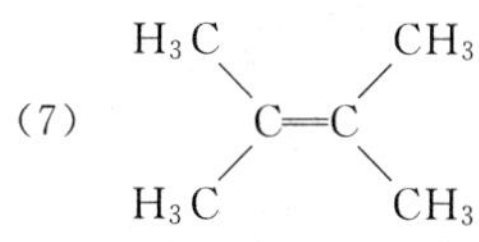

$(H_3C)_2C=C(CH_3)_2$

(8) $CH_2=CH-CH_2-CH=CH_2$

2. 写出下列各基团或化合物的构造式：

(1) 乙烯基　(2) 丙烯基　(3) 烯丙基

(4) 3,3-二甲基-1-戊烯　(5) 3-甲基-4-乙基-3-己烯

3. 写出 C_5H_{10} 烯烃的构造异构体，并用系统命名法命名。

4. 完成下列化学反应：

(1) $CH_3-CH=CH_2 \xrightarrow[FeCl_3]{Cl_2} ?$；$CH_3-CH=CH_2 \xrightarrow[500℃]{Cl_2} ?$

(2) $CH_3-CH_2-CH=CH_2 + H_2 \xrightarrow[高压]{Ni} ?$

(3) $CH_3-CH_2-CH=CH_2 \xrightarrow[CCl_4]{Br_2} ?$

(4) $CH_3-CH_2-CH=CH_2 \xrightarrow[H_2O]{冷、稀 KMnO_4} ?$

(5) $CH_3-C(CH_3)=CH_2 + HCl \longrightarrow ?$

(6) $CH_2=CH-CH=CH_2 \xrightarrow{HBr} ?$ （1,4- 加成产物）；$CH_2=CH-CH=CH_2 \xrightarrow{Br_2} ?$ （1,2- 加成产物）

(7) $CH_3-CH_2-CH=CH_2 + H_2O \xrightarrow[\triangle]{磷酸-硅藻土} ?$

(8) $CH_3-CH=CH_2 \xrightarrow{H_2SO_4(63\%)} ? \xrightarrow[170℃]{H_2O} ?$

(9) $CH_3-CH=CH_2 + HOCl \longrightarrow ? + ?$

5. 填空题（答案填在横线上）。

(1) 乙烯是一种______色______的气体。

(2) 烯烃的结构特征是______________，通式是____________。某烯烃的相对分子质量为 70，其分子式为______名称为______。

（3）烯烃能使高锰酸钾酸性溶液和溴的四氯化碳溶液褪色，其中，与高锰酸钾发生的反应是________反应；与溴发生的反应是________反应；在一定条件下，乙烯还能发生______反应生成聚乙烯。

（4）1,3-丁二烯与溴加成时，可同时得到______产物和______产物。

6. 选择题（在括号内用编号填上答案）。

（1）下列化合物中，不能使溴水和高锰酸钾溶液褪色的是（　　）。

A. C_2H_4　　B. C_2H_6　　C. C_5H_{12}　　D. C_4H_8

（2）下列物质中，与2-戊烯互为同系物的是（　　）。

A. 1-戊烯　　B. 2-甲基-1-丁烯　　C. 2-丁烯　　D. 2-甲基-2-丁烯

（3）下列各对化合物中，互为构造异构体的是（　　）。

A. $CH_3-CH_2-CH_2-CH_3$ 和 $CH_3-CH=CH-CH_3$

B. $CH_3-CH=CH-CH_3$ 和 $CH_3-CH=\underset{\displaystyle CH_3}{\underset{|}{C}}-CH_3$

C. $CH_3-CH=CH-CH_3$ 和 $CH_3-\underset{\displaystyle CH_3}{\underset{|}{C}}=CH_2$

（4）下列物质中，用作水果催熟剂的是（　　）。

A. 乙烯　　B. 丙烯　　C. 丁烯　　D. 异丁烯

（5）天然气和液化石油气（主要成分为 $C_3 \sim C_5$ 的烯烃和烷烃）燃烧反应的主要化学反应式为：

$$CH_4+2O_2 \xrightarrow{点燃} CO_2+2H_2O；\ C_3H_8+5O_2 \xrightarrow{点燃} 3CO_2+4H_2O\ (以丙烯为例)$$

现有一套以液化石油气为原料的灶具，欲改为烧天然气，应采取的措施是（　　）。

A. 减小空气进量，增大天然气进量　　B. 减小空气进量，减小天然气进量

C. 增大空气进量，增大天然气进量　　D. 增大空气进量，减小天然气进量

7. 判断题（正确的在括号内打“√”，错误的打“×”）。

（1）烯烃能使溴水褪色，是加成反应的结果；烯烃能使高锰酸钾溶液褪色，是烯烃被高锰酸钾氧化的结果。（　　）

（2）不对称烯烃与氯化氢加成时，氢原子主要加到含氢较少的双键碳原子上，而卤素则加到含氢较多的双键碳原子上。（　　）

8. 鉴别、提纯题。

（1）用两种简便的方法鉴别异丁烷和异丁烯。

（2）汽油中含有少量烯烃杂质，试设计适当的试验方法检验汽油中是否含有烯烃，若有，该如何除去？

第三节　炔　　烃

分子中含有碳碳三键（—C≡C—）的开链烃叫炔烃。碳碳三键是炔烃的官能团。炔烃与碳原子数相同的烷烃、烯烃相比，分子内氢原子的数目更少，故这类化合物称为炔烃。

一、炔烃的结构

1. 结构特征

炔烃的结构特征是分子中含有碳碳三键，根据近代物理方法证明，碳碳三键也不是3个碳碳单键的简单组合，其中一个是σ键，比较牢固；其他2个是π键，它们不如σ键牢固，在一定条件下，这两个π键易断裂，所以炔烃的化学性质与烯烃相似，比较活泼，容易发生化学反应。

最简单的炔烃是乙炔，乙炔分子中的氢原子比乙烯少 2 个，其组成及构造式如下：

分子式	电子式	短线式	缩简式
C_2H_2	$H\overset{\times}{\cdot}C\vdots\vdots C\overset{\times}{\cdot}$	$H—C\equiv C—H$	$CH\equiv CH$

为了形象地描述乙炔分子结构，可用分子模型来表示，如图 3-3 所示。

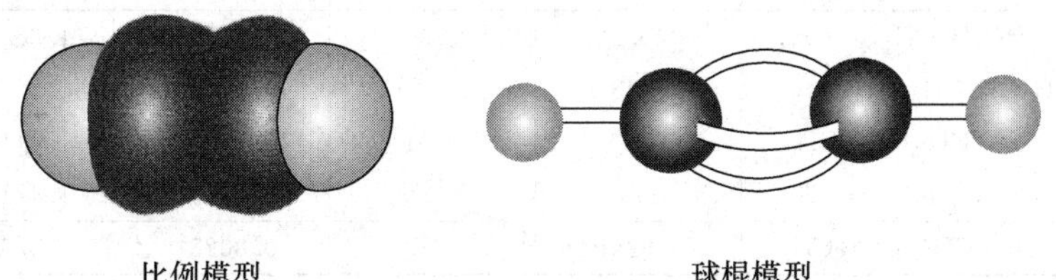

图 3-3　乙炔分子的模型

2. 炔烃的同系物和通式

在乙炔分子中增加若干个 CH_2 原子团，就分别得到丙炔、丁炔、戊炔等，它们都是乙炔的同系物：

$CH\equiv CH$　　$CH\equiv C—CH_3$　　$CH\equiv C—CH_2—CH_3$　　$CH\equiv C—CH_2—CH_2—CH_3$

由于炔烃在组成上比相同碳原子数的烯烃少 2 个氢原子，所以，炔烃的通式是：C_nH_{2n-2}。

二、炔烃的构造异构现象和命名

乙炔（$CH\equiv CH$）和丙炔（$CH_3—C\equiv CH$）都没有异构体。从丁炔开始有构造异构现象。炔烃由于碳链构造和三键位置的不同，也具有碳链和位置异构现象，但由于在碳链分支的地方，不可能有三键存在，所以炔烃的构造异构体比碳原子数目相同的烯烃少些。例如，丁烯有三个构造异构体，而丁炔只有两个构造异构体。

$CH\equiv C—CH_2—CH_3$　1-丁炔　　　$CH_3—C\equiv C—CH_3$　2-丁炔

炔烃的系统命名法与烯烃相似，只要将“烯”字改成“炔”字即可，例如：

$CH_3—CH=CH—CH_3$　2-丁烯　　　$CH_3—C\equiv C—CH_3$　2-丁炔

$CH_3—\underset{\large CH_3}{\underset{|}{CH}}—CH=CH_2$　3-甲基-1-丁烯　　　$CH_3—\underset{\large CH_3}{\underset{|}{CH}}—C\equiv CH$　3-甲基-1-丁炔

三、炔烃的物理性质

炔烃的物理性质与烯烃、烷烃基本相似。低级的炔烃在常温、常压下是气体，高级炔烃是固体。炔烃的其他物理性质也随着相对分子质量的增加而呈现出规律性的变化。较简单的炔烃其沸点、熔点、密度较相应的烷烃、烯烃都高一些。炔烃难溶于水，但比烯烃和烷烃的溶解度稍大，易溶于石油醚、苯、乙醚、丙酮等有机溶剂中。一些炔烃的物理常数见表 3-2。

四、炔烃的化学反应及应用

炔烃分子中含有碳碳三键。三键和双键相似也能发生加成、氧化和聚合反应。由于三键和双键有所不同，因此炔烃还有自己独特的性质，如与三键碳原子直接相连的氢原子较活泼，易发生取代反应。

表 3-2 炔烃的物理常数

名称	构造式	沸点/℃	熔点/℃	密度(20℃)/(g/cm³)	折射率 n_D^{20}	状态
乙炔	$CH\equiv CH$	−84	−80.8	—	—	气态
丙炔	$CH_3C\equiv CH$	−23.2	−101.5	—	—	
1-丁炔	$CH_3CH_2C\equiv CH$	8.1	−125.7	—	1.3962	
1-戊炔	$CH_3CH_2CH_2C\equiv CH$	40.2	−90	0.6901	1.3852	液态
1-己炔	$CH_3CH_2CH_2CH_2C\equiv CH$	71.3	131.9	0.7155	1.3989	
1-庚炔	$CH_3(CH_2)_4C\equiv CH$	99.7	−81	0.7328	1.4115	
1-癸炔	$CH_3(CH_2)_7C\equiv CH$	174	−36	0.7655	1.4217	
1-十八碳炔	$CH_3(CH_2)_{15}C\equiv CH$	180(52kPa)	28	0.8025	1.4265	固态

1. 加成反应

（1）催化加氢　乙炔在催化剂（铂、钯、镍等）存在下，首先与1mol 氢气加成生成乙烯，乙烯再与1mol 氢气加成生成乙烷。

$$HC\equiv CH \xrightarrow[\text{Pt, Pd 或 Ni}]{H_2} CH_2=CH_2 \xrightarrow[\text{Pt, Pd 或 Ni}]{H_2} CH_3-CH_3$$

其他炔烃和氢气作用发生类似的反应。

$$R-C\equiv C-R' \xrightarrow[Pd]{H_2} R-CH=CH-R' \xrightarrow[Pd]{H_2} R-CH_2-CH_2-R'$$

炔烃的加氢反应往往不容易停留在生成烯烃阶段，如用醋酸铅使钯催化剂部分毒化而减低活性［这种催化剂称林得拉（Linglar）催化剂］，则可使反应停留在生成烯烃阶段。例如：

$$CH\equiv CH \xrightarrow[\text{Pd, Pb(OOCCH}_3)_2]{H_2} CH_2=CH_2$$

工业上常利用这种方法，使石油裂解气中得到的乙烯中所含的少量乙炔转化成乙烯，以提高裂解气中乙烯的纯度。

（2）加卤素　炔烃与氯和溴容易发生加成反应，例如，乙炔与1mol 氯或溴加成生成二卤代烯烃，与2mol 氯或溴加成生成四卤代烷烃。在较低温度下，反应可控制在生成二卤代烯烃阶段。例如，乙炔与氯气和溴的加成。

$$CH\equiv CH \xrightarrow[\text{较低温度}]{Cl_2,\ FeCl_3} \underset{1,2\text{-二氯乙烯}}{\underset{|\quad\ \ |}{\underset{Cl\quad Cl}{CH=CH}}} \xrightarrow[80\sim85℃]{Cl_2,\ FeCl_3} \underset{1,1,2,2\text{-四氯乙烷}}{HC(Cl_2)-CH(Cl_2)}$$

（1,2-二氯乙烯：ClCH=CHCl；1,1,2,2-四氯乙烷：$Cl_2CH-CHCl_2$）

$$CH\equiv CH \xrightarrow{Br_2} \underset{1,2\text{-二溴乙烯}}{BrCH=CHBr} \xrightarrow{Br_2} \underset{1,1,2,2\text{-四溴乙烷}}{Br_2CH-CHBr_2}$$

炔烃与溴加成后，由溴（或溴水）的红棕色褪色以检验三键的存在。另外烯烃和炔烃与氯和溴的加成反应是实验室和工业上制备连二氯化物和连二溴化物及1,1,2,2-四氯（或溴）乙烷的方法。

（3）加卤化氢　乙炔与1mol 氯化氢作用生成氯乙烯，这是工业上生产氯乙烯的方法之一。

$$CH\equiv CH + HCl \xrightarrow[150\sim160℃]{HgCl_2} CH_2=CHCl$$

氯乙烯

氯乙烯主要用于生产聚氯乙烯。

不对称炔烃与卤化氢加成时，符合马氏规则。例如：

$$CH_3-C\equiv CH \xrightarrow{HBr} CH_3-\underset{\underset{Br}{|}}{C}=CH_2 \xrightarrow{HBr} CH_3-\overset{\overset{Br}{|}}{\underset{\underset{Br}{|}}{C}}-CH_3$$

2-溴丙烯　　2,2-二溴丙烷

炔烃与卤化氢的加成反应可用于制备同碳二卤化物。

(4) 加水　乙炔在催化剂（如硫酸汞的硫酸溶液）作用下，也能与水进行加成反应，生成乙醛。

$$CH\equiv CH + HOH \xrightarrow[95\sim105℃,\ 0.15MPa]{HgSO_4,\ 稀\ H_2SO_4} \left[CH_2=\underset{\underset{H}{|}}{C}-O-H\right] \xrightarrow{重排} CH_3-\overset{\overset{O}{\|}}{C}-H$$

乙烯醇　　乙醛

反应中先生成乙烯醇，但是乙烯醇不稳定，立刻进行分子内重排，羟基上的氢原子转移到另一个双键碳原子上，碳氧之间变成碳氧双键，形成乙醛。

工业上利用这个反应来生产乙醛，但由于汞盐类的毒性较大，影响健康并严重污染环境，因此，很早就开始非汞催化剂的研究，现已有采用锌、镉、铜盐等催化剂的生产装置。

2. 氧化反应

乙炔与烯烃相似，在空气中也可以燃烧，燃烧时，火焰明亮伴有浓烈的黑烟，这是因为乙炔含碳的质量分数比乙烯高，碳燃烧不完全所致。燃烧后生成二氧化碳和水，同时产生大量的热：

$$2CH\equiv CH + 5O_2 \xrightarrow{点燃} 4CO_2 + 2H_2O + Q$$

乙炔在氧中燃烧放出大量的热，温度高达 3000℃以上，广泛用来焊接和切割金属。

炔烃也可被高锰酸钾氧化，将乙炔通入高锰酸钾水溶液中，则高锰酸钾的紫色逐渐消失，被还原为二氧化锰褐色沉淀，同时碳碳三键断裂，乙炔被氧化生成二氧化碳：

$$3CH\equiv CH + 10KMnO_4 + 2H_2O \longrightarrow 6CO_2\uparrow + 10KOH + 10MnO_2\downarrow$$

乙炔和其他炔烃也可以和高锰酸钾的酸溶液反应，高锰酸钾溶液的紫色会很快褪色，因此，可根据高锰酸钾紫色溶液的褪色或二氧化锰棕褐色沉淀的生成来鉴别炔烃。

3. 聚合反应

乙炔也能发生聚合反应。随反应条件不同，聚合产物不同。例如，将乙炔通入氯化亚铜-氯化铵的强酸溶液中，则发生双分子聚合，生成乙烯基乙炔，它是合成氯丁橡胶的单体。

$$2CH\equiv CH \xrightarrow[少量盐酸,\ 70℃]{Cu_2Cl_2-NH_4Cl} CH_2=CH-C\equiv CH$$

乙烯基乙炔

在齐格勒-纳塔催化剂的作用下，乙炔还可以聚合成线型高分子化合物——聚乙炔。

$$nCH \equiv CH \xrightarrow{\text{齐格勒-纳塔催化剂}} \underset{\text{聚乙炔}}{\text{+HC=CH+}_n}$$

线型高分子聚乙炔是不溶、不熔、对氧敏感的结晶性高聚物半导体，目前正在研究把聚乙炔用作太阳能电池，电极和半导体材料等。

4. 炔氢原子的反应

与三键碳原子直接相连的氢原子叫炔氢原子。炔氢原子具有微弱的酸性，比较活泼，可以被 Ag^+ 或 Cu^+ 取代，生成炔银或炔亚铜。例如，将具有炔氢的炔烃分别加入到硝酸银的氨溶液或氯化亚铜的氨溶液中，则生成白色炔银或红色炔亚铜沉淀。

$$HC \equiv CH + 2Ag(NH_3)_2NO_3 \longrightarrow \underset{\text{乙炔银（白色）}}{AgC \equiv CAg\downarrow} + 2NH_4NO_3 + 2NH_3$$

$$HC \equiv CH + 2Cu(NH_3)_2Cl \longrightarrow \underset{\text{乙炔亚铜（红棕色）}}{CuC \equiv CCu\downarrow} + 2NH_4Cl + 2NH_3$$

$$R—C \equiv CH \begin{cases} \xrightarrow{Ag(NH_3)_2NO_3} R—C \equiv CAg\downarrow \\ \xrightarrow{Cu(NH_3)_2Cl} R—C \equiv CCu\downarrow \end{cases}$$

上述反应很灵敏，现象明显，可用来鉴定乙炔和 R—C≡CH 型的炔烃，R—C≡C—R 型的炔烃由于无炔氢而不能进行上述反应。

【例 3-2】 用化学方法鉴别丁烷、1-丁烯和 1-丁炔。

解

	Br_2-CCl_4	$Ag(NH_3)_2NO_3$
丁烷	×	
1-丁烯	褪色	×
1-丁炔	褪色	白色沉淀

另外，这些金属炔化物容易被盐酸、硝酸分解为原来的炔烃，利用此性质可分离和提纯端位炔烃或从其他烃类中除去少量端位炔烃杂质。

$$AgC \equiv CAg + 2HCl \longrightarrow HC \equiv CH + 2AgCl\downarrow$$

炔银和炔亚铜等重金属炔化物，潮湿时比较稳定，干燥时受撞击、震动或受热易发生爆炸。为避免危险，实验结束后，应立即用稀酸处理。

五、乙炔的制法和用途

乙炔是最重要的炔烃。纯净的乙炔是无色、无臭的气体。微溶于水，易溶于丙酮。乙炔与一定比例空气的混合物，可形成爆炸性混合物，其爆炸极限为 2.5%～80%（体积分数），使用时一定要注意安全。液态乙炔受震动也可发生爆炸，在贮存和运输中，为避免危险，一般可用浸有丙酮的多孔物质（如石棉、活性炭、软木屑等）吸收乙炔后存在钢瓶中，这样便于运输和使用。

1. 乙炔的制法

(1) 电石法　将石灰（氧化钙）和焦炭放在高温电炉中，加热至 2200～2300℃时反应生成电石（碳化钙），电石作为产品出厂。使用前将电石水解即生成乙炔：

$$CaO + 3C \longrightarrow CaC_2 \ (C \equiv C \text{ 与 } Ca \text{ 相连}) + CO$$

$$CaC_2 \ (C \equiv C \text{ 与 } Ca \text{ 相连}) + 2H_2O \longrightarrow CH \equiv CH + Ca(OH)_2$$

电石法可以直接得到99%的乙炔，应用比较普遍，但因能耗太高，其发展受到限制。

(2) 甲烷部分氧化法 天然气（甲烷）与氧气的混合物于 1500～1600℃进行部分氧化裂解生成乙炔。

$$2CH_4 \xrightarrow[0.01\sim0.001s]{1500\sim1600℃} HC\equiv CH+3H_2$$

为了避免乙炔在高温下分解为碳和氢，要求反应中生成的乙炔迅速冷却，所以甲烷通过反应区的时间很短，一般只有 0.01～0.001s。这个方法的特点是原料便宜，随着天然气工业的发展，甲烷裂解法将成为今后工业上以烃为原料生产乙炔的主要方法。

2. 乙炔的用途

乙炔是重要的基本有机合成原料，乙炔主要用于制备氯乙烯、二氯乙烯、四氯乙烷、乙醛、乙酸、乙烯基乙炔、聚乙炔等有机产品，而这些化合物又是合成橡胶、合成纤维、合成塑料三大合成材料的原料。其中聚乙炔为新型半导体材料。

【阅读材料】

科学家齐格勒、纳塔

齐格勒（1898—1973）是德国化学家。1920 年在本国的马尔堡大学获得有机化学博士学位，从 1943 年开始任德国普朗克研究院院长，1949 年任德国化学学会第一任主席。他对自由基化学反应，金属有机化学等都有深入的研究。

1953 年，齐格勒在研究乙基铝与乙烯的反应时发现只生成乙烯的二聚体，后经仔细分析，发现是金属反应器中存在的微量镍所致，说明除了乙基铝外，过渡金属的存在会影响乙烯的聚合反应。

自从齐格勒催化剂 $TiCl_3/Al(C_2H_5)_3$ 问世后不久，意大利科学家纳塔（1903—1979）试图将此催化剂用在丙烯聚合反应中，但得到的是无定形与结晶形聚丙烯混合物。后来纳塔经过改进，用 $TiCl_3/Al(C_2H_5)_3$ 制得了结晶形聚丙烯。1955 年纳塔发表了丙烯聚合和 α-烯烃或双烯烃制取新型高聚物的研究论文。由于齐格勒和纳塔发明了乙烯、丙烯聚合的新催化剂，奠定了定向聚合的理论基础，改进了高压聚合工艺，使聚乙烯、聚丙烯等工业得到巨大的发展，为此他们二人于 1963 年共同获得诺贝尔化学奖。

本 章 小 结

1. 不饱和链烃的分类、通式、结构特点及构造异构

分 类	通 式	结 构 特 点	构 造 异 构
烯烃	C_nH_{2n}	$>C=C<$ 中含有 1 个不稳定的 π 键和 1 个 σ 键	碳链异构：碳链排列方式不同 位置异构：双键在链中位次不同
共轭二烯烃	C_nH_{2n-2}	分子中含有共轭双键 $>C=CH-CH=C<$	具有碳链异构和位置异构
炔烃	C_nH_{2n-2}	$-C\equiv C-$ 中含有 2 个不稳定的 π 键和 1 个 σ 键	具有碳链异构和位置异构

2. 不饱和链烃的系统命名法要点

选主链：分别选择含官能团（$>C=C<$、两个碳碳双键及$-C\equiv C-$）的最长碳链为主链。

主链编号：从靠近官能团一端开始编号。

写出名称：按取代基的位次、相同取代基的数目、取代基的名称、官能团的位次、母体名称顺序写出。

3. 不饱和链烃的化学反应

（1）烯烃的化学反应

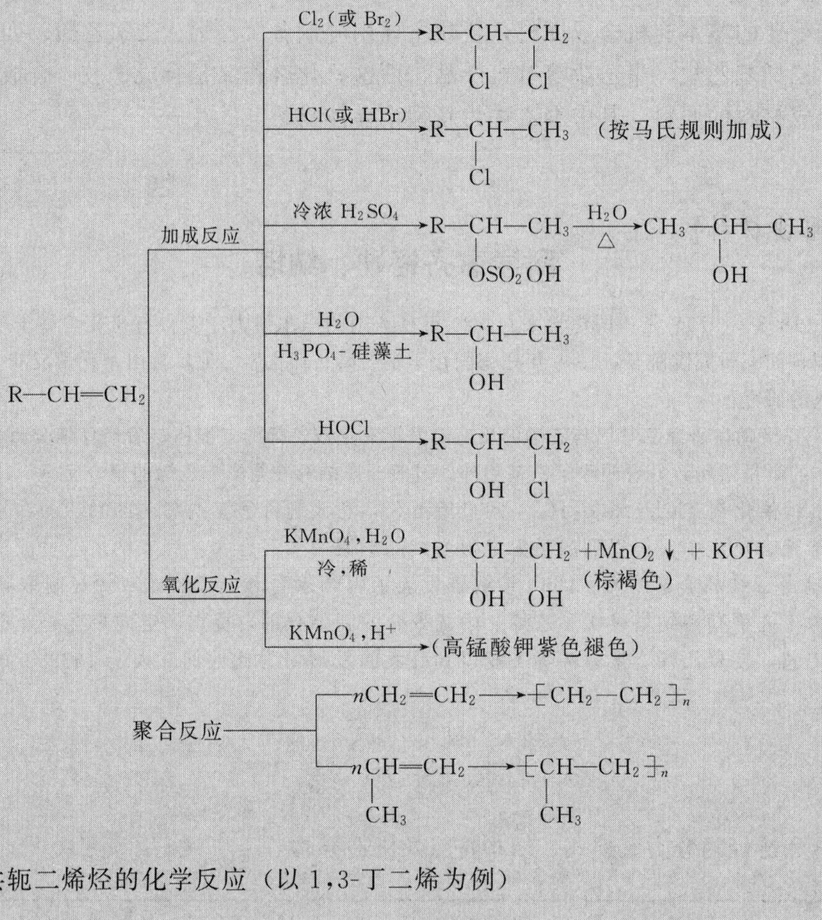

$R-CH=CH_2$

加成反应：

$R-CH=CH_2 \xrightarrow{Cl_2(或Br_2)} R-CHCl-CH_2Cl$

$R-CH=CH_2 \xrightarrow{HCl(或HBr)} R-CHCl-CH_3$（按马氏规则加成）

$R-CH=CH_2 \xrightarrow{冷浓H_2SO_4} R-CH(OSO_2OH)-CH_3 \xrightarrow[\triangle]{H_2O} CH_3-CH(OH)-CH_3$

$R-CH=CH_2 \xrightarrow[H_3PO_4-硅藻土]{H_2O} R-CH(OH)-CH_3$

$R-CH=CH_2 \xrightarrow{HOCl} R-CH(OH)-CH_2Cl$

氧化反应：

$R-CH=CH_2 \xrightarrow[冷,稀]{KMnO_4,H_2O} R-CH(OH)-CH_2OH + MnO_2\downarrow + KOH$（棕褐色）

$R-CH=CH_2 \xrightarrow{KMnO_4,H^+}$（高锰酸钾紫色褪色）

聚合反应：

$nCH_2=CH_2 \longrightarrow ⁅CH_2-CH_2⁆_n$

$nCH(CH_3)=CH_2 \longrightarrow ⁅CH(CH_3)-CH_2⁆_n$

（2）共轭二烯烃的化学反应（以1,3-丁二烯为例）

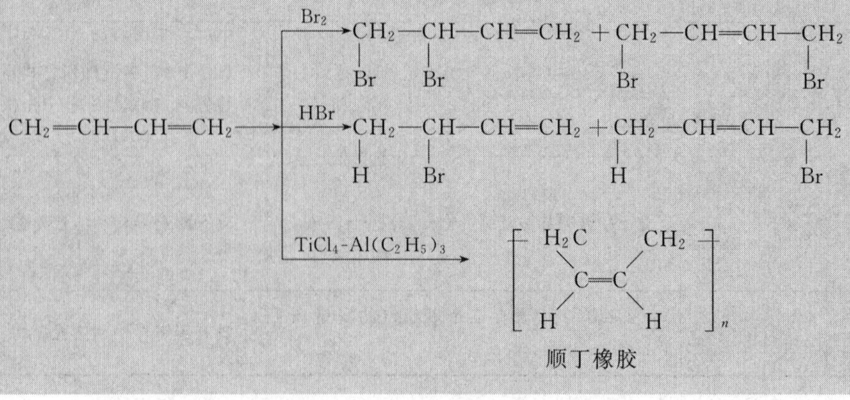

$CH_2=CH-CH=CH_2 \xrightarrow{Br_2} CH_2Br-CHBr-CH=CH_2 + CH_2Br-CH=CH-CH_2Br$

$CH_2=CH-CH=CH_2 \xrightarrow{HBr} CH_2H-CHBr-CH=CH_2 + CH_2H-CH=CH-CH_2Br$

$CH_2=CH-CH=CH_2 \xrightarrow{TiCl_4-Al(C_2H_5)_3} [-H_2C-CH=CH-CH_2-]_n$（顺式，H与H同侧）

顺丁橡胶

(3) 炔烃的化学反应

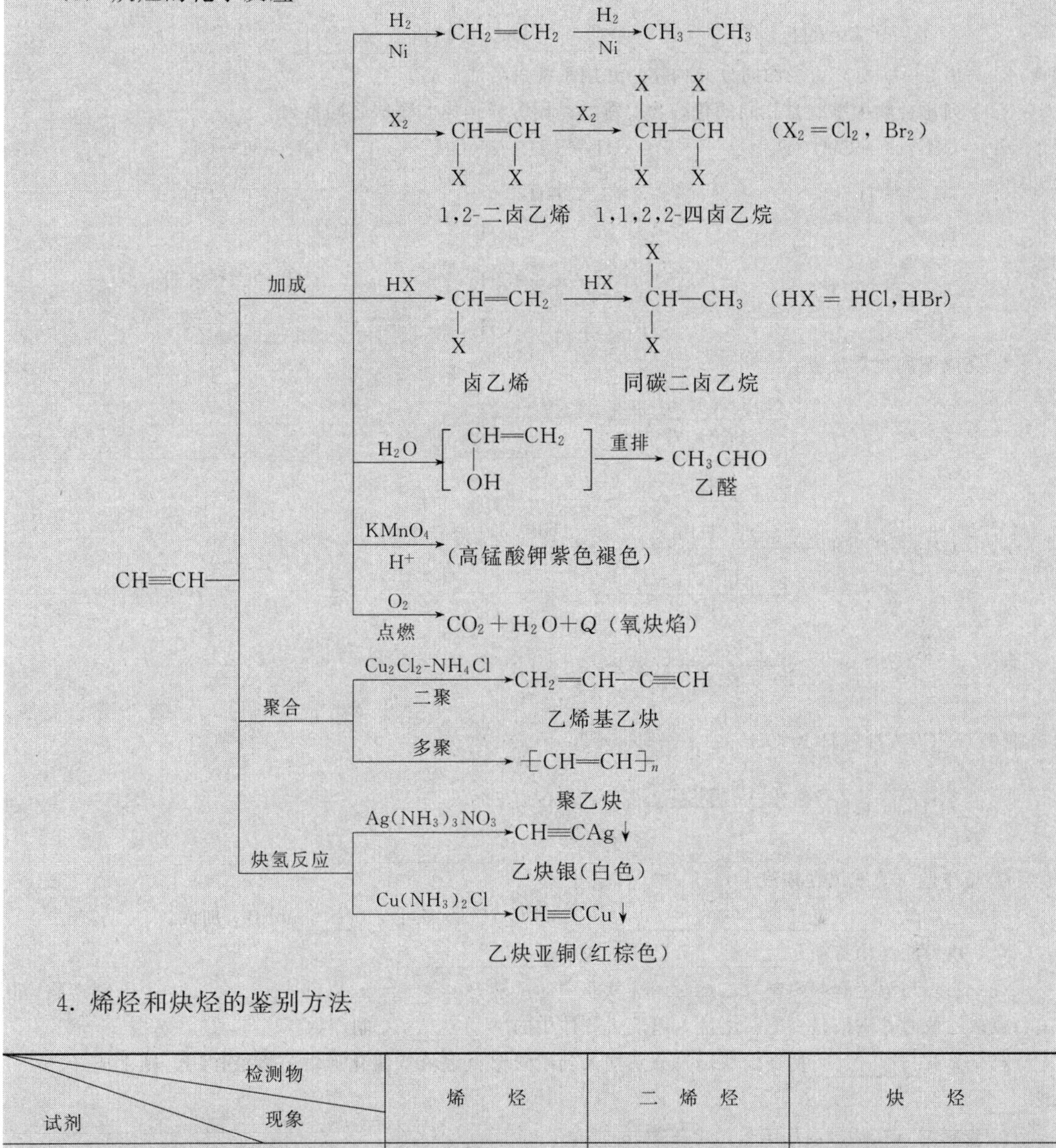

4. 烯烃和炔烃的鉴别方法

检测物 / 现象 / 试剂	烯　烃	二　烯　烃	炔　烃
分别加入溴水或溴的四氯化碳溶液	红棕色褪色	红棕色褪色	红棕色褪色
分别加入高锰酸钾酸溶液	紫红色褪色	紫红色褪色	紫红色褪色
分别加入硝酸银的氨溶液	无变化	无变化	生成乙炔银白色沉淀
分别加入氯化亚铜的氨溶液	无变化	无变化	生成乙炔亚铜红棕色沉淀

习　　题

1. 用系统命名法命名下列化合物：

(1) $CH\equiv C-CH_3$

(2) $CH_3-CH(CH_3)-CH_2-C\equiv CH$

(3) $CH_3-CH(CH_2CH_3)-CH_2-CH(C\equiv CH)-CH_3$

(4) $CH_3CH_2CH_2CH_2C\equiv CH$

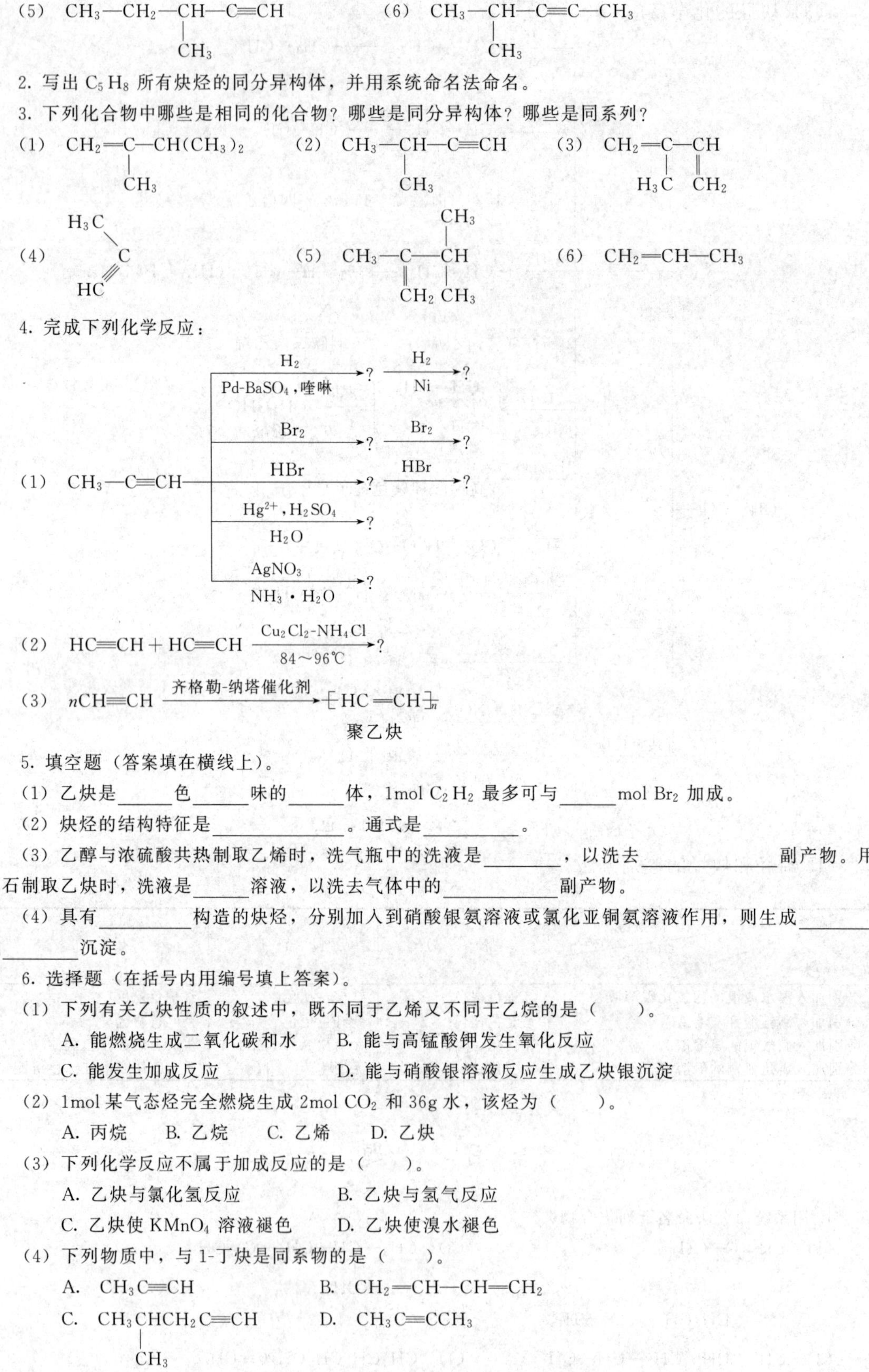

(5) $CH_3—CH_2—CH(CH_3)—C≡CH$　　(6) $CH_3—CH(CH_3)—C≡C—CH_3$

2. 写出 C_5H_8 所有炔烃的同分异构体，并用系统命名法命名。

3. 下列化合物中哪些是相同的化合物？哪些是同分异构体？哪些是同系列？

(1) $CH_2=C(CH_3)—CH(CH_3)_2$　　(2) $CH_3—CH(CH_3)—C≡CH$　　(3) $CH_2=C(H_3C)—CH=CH_2$

(4) $H_3C—C≡CH$　　(5) $CH_3—C(=CH_2)—CH(CH_3)—CH_3$　　(6) $CH_2=CH—CH_3$

4. 完成下列化学反应：

(1) $CH_3—C≡CH$
- $\xrightarrow[\text{Pd-BaSO}_4\text{,喹啉}]{H_2}$? $\xrightarrow[Ni]{H_2}$?
- $\xrightarrow{Br_2}$? $\xrightarrow{Br_2}$?
- $\xrightarrow{HBr}$? $\xrightarrow{HBr}$?
- $\xrightarrow[H_2O]{Hg^{2+},H_2SO_4}$?
- $\xrightarrow[NH_3\cdot H_2O]{AgNO_3}$?

(2) $HC≡CH + HC≡CH \xrightarrow[84\sim96℃]{Cu_2Cl_2\text{-}NH_4Cl}$?

(3) $n CH≡CH \xrightarrow{\text{齐格勒-纳塔催化剂}} \text{-}[HC=CH]_n\text{-}$
聚乙炔

5. 填空题（答案填在横线上）。

(1) 乙炔是______色______味的______体，1mol C_2H_2 最多可与______mol Br_2 加成。

(2) 炔烃的结构特征是____________。通式是__________。

(3) 乙醇与浓硫酸共热制取乙烯时，洗气瓶中的洗液是________，以洗去____________副产物。用电石制取乙炔时，洗液是______溶液，以洗去气体中的__________副产物。

(4) 具有__________构造的炔烃，分别加入到硝酸银氨溶液或氯化亚铜氨溶液作用，则生成________或________沉淀。

6. 选择题（在括号内用编号填上答案）。

(1) 下列有关乙炔性质的叙述中，既不同于乙烯又不同于乙烷的是（　　）。

A. 能燃烧生成二氧化碳和水　　B. 能与高锰酸钾发生氧化反应

C. 能发生加成反应　　D. 能与硝酸银溶液反应生成乙炔银沉淀

(2) 1mol 某气态烃完全燃烧生成 2mol CO_2 和 36g 水，该烃为（　　）。

A. 丙烷　B. 乙烷　C. 乙烯　D. 乙炔

(3) 下列化学反应不属于加成反应的是（　　）。

A. 乙炔与氯化氢反应　　B. 乙炔与氢气反应

C. 乙炔使 $KMnO_4$ 溶液褪色　　D. 乙炔使溴水褪色

(4) 下列物质中，与 1-丁炔是同系物的是（　　）。

A. $CH_3C≡CH$　　B. $CH_2=CH—CH=CH_2$

C. $CH_3CH(CH_3)CH_2C≡CH$　　D. $CH_3C≡CCH_3$

(5) 某烃分子式为 C_5H_8，当它与氯化亚铜的氨溶液作用时，有红色沉淀生成，试推测该烃可能的构造式是（ ）。

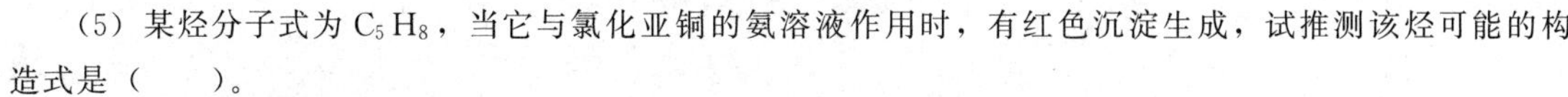

A. $CH_3(CH_2)_2C \equiv CH$　　B. $CH_3C \equiv CCH_2CH_3$

C. $CH_3CH(CH_3)—C \equiv CH$（CH_3 连在 CH 上）　　D. $CH_2=C(CH_3)—CH=CH_2$（CH_3 连在第二个 C 上）

7. 判断题（正确的在括号内打“√”，错误的打“×”）。

(1) 炔烃和二烯烃是同分异构体。（ ）

(2) 炔银和炔亚铜在干燥状态时具有爆炸性，故做完实验后，宜把炔银、炔亚铜倒在水槽或废液缸里，再用稀硝酸或稀盐酸洗刷试管。（ ）

8. 用化学方法鉴别下列各组化合物：

(1) 乙烷、乙烯和乙炔

(2) 1-戊炔和 2-戊炔

9. 试用适当的化学方法将下列各组混合物中的少量杂质除去。

(1) 除去粗乙烷气体中少量的乙烯。

(2) 除去粗乙烯气体中少量的乙炔。

10. 合成下列化合物（所需的其他试剂可以任用）。

(1) 由乙炔合成丁烷　　(2) 由丙炔合成 2-溴丙烯（$CH_3—C(Br)=CH_2$）

(3) 由乙炔合成 1,1-二氯乙烷（$CHCl_2—CH_3$）及 1,1,2,2-四溴乙烷（$CHBr_2—CHBr_2$）

11. 具有相同分子式（C_5H_8）的两个化合物 A 和 B，经氧化后都可以生成 2-甲基丁烷。它们可以与两分子溴加成，但其中 A 可以使硝酸银氨溶液产生白色沉淀，B 则不能，试推测 A、B 的构造式，并写出有关的化学反应式。

第四章 脂环烃

【学习目标】

1. 了解脂环烃的分类及环烷烃环的大小与环的稳定性的关系。
2. 了解环烷烃的构造异构现象，掌握环烷烃和环烯烃的命名方法。
3. 熟悉环烷烃的化学反应及其应用。

第一节 脂环烃的分类和命名

脂环烃是指分子中含有碳环结构，而性质与脂肪烃相似的一类碳氢化合物。

一、脂环烃的分类

根据脂环烃中成环碳原子数目的多少，可分为三元环、四元环、五元环、六元环等。根据碳环的数目分为单环脂环烃、二环脂环烃及多环脂环烃。根据碳环内有无不饱和键，又可分为饱和脂环烃及不饱和脂环烃。本章重点讲述单环饱和脂环烃。

单环饱和脂环烃亦称环烷烃，环上的碳原子彼此以单键 σ 键相连。例如：

A. 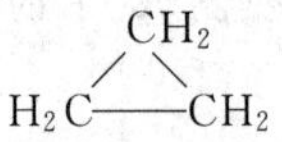 CH_2 / H_2C—CH_2（三元环）　环丙烷

B. 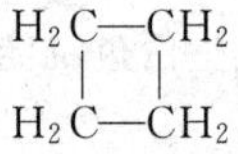 H_2C—CH_2 / H_2C—CH_2（四元环）　环丁烷

C. 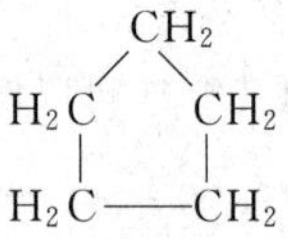 CH_2 / H_2C CH_2 / H_2C—CH_2（五元环）　环戊烷

不饱和脂环烃，环上含有不饱和键，含有双键的叫环烯烃，含有三键的叫环炔烃。例如：

D. 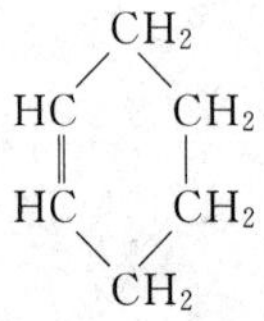 CH_2 / HC CH_2 / ‖ / HC CH_2 / CH_2　环己烯

E. 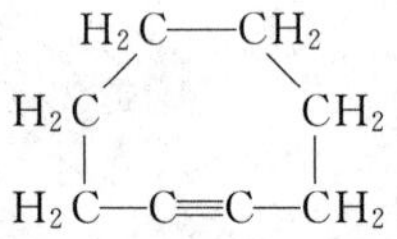 H_2C—CH_2 / H_2C CH_2 / H_2C—C≡C—CH_2　环辛炔

为了方便，脂环化合物的构造式，可以用简单的几何图形来表示。上述脂环烃的构造式可分别简写为：

A.  △　B. □　C. 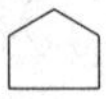 ⬠　D.  ⬡（含一个双键）　E.  八元环（含一个三键）

又如：CH_2 / H_2C—CH—CH_2CH_3（三元环）　可简写为：△—CH_2CH_3

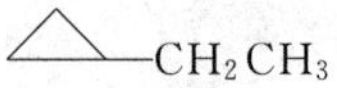

乙基环丙烷

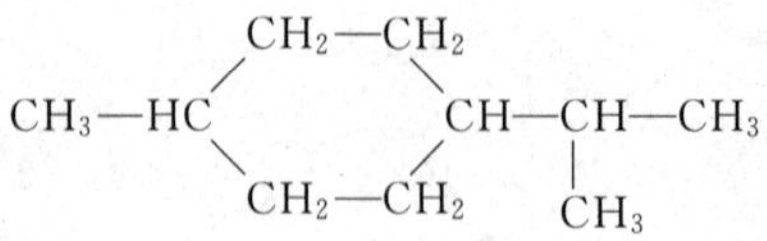

CH_3—HC（六元环：CH_2—CH_2 / CH_2—CH_2）CH—CH(CH_3)—CH_3　可简写为：CH_3—⬡—CH(CH_3)—CH_3

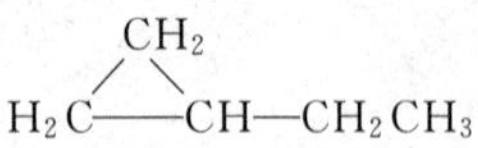

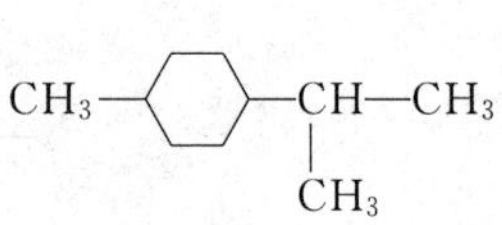

1-甲基-4-异丙基-环己烷

二、脂环烃的命名

环烷烃的命名与烷烃相似。根据成环碳原子数目，以相应的烷烃名称冠以“环”字，叫

"环某烷"。例如：

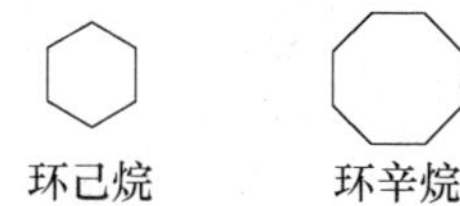

环己烷　　环辛烷

环上的支链作为取代基，若取代基不止一个时，则将成环碳原子编号，选取较小取代基的位次为 1，然后将其他取代基位次按尽可能小的方向顺序编号，取代基的列出次序由小到大，并将取代基的位次和名称写在"环某烷"之前。

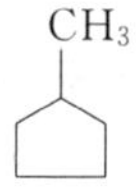

甲基环戊烷 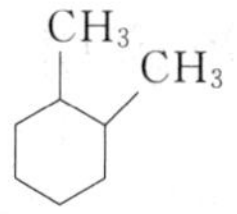　　1,2-二甲基环己烷 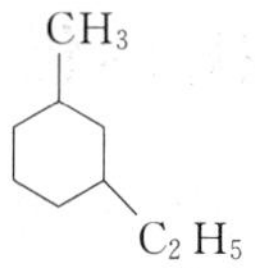　　1-甲基-3-乙基环己烷 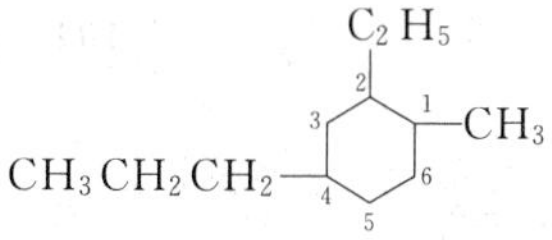　　1-甲基-2-乙基-4-正丙基环己烷

不饱和脂环烃的命名也与相应的开链烃相似。以不饱和碳环作母体，环上连的支链作为取代基。环上碳原子的编号顺序应使不饱和键所在位次最小。对于只有一个不饱和键的脂环烃，不饱和键的位置也可以不标出来。例如：

环己烯 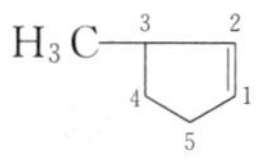　　3-甲基环戊烯 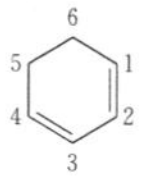　　1,3-环己二烯

第二节　环烷烃的构造异构现象

环烷烃比相同碳原子数的烷烃少 2 个氢原子，通式为：C_nH_{2n}，与烯烃为同一通式，因此环烷烃与相同碳原子数的烯烃互为构造异构体。例如：

$n=3$　　C_3H_6（烯烃）　　$CH_3—CH═CH_2$（丙烯）

C_3H_6（环烷烃）　　环丙烷

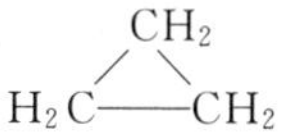

环烷烃的构造异构现象比烷烃复杂，成环碳原子数目的不同、取代基的不同（碳原子的数目和碳链构造不同）以及取代基在环上相对位置的不同都可产生异构现象。例如五个碳原子的环烷烃（C_5H_{10}），就有五种不同的构造异构体：

环戊烷 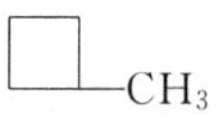　　甲基环丁烷 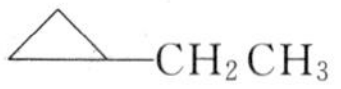　　乙基环丙烷 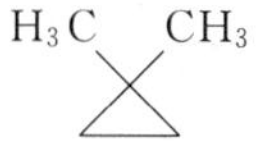　　1,1-二甲基环丙烷 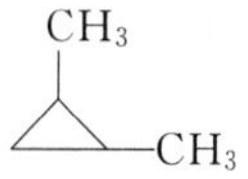　　1,2-二甲基环丙烷

第三节　环烷烃的物理性质

常温下，环丙烷和环丁烷为气体，环戊烷为液体，高级环烷烃为固体。由于环烷烃分子间的排列比烷烃紧密，所以环烷烃的沸点、熔点和密度都比含相同数目碳原子的烷烃高。常见环烷烃的物理常数见表 4-1。

表 4-1 环烷烃的物理常数

名称	熔点/℃	沸点/℃	密度(20℃)/(g/cm³)	名称	熔点/℃	沸点/℃	密度(20℃)/(g/cm³)
环丙烷	−127.6	−32.9	0.720(−79℃)	环己烷	−6.5	80.8	0.779
环丁烷	−80	13	0.703(0℃)	甲基环己烷	−126.5	100.8	0.779
环戊烷	−94	49	0.745	环庚烷	−12	118	0.810
甲基环戊烷	−142.4	72	0.779	环辛烷	14	149	0.836

第四节 环烷烃的化学反应及应用

热化学实验数据说明环烷烃的稳定性与环的大小有关，三元环、四元环不稳定易开环，化学性质比较活泼，可发生开环反应，而五元环、六元环较稳定，能发生取代及氧化反应。

一、开环加成反应

1. 加氢

在催化剂作用下，环烷烃可以与氢进行加成反应，环破裂加进两个氢原子生成开链烷烃。由于环的大小不同，加氢反应的难易程度也不同。例如：

$$\triangle + H-H \xrightarrow[80℃]{Ni} CH_3CH_2CH_3$$

$$\square + H-H \xrightarrow[200℃]{Ni} CH_3CH_2CH_2CH_3$$

$$\text{⌂} + H-H \xrightarrow[300℃以上]{Ni} CH_3CH_2CH_2CH_2CH_3$$

由上述反应看出，环丙烷很容易加氢，环丁烷需要在较高的温度下加氢，而环戊烷则在更高温度下进行，环戊烷以上的环烷烃一般不能催化加氢。

2. 加卤素

环丙烷容易与卤素加成，例如环丙烷与溴在室温下就可发生加成反应，生成 1,3-二溴丙烷。

$$\triangle + Br-Br \xrightarrow[室温]{CCl_4} \underset{Br}{CH_2}-CH_2-\underset{Br}{CH_2}$$

1,3-二溴丙烷

环丁烷与溴必须在加热下才能进行反应，生成 1,4-二溴丁烷。

$$\square + Br-Br \xrightarrow{\triangle} \underset{Br}{CH_2}-CH_2-CH_2-\underset{Br}{CH_2}$$

1,4-二溴丁烷

环戊烷、环己烷在加热下也不易与溴发生加成反应。

小环与溴发生加成反应后，溴的红棕色消失，现象变化明显，可用来鉴别三元环、四元环烷烃。

3. 加卤化氢

在常温下，环丙烷和环丁烷及其烷基衍生物也容易与卤化氢加成。例如：

$$\triangle + H—Br \longrightarrow CH_3CH_2CH_2Br \qquad \square + H—Br \longrightarrow CH_3CH_2CH_2CH_2Br$$

1-溴丙烷　　1-溴丁烷

当烷基环丙烷与卤化氢进行加成反应时，环的破裂发生在含氢最多和含氢最少的两个碳原子之间，并且加成符合马氏规则，氢加到含氢较多的成环碳原子上，而卤素加到含氢较少的成环碳原子上。例如：

$$CH_3—\triangle + HBr \longrightarrow CH_3—\underset{\underset{Br}{|}}{CH}—CH_2—CH_3$$

2-溴丁烷

$$(H_3C)_2C\triangle(H)(CH_3)(H)(H) + HBr \longrightarrow CH_3—\underset{\underset{Br}{|}}{\overset{\overset{CH_3}{|}}{C}}—\overset{\overset{CH_3}{|}}{CH}—CH_3$$

2, 3-二甲基-2-溴丁烷

二、取代反应

在紫外光或加热下，环戊烷以及更高级的环烷烃与卤素发生取代反应。例如：

$$\text{环戊烷} + Br_2 \xrightarrow[\text{或 }300℃]{\text{紫外光}} \text{环戊烷}—Br + HBr$$

溴代环戊烷

$$\text{环己烷} + Cl_2 \xrightarrow[\text{或加热}]{\text{紫外光}} \text{环己烷}—Cl + HCl$$

氯代环己烷

环戊烷和环己烷分子中的 C—H 键都完全相同，所以一元取代物只有一种。

三、氧化反应

在常温下，一般氧化剂如高锰酸钾水溶液不能使环丙烷等环烷烃氧化，因此，可利用高锰酸钾水溶液来鉴别环烷烃与烯烃等不饱和烃。但在加热下利用强氧化剂，或在催化剂存在下利用空气或氧气进行氧化，则环烷烃与烷烃相似，也可被氧化。氧化条件不同时，所得产物不同，例如，在 125～165℃和 0.8～1.5MPa 压力下，用环烷酸钴或环烷酸锰为催化剂，环己烷用空气作氧化剂，生成环己醇和环己酮 1∶1 的混合物。

$$\text{环己烷} \xrightarrow[125\sim165℃，0.8\sim1.5MPa]{\text{空气，环烷酸钴（锰）}} \text{环己烷}—OH + \text{环己烷}=O$$

环己醇　　环己酮

这是工业上生产环己醇和环己酮的方法之一。环己醇和环己酮都是重要的化工原料。例如，环己酮可用来生产己内酰胺，后者是生产尼龙-6 的单体。

由以上反应可以看出，环烷烃既像烷烃又像烯烃。环戊烷和环己烷等较大的环比较稳定，像烷烃，主要进行取代和氧化反应；而环丙烷和环丁烷等小环容易开环，与烯烃相似，易进行开环加成反应。环丙烷、环丁烷既可使溴水褪色（与烷烃区别），又不能使高锰酸钾水溶液褪色（与烯烃区别）。另外，环烯烃的性质与相应的烯烃相似。

第五节　重要的环烷烃——环己烷

脂环烃及其衍生物广泛存在于自然界中，我们所熟悉的松节油、樟脑、薄荷、麝香及高效、低毒农药除虫菊素等都属于脂环烃及其衍生物。石油是环烷烃的主要来源。石油中所含的环烷烃主要是环戊烷、环己烷及它们的烷基衍生物。环己烷是最重要的环烷烃。

环己烷为无色液体，沸点 80.8℃，密度 $0.779g/cm^3$，比水轻，易挥发和易燃烧，不溶于水而溶于有机溶剂。

工业上生产环己烷主要采取石油馏分分离法和苯催化加氢法。其中苯催化加氢法是目前普遍采用的方法，以镍为催化剂，在 180～250℃进行苯的加氢生成环己烷。

$$\text{C}_6\text{H}_6 + 3H_2 \xrightarrow[180\sim250^\circ C]{Ni} \text{C}_6\text{H}_{12}$$

此反应产率很高，而且产品纯度也高。

环己烷是重要的化工原料，主要用于合成尼龙纤维。也是大量使用的工业溶剂，如用于塑料工业中，溶解导线涂层的树脂，还用作油漆的脱漆剂等。

第六节　不饱和度及其应用

一、不饱和度

不饱和度又名缺氢指数，用希腊字母 Δ 表示，它是反映有机分子不饱和程度的量化标志。由于烷烃分子饱和程度最大，规定其 $\Delta=0$，烃分子中每增加一个双键或一个饱和脂环，氢原子就减少两个，其不饱和度就增加 1。烃及其衍生物的不饱和度的计算公式为：

$$\Delta=\frac{2C+2-H-X+N}{2}$$

式中，C、H、X、N 分别代表分子中碳、氢、卤素、氮的原子数。一个单位的不饱和度相当于一个双键和一个饱和脂环结构。对于含氧化合物，不饱和度与氧无关。

二、不饱和度的应用

1. 可以辅助判断同分异构体。

本方法适宜用于结构复杂的有机物，若两种有机物互为同分异构体，其分子式必相同，则其不饱和度也必然相等。也就是说，若两个有机物的分子式相同，构造式不同，当其不饱和度相等时，两个有机物一定互为同分异构体。

2. 可以辅助推测有机物的构造

根据化学性质推测有机物的构造，通常解题思路是先确定分子式，根据分子式确定其不饱和度，以此来初步推测分子中是否含有饱和脂环、苯环（苯环的 $\Delta=4$）、$\gt C=C\lt$、$-C\equiv C-$（$\Delta=2$）、$\gt C=O$（$\Delta=1$）及其他不饱和烃。然后根据各步化学性质推出其各种可能的构造。推出可能的构造后，再从前到后逐步验证。

例 题

【例 4-1】 化合物 A 和 B 的分子式均为 C_4H_6，室温下它们都能使溴的 CCl_4 溶液褪色，当使用等物质的量的样品与溴反应时；B 所需溴的量是 A 的二倍；它们都能与 HBr 反应，而得到 C_4H_7Br 的 C 和 D；B 能与硝酸银的氨溶液作用生成白色沉淀。试推测 A 和 B 的构造式，并写出有关化学反应式。

解 由 A 和 B 的分子式 C_4H_6 可以算出它的不饱和度 $\Delta=\frac{2\times4+2-6}{2}=2$，A 和 B 分子中可能含有两个 $\gt C=C\lt$ 或一个 $-C\equiv C-$ 或一个环烯烃构造，它们在室温下都能使溴的 CCl_4 溶液褪色，当使用等物质的量的样品与溴反应时，B 所需溴的量是 A 的二倍，它们都与 HBr 反应，但得到 C_4H_7Br 的 C 和 D，说明 A 分子是只含一个 $\gt C=C\lt$ 双键的环烯烃，A 的构造式可能是 □，B 分子中可能含有一个 $-C\equiv C-$ 或两个 $\gt C=C\lt$ 双键。又根据 B 能与硝酸银的氨溶液作用生成白色沉淀，说明分子中含有 $-C\equiv CH$ 构造，推测 B 的构造式可能为 $CH_3CH_2C\equiv CH$，各步化学反应式如下：

$$\underset{A}{\text{环丁烯}} + Br \xrightarrow[CCl_4]{Br_2} \text{1,2-二溴环丁烷}$$

$$\underset{B}{CH_3CH_2C\equiv CH} \xrightarrow[CCl_4]{Br_2} CH_3CH_2\underset{Br}{C}=\underset{Br}{CH} \xrightarrow[CCl_4]{Br_2} CH_3CH_2\overset{Br}{\underset{Br}{C}}-\overset{Br}{\underset{Br}{CH}}$$

$$\text{环丁烯} + HBr \longrightarrow \underset{C}{\text{溴代环丁烷（H, Br）}}$$

$$CH_3CH_2C\equiv CH + HBr \longrightarrow \underset{D}{CH_3CH_2\underset{Br}{C}=CH_2}$$

$$CH_3CH_2C\equiv CH+Ag(NH_3)_2NO_3 \longrightarrow \underset{（白色）}{CH_3CH_2C\equiv CAg\downarrow}+NH_4NO_3+NH_3$$

根据以上化学反应验证，A、B 的构造式分别为：

A：□　　　　B：$CH_3CH_2C\equiv CH$

本 章 小 结

1. 环烷烃的通式为 C_nH_{2n}，与烯烃相同，因此，环烷烃与相同碳原子数的烯烃互为同分异构体。

2. 环烷烃的构造异构：可因成环碳原子的数目不同，取代基的不同以及取代基在环上位置的不同产生构造异构体。

3. 环烷烃和单环环烯烃的命名与相应的烷烃和烯烃相似，命名时在相应的烷烃和烯烃名称前加一“环”字。

4. 环烷烃的化学反应

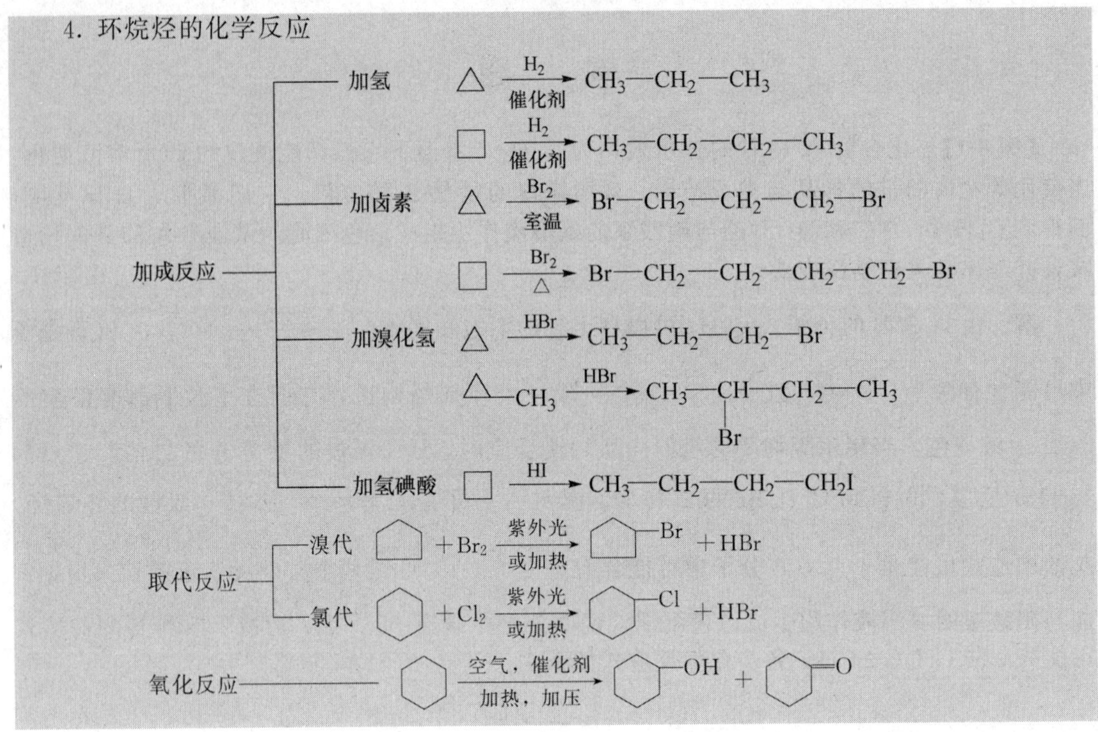

习 题

1. 给下列化合物命名：

(1) 1-甲基-2-乙基环丙烷结构（环丙烷上连 CH_3 和 CH_2CH_3）

(2) 环戊烯上连 CH_2CH_3

(3) 环戊烷上连 $CHCH_3$（CH_3）

(4) 环己烷上连 CH_3 和 CH_2CH_3

(5) 环丁烷—$CH═CH—CH_3$

(6) 环戊二烯—C_2H_5

2. 写出下列化合物的构造式：

(1) 1-甲基-4-异丙基环己烷　　(2) 1,1-二甲基环丁烷

(3) 3-异丙基环己烯　　(4) 环戊基环戊烷

(5) 1,3-环己二烯　　(6) 1,3-二乙基环戊烷

3. 完成下列化学反应：

(1) 环丙基—CH_3 + $\xrightarrow{H_2,Ni}$?；$\xrightarrow{Br_2}$?；$\xrightarrow{HCl}$?

(2) 环己烷 $+Cl_2 \xrightarrow{紫外光}$?

(3) 环丁烷 $+Br_2 \xrightarrow{\triangle}$?

(4) 1,1,2-三甲基环丙烷（CH_3，CH_3，CH_3） $+HBr \longrightarrow$?

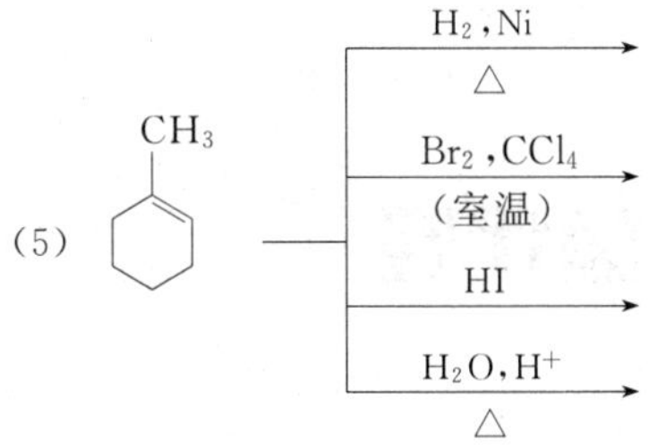

4. 用化学方法鉴别下列各组化合物：

(1) 丙烷、丙烯、环丙烯、丙炔

(2) 环戊烷、环戊烯、甲基环丁烷

5. 环丙烷中含有微量丙烯，如何用化学方法除去杂质丙烯？

6. 化合物 A 和 B，分子式都是 C_4H_8，室温下它们都能使 Br_2-CCl_4 溶液褪色；与高锰酸钾溶液作用时，B 能褪色，但 A 却不能褪色，1mol 的 A 或 B 和 1mol 的溴化氢作用时，都生成同一化合物 C，试推测 A、B、C 的构造式，并写出各步化学反应式。

7. 化合物 A，分子式是 C_4H_8，能使溴水褪色，但常温下不能使稀的 $KMnO_4$ 溶液褪色；化合物 B 分子式也是 C_4H_8，常温下 B 既不能使溴水褪色，也不能使稀的 $KMnO_4$ 溶液褪色；A 和 B 分别与 HBr 作用可得到分子式为 C_4H_9Br 的 C 和 D。试推测 A、B、C、D 的构造式。

第五章 脂肪族卤代烃

【学习目标】

1. 了解卤代烃的结构特点、分类，掌握卤代烃的命名方法和构造异构现象。
2. 了解卤代烃的物理性质及其变化规律。
3. 掌握卤代烃的化学反应及其应用。掌握卤代烃的鉴别方法。

烷烃的卤代、烯烃和炔烃与卤素的加成、苯的卤代都能得到一类名为卤代烃的有机物。这类有机物我们经常能遇到。如有机溶剂氯仿，灭火剂中的四氯化碳，使大气臭氧层受到破坏的氟里昂等。

第一节 脂肪族卤代烃的分类、同分异构和命名

脂肪烃分子中的氢原子被卤原子取代后生成的产物叫卤代烃。常用通式 R—X 表示，其中卤原子（F、Cl、Br、I）是卤代烃的官能团。由于氟代烷的性质比较特殊，故通常单独讨论。卤代烃中以氯代烃和溴代烃最常见。例如，CH_3CH_2Br（溴乙烷）的分子比例模型如图 5-1 所示。

图 5-1 溴乙烷分子的比例模型

一、脂肪族卤代烃的分类

根据卤代烃烃基结构不同可分为饱和卤代烃（主要指卤代烷）与不饱和卤代烃（主要指卤代烯烃），举例如下。

饱和卤代烃：CH_3Br 溴甲烷　　CH_3CH_2Cl 氯乙烷

不饱和卤代烃：$CH_2=CH-Cl$ 氯乙烯

根据分子中所含卤原子的数目不同分为一元、二元和三元卤代烃等，二元及其以上统称为多元卤代烃，举例如下。

一元卤代烃：CH_3Cl 一氯甲烷　　CH_3CH_2Cl 氯乙烷

多元卤代烃：CH_2Cl-CH_2Cl 1,2-二氯乙烷　　CHI_3 三碘甲烷

根据与卤原子所连接的碳原子类型不同，又可分为伯（1°）卤代烃、仲（2°）卤代烃或叔（3°）卤代烃，举例如下。

$CH_3CH_2CH_2CH_2Cl$　1-氯丁烷（伯卤烷）

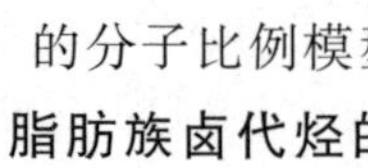

$CH_3\underset{\displaystyle Cl}{\underset{|}{C}}HCH_2CH_3$　2-氯丁烷（仲卤烷）

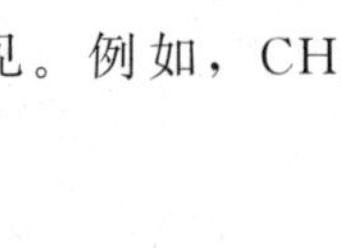

$CH_3-\overset{\displaystyle Cl}{\overset{|}{\underset{\displaystyle CH_3}{\underset{|}{C}}}}-CH_3$　2-甲基-2-氯丙烷（叔卤烷）

二、脂肪族卤代烃的构造异构

卤代烃的构造异构比较复杂，我们仅以卤代烷烃为例，一卤代烷烃的构造异构包括碳链异构和官能团位置异构，故其异构体的数目比相应的烷烃要多。例如，丁烷只有两种构造异构体，而氯丁烷则有下列四种构造异构体。

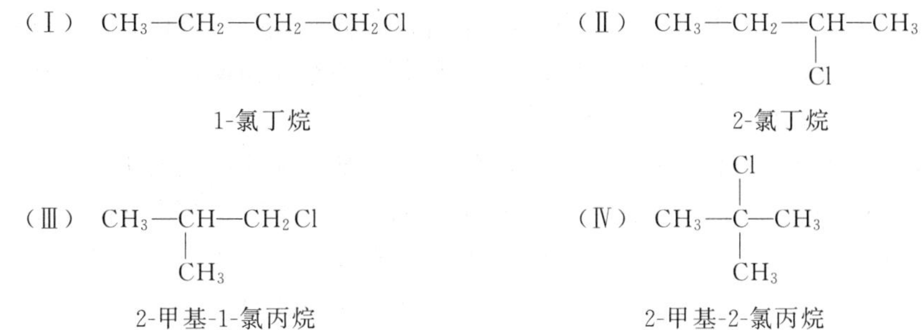

(Ⅰ) 1-氯丁烷　(Ⅱ) 2-氯丁烷　(Ⅲ) 2-甲基-1-氯丙烷　(Ⅳ) 2-甲基-2-氯丙烷

其中（Ⅰ）和（Ⅱ）、（Ⅲ）和（Ⅳ）为位置异构，（Ⅰ）和（Ⅲ）、（Ⅱ）和（Ⅳ）为碳链异构。

三、脂肪族卤代烃的命名

1. 习惯命名法

习惯命名法是在烃基名称后面加上卤原子的名称，叫“某基卤”。例如：

CH_3Cl　甲基氯

CH_3CH_2Cl　乙基氯

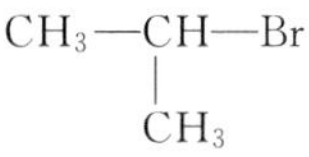

$CH_3—CH(CH_3)—Br$　异丙基溴

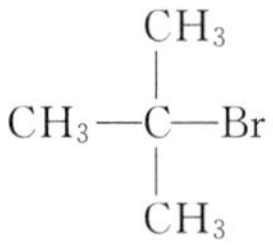

$CH_3—C(CH_3)_2—Br$　叔丁基溴

习惯命名法只适用于烃基结构较为简单的卤代烃。

2. 系统命名法

卤代烃的系统命名法原则和步骤如下：

（1）选主链　选取含卤原子的最长碳链作为主链，卤原子作为取代基；

（2）编号　从靠近支链一端开始给主链上的碳原子编号；

（3）写名称　将取代基的位次、数目和名称写在母体名称“某烷”之前。若分子中含有烷基和几种卤原子时，应按烷基、F、Cl、Br、I 的顺序依次排列，即取代基的列出顺序按次序规则的顺序（见附录），指定较优基团后列出。例如：

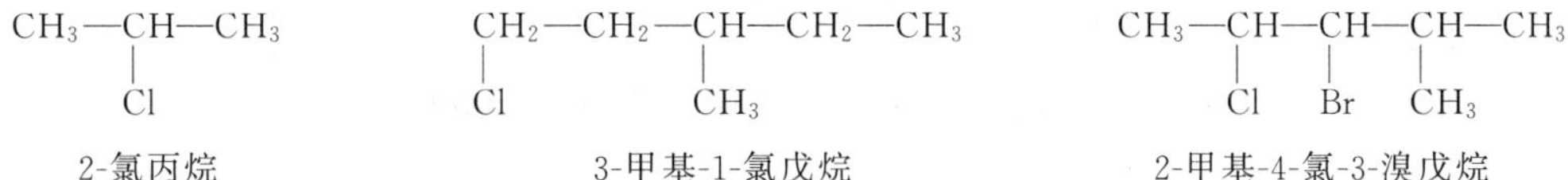

2-氯丙烷　3-甲基-1-氯戊烷　2-甲基-4-氯-3-溴戊烷

命名不饱和卤代烃时，应选取既含有不饱和键又含有卤原子的最长碳链为主链，称为某烯，卤素作为取代基，编号时应使不饱和键的位次最小。例如：

$CH_2═CHCH_2Br$　3-溴丙烯

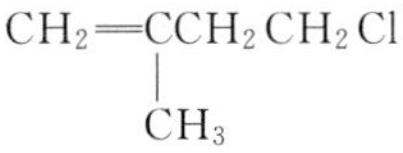

$CH_2═C(CH_3)CH_2CH_2Cl$　2-甲基-4-氯-1-丁烯

第二节　卤代烷的物理性质

在常温常压下，除氯甲烷、氯乙烷、溴甲烷是气体外，其余常见的一元卤代烷为液体或固体。一氯代烷具有不愉快的气味，其蒸气有毒，应避免吸入体内。

纯净的一元卤代烷都是无色的。但碘烷易分解产生游离碘，故碘烷久置后逐渐变为红棕色。因此，贮存碘代烷时，需用棕色瓶盛装。

一元卤代烷的沸点随着碳原子数目的增加而升高，同一烃基的卤代烷，以碘代烷的沸点最高，其次是溴代烷，氯代烷的沸点最低。在卤代烷的构造异构体中，直链卤代烷的沸点最高，支链越多，沸点越低。

一卤代烷的密度小于1，一溴代烷、一碘代烷及多氯代烷的密度大于1。同一烃基的卤代烷中，氯代烷的密度最小，碘代烷的密度最大，如果卤素相同，其密度随烃基的相对分子质量增加而减小，这是由于卤素在分子中质量分数逐渐减小的缘故。

卤代烷不溶于水，溶于醇、醚、烃等有机溶剂中。有些卤代烃本身就是常用的优良溶剂，因此，常用氯仿、四氯化碳从水层中提取有机物。

卤代烷在铜丝上燃烧时能产生绿色火焰，这是鉴定卤原子的简便方法。一些常见卤代烷的物理常数见表5-1。

表5-1 一些卤代烷的物理常数

名　称	沸点/℃	密度(20℃)/(g/cm^3)	名　称	沸点/℃	密度(20℃)/(g/cm^3)
氯甲烷	−24	0.920	溴乙烷	38.4	1.430
氯乙烷	12.2	0.910	1-溴丙烷	71.0	1.351
1-氯丙烷	46.6	0.892	1,2-二溴乙烷	131	2.17
二氯甲烷	40	1.336	碘甲烷	42.5	2.279
三氯甲烷	61.2	1.489	碘乙烷	72.3	1.933
四氯化碳	76.8	1.595	1-碘丙烷	102.4	1.747
1,2-二氯乙烷	83.5	1.257	三碘甲烷	升华	4.008
溴甲烷	3.5	1.732			

第三节 脂肪族卤代烃的化学反应及应用

卤原子是卤代烃的官能团，在卤代烷分子中，由于卤原子吸引电子的能力比碳原子大，使碳卤键C—X成为极性较强的共价键，在化学反应中容易断裂，而发生各种化学反应。

一、取代反应

卤代烷分子中的卤原子被其他原子或基团取代的反应称为取代反应。

1. 水解反应

在一定条件下卤代烷与水反应，卤原子被羟基（—OH）取代生成醇。此反应是个可逆反应，通常需加入强碱的水溶液与卤代烷共热，以中和生成的氢卤酸，使反应向有利于生成醇的方向进行。

$$\mathrm{R{-}X + H{-}OH \rightleftharpoons \underset{醇}{R{-}OH} + H{-}X}$$

$$\mathrm{R{-}X + NaOH \xrightarrow[\triangle]{H_2O} \underset{醇}{R{-}OH} + NaX}$$

通常卤代烷是由相应的醇制得，因此该反应只适用于制备少数结构复杂的醇。

2. 与醇钠反应

卤代烷与醇钠反应，卤原子被烷氧基（RO—）取代生成醚。例如：

$$\mathrm{CH_3{-}Br + \underset{乙醇钠}{NaOCH_2CH_3} \longrightarrow \underset{甲基乙基醚}{CH_3OCH_2CH_3} + NaBr}$$

这个反应，也称威廉森（Williamson）合成法。是制备混醚最好的方法。但此反应只限于伯卤代烃。

3．与氰化钠反应

卤代烷与氰化钠或氰化钾反应，卤原子被氰基（—CN）取代生成腈，此反应也只限于伯卤代烃

$$CH_3CH_2Cl + NaCN \xrightarrow[\triangle]{\text{乙醇}} CH_3CH_2CN + NaCl$$

反应产物比原料增加了一个碳原子，在有机合成中用于增长碳链。

4．与氨反应

卤代烷与过量的氨反应，卤原子被氨基（$—NH_2$）取代生成伯胺。此反应也叫氨解。这是工业上制取伯胺的方法之一。例如，1-溴丁烷与过量的氨反应生成正丁胺：

$$CH_3CH_2CH_2CH_2\boxed{Br + 2H}NH_2 \xrightarrow[\triangle]{} CH_3CH_2CH_2CH_2NH_2 + NH_4Br$$

（过量）

5．与硝酸银-乙醇溶液反应

卤代烷与硝酸银的醇溶液作用，生成硝酸烷基酯，同时析出卤化银沉淀，反应现象明显。

$$R—X + Ag—ONO_2 \xrightarrow[\triangle]{\text{乙醇溶液}} \underset{\text{硝酸烷基酯}}{RONO_2} + AgX\downarrow$$

不同的卤代烷，反应的难易不同，其活性次序是：

叔卤代烷＞仲卤代烷＞伯卤代烷

利用不同的卤代烷的反应活性不同，卤代烷析出沉淀的时间也不同。所以可通过析出沉淀的时间来鉴别伯、仲、叔三种卤代烷。例如：

$$(CH_3)_3C—Br \xrightarrow[\text{乙醇溶液}]{AgNO_3} (CH_3)_3C—ONO_2 + AgBr\downarrow \text{（立刻析出沉淀）（淡黄色）}$$

$$CH_3CH_2CH(CH_3)—Br \xrightarrow[\text{乙醇溶液}]{AgNO_3} CH_3CH_2CH(CH_3)—ONO_2 + AgBr\downarrow \text{（稍等片刻析出沉淀）（淡黄色）}$$

$$CH_3CH_2CH_2CH_2Br \xrightarrow[\text{乙醇溶液}]{AgNO_3} CH_3CH_2CH_2CH_2ONO_2 + AgBr\downarrow \text{（加热后才有沉淀生成）（淡黄色）}$$

【演示实验 5-1】 在三支试管中，各加入饱和硝酸银-乙醇溶液 3mL，然后分别滴加 6～10 滴 1-溴丁烷、2-溴丁烷、2-甲基-2-溴丙烷，振荡后，可观察到 2-甲基-2-溴丙烷立刻生成沉淀，2-溴丁烷生成沉淀稍慢，而 1-溴丁烷加热才出现沉淀。

卤代烯烃中，由于卤原子与双键的相对位置不同，分为烯丙基型卤代烃（$CH_2═CH—CH_2X$）、孤立型卤代烃（$CH_2═CH—CH_2CH_2X$）和乙烯型卤代烃（$CH_2═CH—X$）三种类型。这三种类型卤代烯烃与硝酸银-乙醇溶液反应的活性不同，析出卤化银沉淀的时间不同，因此，也可用此反应来区别三种类型的卤代烯烃。例如：

$$CH_2{=}CH{-}CH_2Br \xrightarrow[\text{乙醇溶液}]{AgNO_3} CH_2{=}CH{-}CH_2ONO_2 + AgBr\downarrow$$ （立刻析出沉淀）（淡黄色）

$$CH_2{=}CH{-}CH_2CH_2Br \xrightarrow[\text{乙醇溶液}]{AgNO_3} CH_2{=}CH{-}CH_2CH_2ONO_2 + AgBr\downarrow$$ （加热后析出沉淀）（淡黄色）

$$CH_2{=}CH{-}Br \xrightarrow[\text{乙醇溶液}]{AgNO_3}$$ 加热也不反应

二、消除反应

卤代烷在强碱的浓醇溶液中加热，分子中脱去一分子 HX 而生成烯烃。

$$R{-}\overset{\beta}{C}H(H){-}\overset{\alpha}{C}H_2(X) \xrightarrow[\triangle]{KOH\text{-}C_2H_5OH} R{-}CH{=}CH_2 + KX + H_2O$$

这种分子中脱去一些小分子，如 HX、H_2O 等，同时形成碳碳双键的反应，叫做消除反应。在消除反应中是从 β 碳原子上脱去氢，故称 β-消除反应。仲卤代烷和叔卤代烷消除卤化氢的反应，可以在碳链的两个不同方向进行，从而可能得到两种不同的产物。例如：

$$CH_3{-}\overset{\beta}{C}H(H){-}\overset{\alpha}{C}H(Br){-}\overset{\beta}{C}H_2(H) \begin{cases} \xrightarrow{\text{I}} CH_3{-}CH_2{-}CH{=}CH_2 \quad 19\% \\ \xrightarrow{\text{II}} CH_3{-}CH{=}CH{-}CH_3 \quad 81\% \end{cases}$$

$$\overset{\beta}{C}H_2(H){-}\overset{\alpha}{C}(CH_3)(Br){-}\overset{\beta}{C}H(H){-}CH_3 \begin{cases} \xrightarrow{\text{I}} CH_3{-}C(CH_3){=}CH{-}CH_3 \quad 71\% \\ \xrightarrow{\text{II}} CH_2{=}C(CH_3){-}CH_2{-}CH_3 \quad 29\% \end{cases}$$

实验证明，主要产物是双键碳原子上含烃基最多的烯烃，也就是说，卤代烷脱卤化氢时主要脱去含氢较少的 β-碳原子上的氢原子，从而生成含烷基较多的烯烃。这个经验规律叫查依采夫（Sayzeff）规则，根据这个规则，还可以判断各种卤代烷脱去 HX 的难易程度：

叔卤代烷＞仲卤代烷＞伯卤代烷

三、卤代烷与金属镁的反应

室温下，一卤代烷与金属镁在绝对乙醚（无水、无醇的乙醚也叫干醚）中作用生成有机镁化合物——烷基卤化镁，通称为格利雅（Grignard）试剂，简称格氏试剂，一般用 RMgX 表示。产物能溶于乙醚，不需要分离可直接用于各种合成反应。例如：

$$CH_3CH_2Br + Mg \xrightarrow{\text{绝对乙醚}} \underset{\text{乙基溴化镁}}{CH_3CH_2MgBr}$$

格氏试剂中 C—Mg 键是一个很强的极性共价键，非常活泼，因此，格氏试剂可以与许多物质反应，生成其他有机化合物，是有机合成中非常重要的试剂之一。

格氏试剂能与许多种含活泼氢的化合物作用生成相应的烃，例如：

$$CH_3{-}MgX \begin{cases} \xrightarrow{HOH} CH_4 + Mg(OH)X \\ \xrightarrow{HOR} CH_4 + Mg(OR)X \\ \xrightarrow{H{-}NH_2} CH_4 + Mg(NH_2)X \end{cases}$$

由此可知，制备格氏试剂，要在绝对无水和无醇的条件下进行，操作过程中还要采取隔绝空气中湿气的措施。

格氏试剂与含活泼氢的化合物的反应是定量的，在有机分析中利用甲基碘化镁（CH_3MgI）与含活泼氢的化合物作用，测定生成甲烷的体积，计算出被测物质中所含活泼氢原子的数目。

第四节 重要的卤代烃

一、三氯甲烷

三氯甲烷（$CHCl_3$）又叫氯仿，可由甲烷直接氯化制得，也可由四氯化碳还原制得。

$$CCl_4 + 2[H] \xrightarrow{Fe+H_2O} CHCl_3 + HCl$$

此外，工业上还可以用乙醇或乙醛与次氯酸盐作用来合成氯仿。

三氯甲烷是一种无色具有甜味的液体，沸点 61.2℃，密度 1.483g/cm^3，不能燃烧，不溶于水，可溶于乙醇、乙醚、苯及石油醚等有机溶剂。三氯甲烷在光照下被空气氧化成剧毒的光气$\left(\begin{array}{c}Cl\\ \diagdown\\ C{=}O\\ \diagup\\ Cl\end{array}\right)$。因此氯仿应密封保存在棕色瓶中，以防止和空气接触。通常加 1%（体积分数）的乙醇，以破坏光气。

三氯甲烷是优良的有机溶剂，能溶解油脂、蜡、有机玻璃和橡胶等，还广泛用作有机合成的原料。近年来也被一些国家列为致癌物，并禁止在食品、药物中使用。

二、四氯化碳

四氯化碳（CCl_4）由甲烷完全氯化制得，它也可以由二硫化碳和氯在氯化铝或五氧化锑催化下发生氯化反应制得。

$$CS_2 + 3Cl_2 \xrightarrow{SbCl_5} CCl_4 + S_2Cl_2$$

$$2S_2Cl_2 + CS_2 \longrightarrow CCl_4 + 6S$$

四氯化碳是无色液体，沸点 76.54℃，20℃时密度 1.5940g/cm^3。由于它的沸点低，易挥发，蒸气比空气重，不能燃烧，常用作灭火剂。灭火时它的蒸气能使燃烧物和空气隔绝而使火熄灭，因它不导电，更适合于电器设备的灭火。但高温时它会水解生成剧毒的光气。所以用四氯化碳灭火时，要注意空气流通，以防止中毒。现在世界上许多国家已禁止使用这种灭火剂。

四氯化碳也是良好的溶剂和有机合成的原料，又常用作干洗剂及去油剂。因其不燃烧，使用比较安全。此外，四氯化碳有毒，会损坏肝脏，使用时要注意安全。

三、氯乙烯

氯乙烯的工业制法，较早用的是乙炔法。乙炔与氯化氢在氯化汞的催化下加成制得氯乙烯。

$$CH{\equiv}CH + HCl \xrightarrow[150\sim160℃]{HgCl_2，活性炭} CH_2{=}CH{-}Cl$$

此法技术比较成熟，设备简单，原料利用率高，但成本也高，而且汞催化剂有毒。

目前工业上生产氯乙烯主要用以乙烯为原料的氧氯化法。乙烯、氯化氢和氧气在氯化铜的催化作用下，先生成 1,2-二氯乙烷，再热解得到氯乙烯。热解反应中生成的氯化氢可循环使用

$$CH_2{=}CH_2 + HCl + O_2 \xrightarrow[250\sim350℃]{CuCl_2} \underset{Cl}{\underset{|}{CH_2}}{-}\underset{Cl}{\underset{|}{CH_2}} \xrightarrow[470\sim650℃]{-HCl} CH_2{=}CH{-}Cl$$

氯乙烯是无色气体，沸点-13.9℃，容易燃烧，与空气形成爆炸性混合物，爆炸极限为3.6%～26.4%（体积分数），难溶于水，溶于二氯乙烷、乙醇等有机溶剂中。它主要用于制备聚氯乙烯，也可用作冷冻剂等。

四、四氟乙烯

四氟乙烯（$CF_2=CF_2$）可先由氯仿和三氟化锑或氟化氢在五氯化锑存在下制得二氟一氯甲烷，然后二氟一氯甲烷再在高温下热解得到四氟乙烯。

$$CHCl_3 \xrightarrow[\text{或 HF}]{SbF_3} CHClF_2$$

$$2CHClF_2 \xrightarrow{600\sim800℃} CF_2=CF_2 + 2HCl$$

四氟乙烯为无色气体，沸点-76.3℃，不溶于水，溶于有机溶剂，在催化剂（过硫酸铵）作用下聚合成聚四氟乙烯。

$$nCF_2=CF_2 \xrightarrow{\text{催化剂}} \left[CF_2-CF_2 \right]_n$$

聚四氟乙烯具有耐高温（250℃）、耐低温（-269℃）的特性，化学性质稳定，王水也不能使它氧化，机械强度高，所以在塑料中号称“塑料王”。主要用于军工生产及电器等工业方面，作各种耐腐蚀、耐高温、耐低温材料。

五、二氟二氯甲烷

二氟二氯甲烷（CCl_2F_2）可由四氯化碳与三氟化锑或无水氟化氢在五氯化锑存在下作用制得。

$$3CCl_4 + 2SbF_3 \xrightarrow{SbCl_5} 3CCl_2F_2 + 2SbCl_3$$

$$CCl_4 + 2HF \xrightarrow{SbCl_5} CCl_2F_2 + 2HCl$$

二氟二氯甲烷是无色、无臭的气体，沸点-30℃，易压缩成液体，当解除压力后立即挥发而吸收大量的热，因此用作制冷剂。其优点是不燃、无毒、无臭味、无腐蚀性、化学性质稳定等优良性能，从20世纪30年代起，它代替液氨作制冷剂，在电冰箱和制冷剂中大量使用，是一种常用的氟里昂制冷剂。

氟里昂（Freon）是含一个和两个碳原子的氟氯烷的总称。如二氟二氯甲烷的商业名称叫氟里昂-12。氟里昂的大量使用会破坏大气的臭氧层，影响生态环境，有害人类健康，现已被世界各国禁止或限制生产和使用。

例 题

【例5-1】 用化学方法鉴别下列化合物：

A. 1-氯丁烷　B. 1-溴丁烷　C. 1-碘丁烷

D. 己烷　E. 己烯

解析 要解答用化学方法鉴别有机化合物这类习题，首先要掌握各类化合物的结构及官能团的特征，即是利用化合物不同的化学性质和个别化合物的特征反应来进行鉴别，也就是本书讲述的各类化合物的鉴别方法。各类化合物定性鉴别的化学反应，应该满足以下基本要求：

（1）操作简便安全；

（2）反应容易进行，现象明显，如有颜色变化、有气体产生、发生浑浊或有沉淀生成等，以便于观察。

在本题所给的五个化合物中，A、B、C 三个化合物为不同卤素原子的卤代烃，D 为烷烃，E 为烯烃。首先利用烯烃的特性，加 Br_2-CCl_4 溶液将 E 与 A、B、C、D 分开。然后再加入 $AgNO_3$-乙醇溶液并加热，可与 A、B、C 反应生成不同颜色的卤化银沉淀，且反应速率也不同，而 D 不与之反应。

确定鉴别方法后采用简单的方式进行表述，表述的方式通常采用下列几种方式之一即可：叙述式、图解式、反应式表达式及表格式。现以叙述式和图解式解答例题如下。

叙述式　分别取一定量的 A、B、C、D、E 五种化合物，然后分别加入少量的 Br_2-CCl_4 溶液，使溴的颜色褪色的为 E，无变化的为 A、B、C、D。然后再取一定量的 A、B、C、D 四种化合物，分别加入硝酸银-乙醇溶液，加热后立刻有黄色沉淀生成的为 C，稍慢有浅黄色沉淀生成的为 B，最慢生成白色沉淀的为 A，无沉淀生成的为 D。

图解式

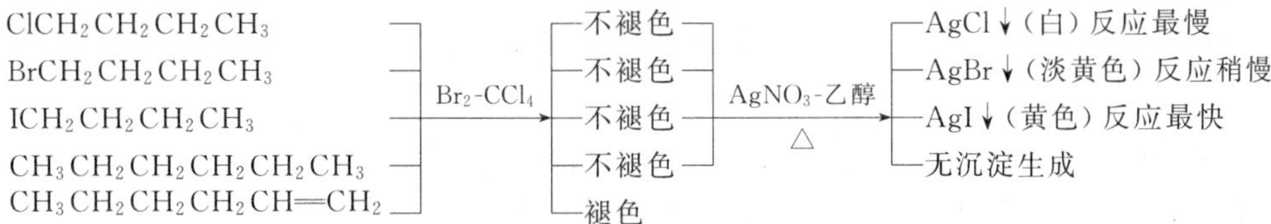

【阅读材料一】

氟里昂与环境保护

紧紧裹着地球的是一圈大气层，人们居住的地球在离地面 12～15km 高度的大气层称为平流层，在平流层中偏下方有一层称为地球“保护伞”的臭氧层，它的作用是吸收和抵挡有害于人类和其他生物的紫外线，保护着地球上人类和其他生物的生存环境。然而，进入 20 世纪 70 年代后，科学家发现南极的臭氧层却遭到了严重的破坏，臭氧急剧减少，臭氧层出现了巨大的空洞。

臭氧层的破坏，会抑制农作物及其他植物的生长，损害海洋生物，加剧“温室效应”，还会使人类健康受到威胁，导致呼吸道疾病、白内障、皮肤癌、免疫系统受损等疾病患者的增加。

臭氧层日趋严重的破坏，与近年来大量使用氟里昂有关。氟里昂进入平流层后，强烈的太阳短波辐射能使它们分解，释放出氯原子，氯原子遇到臭氧分子就要夺取臭氧分子中的 1 个氧原子，使臭氧分子变成不具有遮挡紫外线功能的普通氧原子。

为了防止臭氧层继续遭到更严重的破坏，目前唯一的“补天术”就是逐步减少直至完全停止生产、使用氟氯烃。国际协会组织已规定在 2010 年停止生产使用氟里昂。

氟里昂产品受到限制后，人们开始寻找它们的代用品，现在已经研制出氟里昂-22（CH_2F_2）和氟里昂-125（CHF_2—CF_3）等制冷剂，这些化合物分子中不含有氯原子，对臭氧无破坏作用。

【阅读材料二】

足球场上的“化学大夫”——氯乙烷

在激烈的足球比赛中，经常有球员受伤倒地并痛苦地翻滚。医生跑上前去用药水对准球员的受伤部位喷射，一会儿工夫球员就能够重新投入比赛，医生用了什么药水能够如此快速地治好球员的伤痛？

这就是被人们称为足球场上的“化学大夫”——氯乙烷的功劳。氯乙烷在常温下是一种气体有机物，在一定的压强下成为液体。球员受伤后，如果是软组织受伤或拉伤，医生只要将氯乙烷液体喷射到受伤部位，氯乙烷喷洒在皮肤上立即汽化吸热，引起皮肤骤冷，暂时失去知觉，痛感也随之消失。同时使皮下的毛细血管收缩，停止流血，受伤部位不会出现淤血和水肿，这种方法称为局部麻醉。足球场上的“化学大夫”就是靠局部麻醉方法，使球员的伤痛在短时间内消失。

本章小结

1. 卤代烷的构造异构

有碳链异构和位置异构。

2. 卤代烷的系统命名法要点

选主链：选取含卤素原子的最长碳链作为主链。

编号：从靠近支链的一端开始编号。

写名称：按支链位次，名称、卤原子位次，名称、母体名称的顺序写名称。

3. 卤代烷的化学反应

R—X—
- 水解 $\xrightarrow{NaOH,H_2O}$ ROH
- 氰解 $\xrightarrow{NaCN}$ RCN
- 醇解 $\xrightarrow{NaOR'}$ ROR′
- 氨解 $\xrightarrow[过量]{NH_3}$ RNH_2
- 生成卤化银 $\xrightarrow[醇溶液]{AgNO_3}$ $RONO_2$ + AgX↓
- 与镁的反应 $\xrightarrow[乙醚]{Mg}$ RMgX

消除反应

$$RCH_2\underset{\underset{X}{|}}{C}H—CH_3 \xrightarrow[\triangle]{KOH—C_2H_5OH} RCH{=}CH—CH_3$$

（按查依采夫规则）

4. 卤代烃的鉴别

硝酸银乙醇溶液试验　卤代烃与硝酸银乙醇溶液反应，生成不溶性的卤化银沉淀。不同结构的卤代烃，与硝酸银乙醇溶液的反应速率有很大的差别。根据生成卤化银沉淀的速率，可区别不同结构的卤代烃。

不同卤原子的卤代烃，除根据反应速率外，还可根据其产物 AgX 沉淀的不同颜色来鉴别。

习　题

1. 用系统命名法命名下列化合物：

（1）$BrCH_2CH_2Br$

（2）$CH_3—CH_2—\underset{\underset{H_3C—CH—CH_3}{|}}{\overset{\overset{Br}{|}}{C}}—\overset{\overset{I}{|}}{C}H—\overset{\overset{Cl}{|}}{C}H—CH_3$

（3）$(CH_3)_2CCl—CHCl—CH_3$

（4）$ClCH_2CCl_2CH_3$

（5）$CH_2{=}\underset{\underset{C_2H_5}{|}}{C}—CH_2—CH_2Cl$

（6）$\begin{matrix}CH_3—C—H\\ \|\\ Cl—C—H\end{matrix}$

（7）CH_3MgBr

（8）CH_2ClF

2. 写出下列化合物的构造式：

（1）烯丙基氯　（2）叔丁基碘

(3) 2-甲基-2-氯丁烷　　(4) 一溴环戊烷

(5) 乙基氯化镁　　(6) 2-甲基-3-氯-1-戊烯

(7) 碘仿　　(8) 1,2-二氯-3-溴丙烯

3. 完成下列化学反应：

(1) $CH_3—CH_2—CH═CH_2 \xrightarrow{HBr} ? \xrightarrow{NaCN} ?$

(2) $CH_3—CHBr—CH_3 \xrightarrow[干醚]{Mg} ? \xrightarrow{NH_3} ?$

(3) $CH_3—CH(CH_3)—CH(Br)—CH_3$ —— $\xrightarrow{NaOH\text{-}H_2O} ?$；$\xrightarrow[\triangle]{NaOH,醇} ?$

(4) $CH_3—CH(CH_3)—CH_2—CH_2—Br \xrightarrow[醇]{KOH} ? \xrightarrow{HBr} ? \xrightarrow[醇]{KOH} ? \xrightarrow{HBr} ?$

(5) $CaC_2 \xrightarrow{?} CH≡CH \xrightarrow{2Cl_2} ?$

(6) $CH_3—CH═CH—CH_3 \xrightarrow{HCl} ? \xrightarrow{NH_3} ?$

(7) $CH_3—CH═CH_2 \xrightarrow[500℃]{Cl_2} ?$ —— $\xrightarrow{Cl_2}$；$\xrightarrow{C_2H_5ONa}$

(8) $CH_2═CH—CH_3 \xrightarrow{?} CH_3—CH(Br)—CH_3 \xrightarrow[\triangle]{AgNO_3（醇）}$

(9) △—$CH_3 \xrightarrow{HBr} ? \xrightarrow{NaCN} ?$

4. 填空题（答案填在横线上）。

(1) 卤代烃中常用作灭火剂的是________，电冰箱和空调中目前常用的制冷剂是________。

(2) 一元卤代烷的沸点随着碳原子数的增加而________；卤代烷同系列的密度，一般是随着碳原子数的增加而________。

(3) 仲卤代烷和叔卤代烷脱卤化氢时，________是从含氢______的 β-碳原子上脱去的，这个经验规律叫________规则。

5. 选择题（在括号内用编号填上答案）。

(1) 要制取较纯的氯乙烷，下列诸路线中最佳路线是（　　）。

A. 乙烷和氯气在光照下发生取代反应

B. 乙烯和氯气加成

C. 乙炔在 Pt 催化下加氢，再与 HCl 加成

D. 乙烯和 HCl 加成

(2) 下列物质中，在室温与 $AgNO_3$-醇溶液反应，能产生卤化银沉淀的是（　　）。

A. 二氯乙烷　　B. 3-氯丙烯

C. 1-溴丙烷　　D. 1-碘丙烷

(3) 下列化合物与 $AgNO_3$-C_2H_5OH 溶液反应最慢的是（　　），最快的是（　　）。

A. $CH_3CHBrCH_2CH_3$　　B. $BrCH═CH—CH_2CH_3$

C. $CH_3CH_2CH_2CH_2Br$　　D. $H_3C—C(Br)(CH_3)—CH_3$

6. 用化学方法鉴别下列化合物：

(1) $CH_3—C≡CH$，$CH_2=CHCl$ 和 $CH_3CH_2CH_2Br$

(2) 1-氯戊烷，2-溴丁烷和1-碘丙烷

7. 由指定原料合成下列化合物（以化学反应式表示）。

(1) 以乙烯为原料合成1,1,2-三溴乙烷和氯乙烯。

(2) 以丙烯为原料合成2,2-二溴丙烷和1-氯-2,3-二溴丙烷。

(3) 由1-溴丙烷制备2-溴丙烷和异丙醇。

8. 某化合物A，分子式为C_4H_8，加溴后的产物用KOH-乙醇溶液加热处理，生成分子式为C_4H_6的化合物B，B能和硝酸银氨溶液反应生成沉淀，试推测A与B的构造式，并说明理由。

9. 有A、B两种溴代烃，它们分别与NaOH-乙醇溶液反应，A生成1-丁烯，B生成异丁烯，试推测A、B两种溴代烃可能的构造式。

第六章　醇和醚

【学习目标】

1. 了解醇和醚的结构特点和分类，掌握醇和简单醚的构造异构及其命名方法。
2. 了解醇和醚的物理性质及其变化规律，理解氢键对醇的沸点和溶解性的影响。
3. 掌握醇和醚的化学反应及应用。
4. 掌握醇和醚的鉴别方法。

第一节　醇

醇是烃分子中饱和碳原子上的氢原子被羟基（—OH）取代后的生成物。醇分子由烃基和羟基两部分组成，—OH（又称醇羟基）是醇的官能团。例如：

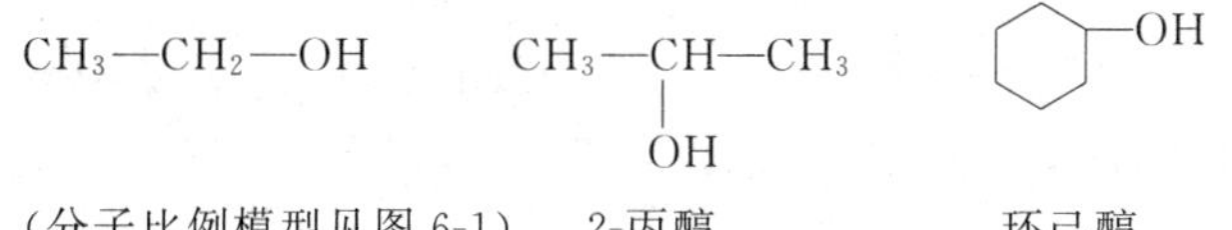

$CH_3—CH_2—OH$　　$CH_3—CH(OH)—CH_3$　　环己基—OH

乙醇（分子比例模型见图 6-1）　2-丙醇　环己醇

图 6-1　乙醇分子的比例模型

一、醇的分类

根据醇分子中烃基的类别，可分为脂肪醇、脂环醇和芳香醇（见第八章）。

根据分子中所连烃基饱和与不饱和，分为饱和醇与不饱和醇。例如：

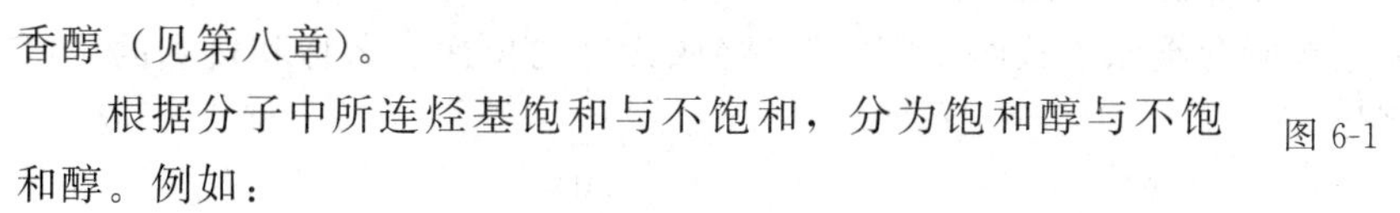

饱和醇　CH_3OH 甲醇　CH_3CH_2OH 乙醇　环己基—OH 环己醇

不饱和醇　$CH_2═CH—CH_2OH$ 烯丙醇

脂肪族饱和一元醇的通式为 $C_nH_{2n+1}OH$ 或简写为 ROH。

根据分子中所含羟基数目分为一元醇、二元醇、三元醇等。二元醇或二元以上的醇统称为多元醇。例如：

CH_3CH_2OH　乙　醇（一元醇）

$CH_2(OH)—CH_2(OH)$　乙二醇（二元醇）

$CH_2(OH)—CH(OH)—CH_2(OH)$　丙三醇（三元醇）

根据羟基所连接碳原子的类型不同分为：伯醇——羟基与伯（1°）碳原子相连的醇；仲醇——羟基与仲（2°）碳原子相连的醇；叔醇——羟基与叔（3°）碳原子相连的醇。例如：

$CH_3—CH_2—\overset{1°}{CH_2}—OH$　正丙醇（伯醇）

$(H_3C)_2\overset{2°}{CH}—OH$　异丙醇（仲醇）

$CH_3—\overset{3°}{C}(CH_3)_2—OH$　叔丁醇（叔醇）

二、醇的构造异构

碳原子数相同的饱和一元醇，可因碳链构造和羟基位次不同而产生构造异构体。例如，具有四个碳原子的丁醇，具有下列四种异构体：

$CH_3CH_2CH_2CH_2OH$ （Ⅰ）

$CH_3—CH(OH)—CH_2CH_3$ （Ⅱ）

$CH_3—CH(CH_3)—CH_2OH$ （Ⅲ）

$CH_3—C(CH_3)(OH)—CH_3$ （Ⅳ）

其中：（Ⅰ）和（Ⅱ）、（Ⅲ）和（Ⅳ）为位置异构；（Ⅰ）和（Ⅲ）、（Ⅱ）和（Ⅳ）为碳链异构。

三、醇的命名

1. 习惯命名法

习惯命名法是在烃基名称的后面加“醇”字。例如：

$CH_3CH_2CH_2CH_2OH$ 正丁醇

$CH_3CH(OH)CH_2CH_3$ 仲丁醇

$CH_3CH(CH_3)CH_2OH$ 异丁醇

$CH_3—C(CH_3)(OH)—CH_3$ 叔丁醇

环己基—OH 环己醇

2. 系统命名法

系统命名法的步骤和原则如下：

（1）选主链　选择含有羟基的最长碳链作为主链，而把支链作为取代基；

（2）编号　主链碳原子的位次从靠近羟基的一端开始依次编号；

（3）写名称　根据主链所含碳原子数叫“某醇”，将取代基的位次、名称和羟基的位次依次写在醇名之前。例如：

$CH_3—CH(OH)—CH(CH_3)—CH_3$ 3-甲基-2-丁醇

$CH_3—CH(CH_3)—C(OH)(CH_3)—CH_2—CH_3$ 2,3-二甲基-3-戊醇

不饱和醇的命名，应选择既含有羟基又含有不饱和键的最长碳链作为主链，编号时应使羟基位次最小。例如：

$CH_3—CH=CH—CH(CH_3)—CH_2OH$ 2-甲基-3-戊烯-1-醇

四、醇的物理性质

饱和一元醇是无色物质。一些常见醇的物理常数见表 6-1。

表 6-1　醇的物理常数

名称	构造式	熔点/℃	沸点/℃	密度(20℃)/(g/cm³)	溶解度(20℃)/(g/100gH₂O)
甲醇	CH_3OH	−97.8	64.7	0.7914	∞
乙醇	CH_3CH_2OH	−114.7	78.5	0.7893	∞
正丙醇	$CH_3CH_2CH_2OH$	−126.5	97.4	0.8035	∞
异丙醇	$CH_3CH(OH)CH_3$	−89.5	82.4	0.7855	∞
正丁醇	$CH_3CH_2CH_2CH_2OH$	−89.5	117.3	0.8098	8.0
仲丁醇	$CH_3CH_2CH(OH)CH_3$	−114.7	99.5	0.8063	12.5

续表

名称	构　造　式	熔点/℃	沸点/℃	密度(20℃)/(g/cm³)	溶解度(20℃)/(g/100gH₂O)
异丁醇	$(CH_3)_2CHCH_2OH$	−108	107.9	0.8021	11.1
叔丁醇	$(CH_3)_3COH$	25.5	82.2	0.7887	∞
正戊醇	$CH_3(CH_2)_4OH$	−79	138	0.8110	2.2
新戊醇	$(CH_3)_3CCH_2OH$	53	114	0.812	∞
正己醇	$CH_3(CH_2)_5OH$	−51.6	157.2	0.8136	0.7
乙二醇	$CH_2OH—CH_2OH$	−12.6	197	1.109	∞
甘油	$CH_2OH—CHOH—CH_2OH$	17.9	290	1.260	∞

1. 沸点

低级醇的沸点比相对分子质量相近的烃高得多。例如：

	相对分子质量	沸点			相对分子质量	沸点	
甲醇	32	65℃	相差153.6℃	乙醇	46	78.5℃	相差120.7℃
乙烷	30	−88.6℃		丙烷	44	−42.2℃	

这种差别随着相对分子质量的增大而逐渐变小。相对分子质量相近的高级醇和高级烷烃的沸点相近。

低级醇沸点较高的原因是由于醇分子中羟基的极性较强，其氢原子上带有部分正电荷，能与另一醇分子中羟基上带有部分负电荷的氧原子相互吸引而形成氢键缔合体（与水一样）。

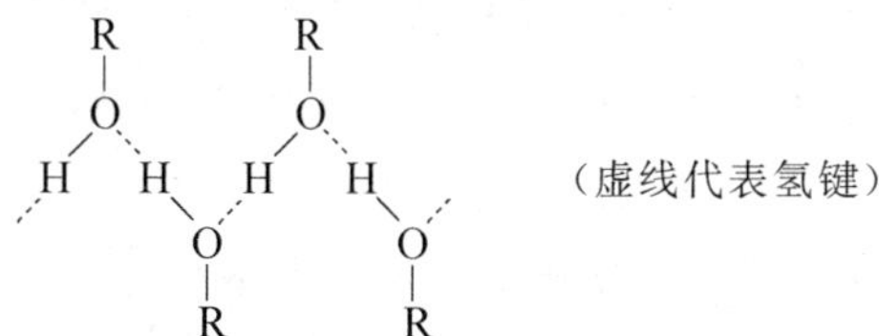

当将醇加热，使其由液态变为气态时，就必须供给较多的能量使氢键断裂，因此低级醇的沸点较高。与羟基直接相连的烃基对氢键的形成具有空间阻碍作用，烃基越大，阻碍作用越大。因此，随着相对分子质量的增加，醇分子间形成氢键的难度加大，沸点也越来越与相应的烷烃接近。

同样原因，在醇的同分异构体中，直链醇的沸点比支链醇高，支链越多，沸点愈低。

2. 水溶性

C_1～C_3 的醇可以与水无限混溶，随着分子碳原子数增多，溶解度逐渐减小，C_9 以上的醇实际上已不溶于水。这是因为低级醇与水分子之间也能形成氢键，所以易溶于水。

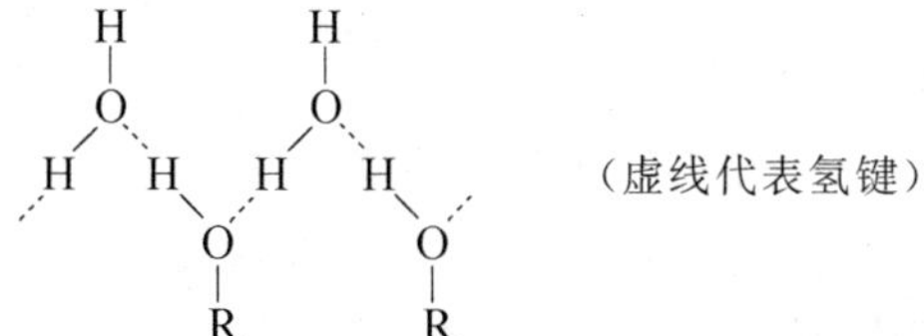

随着醇分子中烃基的增大，空间阻碍作用加大，难与水形成氢键，醇在水中的溶解度也逐渐减小，直到不溶。

多元醇分子中含有两个以上的羟基，与水可以形成更多的氢键，分子所含的羟基越多，在水中的溶解度也越大。例如乙二醇和丙三醇都具有强烈的吸水性，常用作吸湿剂和助溶剂。

3. 密度

饱和一元醇的密度小于 $1g/cm^3$，比水轻。多元醇的密度大于 $1g/cm^3$，比水重。

4. 生成结晶醇

低级醇还能和一些无机盐类（$MgCl_2$、$CaCl_2$ 等）生成结晶醇，例如 $MgCl_2 \cdot 6CH_3OH$、$CaCl_2 \cdot 4C_2H_5OH$、$CaCl_2 \cdot 4CH_3OH$ 等。

结晶醇不溶于有机溶剂而溶于水，利用这一性质，可使醇与其他化合物分离或从反应产物中除去醇类杂质。例如，工业用的乙醚中常含有少量乙醇，利用乙醇与 $CaCl_2$ 生成结晶醇的性质，便可除去乙醚中的少量乙醇。但要注意，不能用无水 $CaCl_2$ 等干燥剂去干燥醇类。

五、醇的化学反应及应用

醇的化学反应主要发生在官能团羟基以及受羟基影响而比较活泼的 α-和 β-氢原子上，尤其是 α-氢原子上：

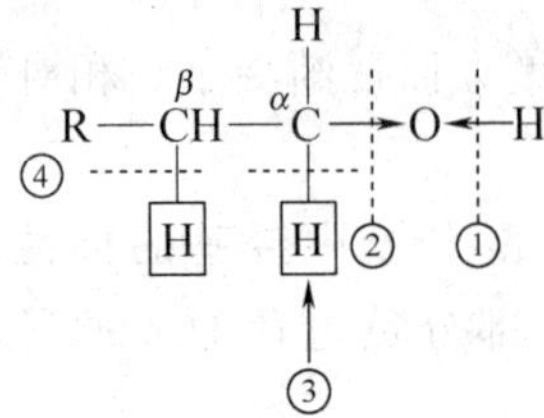

构造式中：①O—H 键断裂，氢原子被取代；②C—O 键断裂，羟基被取代；③α-H 比较活泼，发生氧化或脱氢反应；④α-(或 β-)C—H 键断裂，形成不饱和键。

1. 与活泼金属反应

【演示实验 6-1】 在 50mL 的干燥试管中，加入 20mL 无水乙醇，再缓缓加入 0.5g 金属钠，此时观察有氢气放出。乙醇与钠作用，溶液逐渐变稠，试管下面出现乙醇钠固体。当金属钠溶完后，冷却，试管内全部凝成固体。

再将 10mL 水加入试管中，乙醇钠发生水解。加几滴酚酞指示剂，溶液显红色。

实验结果表明，醇与金属钠的反应与水相似，由于醇羟基中 O—H 键是较强的极性键，氢原子很活泼，容易被活泼金属取代生成醇钠（醇盐）。例如，低级醇与金属钠反应，生成醇钠和氢气：

$$H-O-H+Na \longrightarrow NaOH+\frac{1}{2}H_2\uparrow$$

$$C_2H_5O-H+Na \longrightarrow C_2H_5ONa+\frac{1}{2}H_2\uparrow$$

各类醇与金属钠反应的活性顺序为：

甲醇＞伯醇＞仲醇＞叔醇

由于醇与金属钠反应，除生成醇钠外还有氢气放出，具有明显的现象发生。因此可用此反应鉴别六个碳原子以下的低级醇。

醇钠非常活泼，常在有机合成中作为碱性催化剂（其碱性强于氢氧化钠）也可作烷氧基化剂。

醇钠与水发生水解，生成醇和氢氧化钠：

$$RO^-Na^+ + H-OH \rightleftharpoons Na^+OH^- + ROH$$

醇钠的水解是可逆反应，但平衡趋向于醇钠的分解。

2. 与无机酸反应

（1）与氢卤酸作用　醇与浓氢卤酸反应，分子中的—OH 被卤原子取代，生成卤代烃和水，这是制备卤代烃的一种重要的方法，反应式如下：

$$R-OH + H-X \rightleftharpoons R-X + H_2O$$

$$(X=Cl, Br, I)$$

这个反应是可逆的，如果使反应物之一过量或除去一种生成物，都可使反应向有利于生成卤代烃的方向进行，以提高产率。例如，实验室中用正丁醇与过量的氢溴酸（$NaBr+H_2SO_4$）反应制取 1-溴丁烷。

$$CH_3CH_2CH_2CH_2OH \xrightarrow[\text{回流}]{NaBr+H_2SO_4\text{（浓）}} \underset{\text{1-溴丁烷}}{CH_3CH_2CH_2CH_2Br}$$

醇与氢卤酸或卤化氢反应的难易程度，与氢卤酸的类型及醇的结构有关。

氢卤酸的活性次序是：HI＞HBr＞HCl

醇的活性次序是：烯丙型醇＞叔醇＞仲醇＞伯醇＞甲醇

例如，浓盐酸与无水氯化锌所配制的溶液称为卢卡斯（Lucas）试剂。卢卡斯试剂与叔醇反应速率很快，立即生成不溶于酸的氯代烷而使溶液浑浊，仲醇则较慢，放置片刻才变浑浊；伯醇在常温下不发生反应（烯丙型醇的伯醇除外，它可以很快发生反应）。因此，可以利用卢卡斯试剂与醇反应由生成卤代烃（溶液出现浑浊）的速率来鉴别 3～6 个碳原子的伯、仲、叔醇。应注意此法不适用于异丙醇的鉴别。

$$(CH_3)_3C-OH + HCl \xrightarrow[20℃]{ZnCl_2} (CH_3)_3C-Cl + H_2O$$

（1min 内变浑浊，随后分层）

$$CH_3-\underset{OH}{CH}-CH_2-CH_3 + HCl \xrightarrow[20℃]{ZnCl_2} CH_3-\underset{Cl}{CH}-CH_2-CH_3 + H_2O$$

（10min 内开始浑浊，并分层）

$$CH_3-CH_2-CH_2-CH_2OH + HCl \xrightarrow[20℃]{ZnCl_2} \text{不反应} \xrightarrow{\triangle} CH_3-CH_2-CH_2-CH_2Cl$$

（2）与硝酸反应　醇与硝酸反应，生成硝酸酯（$RONO_2$）。例如，工业上用丙三醇（甘油）与浓硝酸反应制取三硝酸甘油酯：

$$\begin{array}{l}CH_2-OH\\ |\\ CH-OH\\ |\\ CH_2-OH\end{array} + 3H-ONO_2 \xrightarrow[10\sim20℃]{\text{浓 }H_2SO_4} \begin{array}{l}CH_2-ONO_2\\ |\\ CH-ONO_2\\ |\\ CH_2-ONO_2\end{array} + 3H_2O$$

三硝酸甘油酯

三硝酸甘油酯俗称硝化甘油，可作为烈性炸药，由于其具有扩张冠状动脉的作用，在医药上用作治疗心绞痛的急救药物。

3. 脱水反应

醇脱水有两种方式，一种是分子内脱水生成烯烃，另一种是分子间脱水生成醚。具体按哪一种方式脱水则要看醇的构造和反应条件，通常，在较高温度下发生分子内的脱水（消除反应），在较低温度下发生分子间脱水（取代反应）。例如：

分子内脱水：

$$\underset{\boxed{H\quad\quad OH}}{CH_2-CH_2} \xrightarrow[\text{或 } Al_2O_3,360^\circ C]{\text{浓 } H_2SO_4,170^\circ C} \underset{\text{乙烯}}{CH_2=CH_2} + H_2O$$

分子间脱水：

$$CH_3CH_2\boxed{-OH+H-}OCH_2-CH_3 \xrightarrow[\text{或 } Al_2O_3,260^\circ C]{\text{浓 } H_2SO_4,140^\circ C} \underset{\text{乙醚}}{CH_3CH_2OCH_2CH_3} + H_2O$$

醇的消除反应速率快慢为：叔醇＞仲醇＞伯醇。例如：

$$CH_3CH_2CH_2CH_2OH \xrightarrow[140^\circ C]{75\%H_2SO_4} CH_3CH_2CH=CH_2$$

$$CH_3CH_2\underset{OH}{\underset{|}{C}}HCH_3 \xrightarrow[100^\circ C]{60\%H_2SO_4} CH_3CH=CHCH_3$$

$$CH_3-\overset{CH_3}{\overset{|}{\underset{CH_3}{\underset{|}{C}}}}-OH \xrightarrow[85\sim90^\circ C]{20\%H_2SO_4} CH_3-\overset{CH_3}{\overset{|}{C}}=CH_2$$

实验室中常利用醇脱水反应来制取少量的烯烃。

仲醇和叔醇在发生分子内脱水反应时，与卤代烷脱卤化氢相似，也符合查依采夫（Saytzeff）规则，即醇脱水时，脱去羟基和氢较少的β-碳原子上的氢原子，而生成含烷基最多的烯烃。例如：

$$CH_3-\underset{\boxed{H}}{\underset{|}{\overset{\beta}{C}H}}-\underset{\boxed{OH}}{\underset{|}{\overset{\alpha}{C}H}}-CH_3 \xrightarrow[100^\circ C]{65\%H_2SO_4} \underset{(65\%\sim80\%)}{CH_3-CH=CH-CH_3}$$

$$CH_3-\underset{\boxed{H}}{\underset{|}{\overset{\beta}{C}H}}-\underset{\boxed{OH}}{\underset{|}{\overset{CH_3}{\overset{|}{\overset{\alpha}{C}}}}}-CH_3 \xrightarrow[90\sim95^\circ C]{46\%H_2SO_4} \underset{(84\%)}{CH_3-\overset{\beta}{C}H=\overset{CH_3}{\overset{|}{\overset{\alpha}{C}}}-CH_3}$$

4. 氧化和脱氢

在醇分子中，受羟基的影响，α-H原子比较活泼，容易被氧化剂氧化或在催化剂作用下发生脱氢反应。不同类型的醇可得到不同类型的氧化产物。

（1）氧化反应　用重铬酸钾和硫酸作氧化剂，伯醇可被氧化成醛，醛可继续被氧化生成相同碳原子数的羧酸：

$$\underset{\text{伯醇}}{RCH_2OH} \xrightarrow{K_2Cr_2O_7+H_2SO_4} \left[R-\overset{OH}{\overset{|}{\underset{H}{\underset{|}{C}}}}-OH\right] \xrightarrow{-H_2O} \underset{\text{醛}}{R-\overset{O}{\overset{\|}{C}}-H} \xrightarrow{K_2Cr_2O_7+H_2SO_4} \underset{\text{羧酸}}{R-\overset{O}{\overset{\|}{C}}-OH}$$

醛的沸点比相应的醇低得多，所以如果在氧化过程中，及时将生成的醛从反应混合物蒸馏出去，就可避免醛被进一步氧化。例如，实验室中利用边滴加氧化剂边分馏的方法由正丁醇氧化制取正丁醛。

$$CH_3CH_2CH_2CH_2OH + \underset{(\text{橙红色})}{K_2Cr_2O_7} + H_2SO_4 \xrightarrow{\text{分馏}} CH_3CH_2CH_2CHO + K_2SO_4 + \underset{(\text{绿色})}{Cr_2(SO_4)_3}$$

仲醇分子被氧化成相同碳原子的酮，酮比较稳定，一般不被继续氧化。

$$R-\underset{}{\overset{OH}{\overset{|}{C}H}}-R \xrightarrow{Na_2Cr_2O_7+H_2SO_4} \left[R-\underset{\underset{OH}{|}}{\overset{\overset{OH}{|}}{C}}-R\right] \xrightarrow{-H_2O} \underset{\text{酮}}{R-\overset{\overset{O}{\|}}{C}-R}$$

工业上就是用 3-戊醇氧化制取 3-戊酮：

$$CH_3CH_2\overset{\overset{OH}{|}}{C}HCH_2CH_3 + Na_2Cr_2O_7 + H_2SO_4 \longrightarrow CH_3CH_2\overset{\overset{O}{\|}}{C}CH_2CH_3 + Na_2SO_4 + \underset{(\text{绿色})}{Cr_2(SO_4)_3}$$

由于反应时 Cr^{6+} 被还原为 Cr^{3+}，溶液由橙红色转变为绿色，所以可用于伯、仲、叔醇的鉴别。

检查司机是否酒后开车的“呼吸分析仪”就是根据乙醇被重铬酸钾氧化后，溶液变色的原理设计的。

叔醇因分子中不含 α-H，一般不易发生氧化反应。若在强烈的氧化条件下，则发生碳碳键断裂，生成小分子的氧化产物。

醇的氧化反应是制备醛、酮及羧酸的重要方法。

【演示实验 6-2】 取三支试管，各加入 1mL 0.2mol/L 的重铬酸钾溶液和 2mL 3mol/L 的硫酸，然后分别加入 2mL 的正丁醇、仲丁醇和叔丁醇，将试管充分振荡，观察颜色的变化。

(2) 脱氢反应　在金属铜或银催化剂作用下，伯醇和仲醇可发生脱氢反应，分别生成醛和铜。

$$R-\underset{\underset{H}{|}}{\overset{\overset{H}{|}}{C}}-OH \underset{}{\overset{Cu,\ 325℃}{\rightleftharpoons}} R-\overset{\overset{O}{/\!/}}{C}-H + H_2$$

$$R_2\overset{\overset{H}{|}}{C}-OH \overset{Cu,\ 325℃}{\rightleftharpoons} R_2C=O + H_2$$

由醇脱氢得到的产品纯度高，低级醇的催化脱氢已用于工业生产。

叔醇分子由于没有 α-氢原子，因此不能进行脱氢反应。

六、重要的醇

1. 甲醇（CH_3OH）

甲醇最初是由木材干馏得到的，所以俗称木精，目前工业上以一氧化碳和氢气为原料来制取：

$$CO + 2H_2 \xrightarrow[350\sim400℃,\ 20\sim30MPa]{CuO\text{-}ZnO\text{-}Cr_2O_3} CH_3OH$$

甲醇是无色易燃的液体，沸点 64.7℃，可与水及大多数有机溶剂混溶。其蒸气与空气混合时容易爆炸，爆炸极限为 6%～36.5%（体积分数）。甲醇有毒，误饮 10mL 或长期与它的蒸气接触会双目失明，饮 30mL 将导致死亡，因此使用时应特别注意安全。

甲醇是优良的溶剂，也是重要的化工原料，工业上用于生产甲醛、甲胺、有机玻璃等，还可作汽车、飞机的无公害燃料。

2. 乙醇（CH_3CH_2OH）

乙醇俗称酒精。目前工业上主要用乙烯水合法生产乙醇（见第三章烯烃的加水反应），但食用酒精仍以甘薯、谷物等为原料的发酵法生产，发酵法是指在微生物或酶的作用下，将复杂的有机物分解转化为简单有机物的过程。反应过程如下：

$$\underset{\text{淀粉}}{(C_6H_{10}O_6)_n} \xrightarrow{\text{淀粉酶}} \underset{\text{麦芽糖}}{C_{12}H_{12}O_{11}} \xrightarrow{\text{麦芽糖酶}} \underset{\text{葡萄糖}}{C_6H_{12}O_6} \xrightarrow{\text{酒化酶}} C_2H_5OH + H_2O + CO_2$$

发酵液中含乙醇10%～15%，经分馏可得到度数较高的酒精，但最高只能得到95.6%的酒精。

由于乙醇和水能形成恒沸混合物（其质量分数为95.5%乙醇和4.5%水）。所以用分馏的方法得不到无水乙醇。工业上将乙醇在60℃左右通过干燥的磺酸钾型阳离子交换树脂，水被树脂吸收后，可得到无水乙醇。吸水后的树脂经减压干燥，除去水分后仍可循环使用。这是我国目前采用的新工艺方法。

实验室中要制取少量无水乙醇（或称绝对乙醇），可将95.6%乙醇先与生石灰（CaO）共热，水与生石灰作用生成氢氧化钙，再经蒸馏得到99.5%乙醇。残余的微量水分用金属钠或金属镁除去，即得无水乙醇。

检验乙醇中是否含有水分，可加入少量无水硫酸铜，如呈现蓝色（生成 $CuSO_4 \cdot 5H_2O$）就表明有水存在。

乙醇是具有酒味的无色透明液体，沸点78.5℃，容易挥发与燃烧，能与水及大多数有机溶剂混溶。在空气中的爆炸极限为3.28%～18.95%（体积分数）。

乙醇的用途很广，它既是重要的有机溶剂，又是有机合成的原料，可用来制备乙醛、乙醚、氯仿、酯类等。75%的乙醇液在医药上用作消毒剂。乙醇还可以与汽油配合作为发动机的燃料。

3. 乙二醇（$HOCH_2—CH_2OH$）

乙二醇是最简单和最重要的二元醇，工业上以乙烯为原料，经催化氧化制取环氧乙烷，再进一步水合制得乙二醇。

$$CH_2=CH_2 \xrightarrow[220\sim280℃]{O_2,Ag} \underset{\diagdown O \diagup}{CH_2—CH_2} \xrightarrow[190\sim220℃,\ 2MPa]{H_2O} \underset{\mid \quad\quad \mid}{CH_2—CH_2} \atop {OH \quad OH}$$

乙二醇是黏稠而有甜味的液体，沸点198℃，能与水、乙醇和丙酮等混溶，但不溶于乙醚。

乙二醇是重要的化工原料。工业上大量用于制造树脂、增塑剂及合成涤纶等。60%的乙二醇水溶液具有较低的凝固点（−40℃），是良好的抗冻剂，主要用于寒冷天气时，防止冷却水冻结而使汽车散热器胀裂。

4. 丙三醇（$HOCH_2—CHOH—CH_2OH$）

丙三醇俗称甘油，最早是从油脂水解得到，目前工业上主要以丙烯为原料制取，将丙烯在高温下与氯气作用，生成3-氯丙烯，再与氯水作用生成二氯丙醇，然后在碱作用下经环化水解而得丙三醇。

$$CH_3—CH=CH_2 \xrightarrow[500℃]{Cl_2} ClCH_2—CH=CH_2 \xrightarrow[25\sim35℃]{Cl_2+H_2O} \left\{\begin{matrix} ClCH_2CHClCH_2OH \\ ClCH_2CHOHCH_2Cl \end{matrix}\right\}$$

$$\xrightarrow[\text{环化}]{Ca(OH)_2} ClCH_2-\underset{\diagdown O \diagup}{CH-CH_2} \xrightarrow[\triangle]{10\%NaOH\text{溶液}} \underset{OH}{CH_2}-\underset{OH}{CH}-\underset{OH}{CH_2}$$

丙三醇是无色而有甜味的黏稠液体、沸点 290℃，能与水和乙醇混溶，但不溶于乙醚、氯仿等有机溶剂。具有较强的吸湿性能、能吸收空气中的水分。甘油在碱性溶液中，与新制的氢氧化铜溶液作用，形成绛蓝色的甘油铜溶液，利用这一特性可用来鉴别具有联二醇结构的多元醇。一元醇无此反应，因此，也可用来区别一元醇和具有联二醇结构的多元醇。

【演示实验 6-3】 在试管中加入 50g/L 硫酸铜溶液 10mL，再滴加 5g/L 氢氧化钠溶液，至氢氧化铜沉淀全部析出，倾去上层清液，再加 5～10mL 水，然后，加入 1mL 甘油，振荡，沉淀溶解，生成深蓝色透明溶液。

甘油是重要的化工原料，它主要用于制醇酸树脂（涂料）和甘油三硝酸酯（炸药）及心血管扩张药。此外，还用于制造医药软膏、化妆品、润滑剂、抗冻剂等。

第二节 醚

一、醚的分类和构造异构

醇分子内羟基中的氢原子被烃基取代后的生成物叫醚。醚的通式为 R—O—R′。其中—O—叫醚键，是醚的官能团。

醚分子中的两个烃基都是饱和烃基时，叫饱和醚；两个烃基中至少有一个是不饱和烃基时，叫不饱和醚。若两个烃基相同时（R—O—R）叫单醚；两个烃基不相同时（R—O—R′）叫混醚。例如：

醚 { 饱和醚 $CH_3CH_2OCH_2CH_3$（单醚） $CH_3OCH_2CH_3$（混醚）
　 { 不饱和醚 $CH_2=CHOCH=CH_2$（单醚） $CH_3OCH=CH_2$（混醚）

醚的构造异构包括碳链异构及官能团位置异构。例如，分子式为 $C_4H_{10}O$ 的醚有以下三种构造异构体：

$CH_3-O-CH_2-CH_2-CH_3$　　$CH_3-O-\underset{CH_3}{\underset{|}{CH}}-CH_3$　　$CH_3-CH_2-O-CH_2-CH_3$

丁醇的分子式也是 $C_4H_{10}O$，因此相同碳原子数目的饱和一元醇和饱和醚也互为构造异构体。这种异构体属于官能团不同的构造异构体。

二、醚的命名

构造比较简单的醚，命名时在烃基名称后面加上“醚”字即可。命名单醚时，表示相同烷基的“二”字可以省略（但不饱和烃基醚习惯保留“二”字）。命名混醚时，表示较小的烃基名称在前。例如：

$C_2H_5-O-C_2H_5$　二乙基醚（简称乙醚）　　$CH_2=CH-O-CH=CH_2$　二乙烯基醚

$CH_3-O-C_2H_5$　甲基乙基醚（简称甲乙醚）　　$CH_3-O-CH(CH_3)_2$　甲基异丙基醚（简称甲异丙醚）

比较复杂的醚用系统命名法命名，取碳链最长的烃基作为母体，以烷氧基（RO—）作为取代基，称为“某”烷氧基（代）“某”烷。例如：

$CH_3-\underset{OCH_3}{\underset{|}{CH}}-CH_2-CH_2-CH_3$　2-甲氧基戊烷

$CH_3-O-CH_2-CH_2-O-CH_3$　1,2-二甲氧基乙烷

三、醚的物理性质

一些醚的物理常数如表 6-2 所示。

表 6-2 常见醚的物理常数

名 称	熔点/℃	沸点/℃	密度(20℃)/(g/cm³)	溶解度/(g/100gH₂O)	物态
甲醚	−140	−24		1 体积水溶解 37 体积气体	气态
乙醚	−116	34.5	0.713	8g/100g 水	液态
正丙醚	−122	91	0.736	微溶	
正丁醚	−95	142	0.773	微溶	
正戊醚	−69	188	0.774	不溶	
二乙烯基醚	<−30	28.4	0.773	微溶	
环氧乙烷	−111	13	0.8694	溶于水	

除甲醚和甲乙醚为气体外，一般醚在常温下是无色液体，有特殊气味。低级醚的沸点比相同数目碳原子醇类的沸点要低。如乙醚的沸点为 34.5℃，而正丁醇的沸点是 117.3℃ 。这是因为醚分子中没有与氧原子相连的氢，所以醚分子间不能形成氢键。醚具有较弱的极性与水分子间可形成氢键，以致其在水中的溶解性与相应的醇接近。例如，乙醚和正丁醇在水中溶解度大致相同（100g 水中大约溶解 8g)。醚本身是良好的溶剂，可以溶解多种有机化合物。乙醚的密度小于 $1g/cm^3$，比水轻。

四、醚的化学反应及应用

醚键（C—O—C）是相当稳定的，醚键对于碱、氧化剂、还原剂都十分稳定。由于醚在常温下和金属钠不起反应，所以常用金属钠来干燥醚。但是，稳定性只是相对的，醚在一定条件下也能发生某些化学反应。

1. 鎓盐的生成

醚可溶于冷的浓盐酸或浓硫酸，生成一种不稳定的盐，这种盐叫鎓盐。

$$R-\ddot{\underset{\cdot\cdot}{O}}-R' + HCl \longrightarrow \left[R-\overset{H}{\underset{\cdot\cdot}{O}}-R'\right]^+ Cl^-$$

$$R-\ddot{\underset{\cdot\cdot}{O}}-R' + H_2SO_4 \longrightarrow \left[R-\overset{H}{\underset{\cdot\cdot}{O}}-R'\right]^+ HSO_4^-$$

生成的鎓盐只能存在于浓酸中，当加水稀释时，鎓盐立即分解，醚又重新游离出来。利用这一性质可鉴别醚或把醚从烷烃和卤代烃中分离出来（烷烃和卤代烃均不溶于冷的浓 H_2SO_4 中而分两层)。

2. 醚键的断裂

醚与浓的氢碘酸或氢溴酸作用时，醚键断裂，生成醇和卤代烷。例如：

$$CH_3CH_2-O-CH_2CH_3 + HI \xrightarrow[\triangle]{} CH_3CH_2OH + CH_3CH_2I$$

混合醚与氢碘酸反应时，一般是较小的烷基生成卤代烷，较大的烷基生成醇。例如：

$$CH_3CH_2-O-CH_3 + HI \longrightarrow CH_3CH_2OH + CH_3I$$

3. 过氧化物的生成

低级醚与空气长期接触时，可被空气逐渐氧化生成过氧化物。过氧化物不稳定，受热易分解发生爆炸。因此，蒸馏醚之前，应检验是否有过氧化物，可用淀粉碘化钾试纸检验，若试纸变蓝，说明有过氧化物存在，这时应加入硫酸亚铁或饱和亚硫酸铁的水溶液洗涤，即可除去过氧化物，避免发生事故。

五、重要的醚

1. 乙醚（$C_2H_5OC_2H_5$）

乙醚是最常见和最重要的醚。在工业上，乙醚是以硫酸和氧化铝为脱水剂，将乙醇脱水而制得，此法制得的乙醚常含有微量的水和乙醇，在有机合成中有时需用无水无醇的乙醚，可将普通乙醚用无水氯化钙处理（除去乙醇），再用金属钠干燥（除去水），即得到无水无醇的绝对乙醚（又叫干醚）。

乙醚为易挥发有特殊气味的无色液体，比水轻，易燃，其蒸气与空气可形成爆炸混合物，爆炸极限为 1.85%～36.5%（体积分数）。乙醚蒸气比空气重 2.5 倍，实验时反应中逸出的乙醚应引入水沟排出户外。乙醚是一种良好的常用有机溶剂和萃取剂。它具有麻醉作用，在医药上可作麻醉剂。使用乙醚时，要远离火源以防事故发生。

2. 环氧乙烷（$\underset{\diagdown\ O\ \diagup}{CH_2—CH_2}$）

环氧乙烷是最简单的环醚，工业上以乙烯为原料，可用直接氧化法或氯乙醇法制得：

乙烯氧化法 $CH_2=CH_2 \xrightarrow[220\sim280℃,21.72MPa]{O_2(空气),Ag} \underset{\diagdown\ O\ \diagup}{CH_2—CH_2}$

氯乙醇法 $CH_2=CH_2 \xrightarrow[75\sim80℃]{H_2O,Cl_2} \underset{OH\qquad Cl}{CH_2—CH_2} \xrightarrow[\triangle]{Ca(OH)_2} \underset{\diagdown\ O\ \diagup}{CH_2—CH_2} + CaCl_2 + H_2O$

环氧乙烷在常温下是无色气体，有毒。它的沸点为 13℃，熔点为－111℃，易液化，可溶于水、乙醇和乙醚中。能与空气形成爆炸混合物，爆炸极限为 30%～80%（体积分数）。

环氧乙烷是三元环状化合物，它的化学性质特别活泼，能与含活泼氢的化合物发生开环加成反应。反应时氢加到氧环断裂的氧原子上，其余部分加到碳原子上，例如：

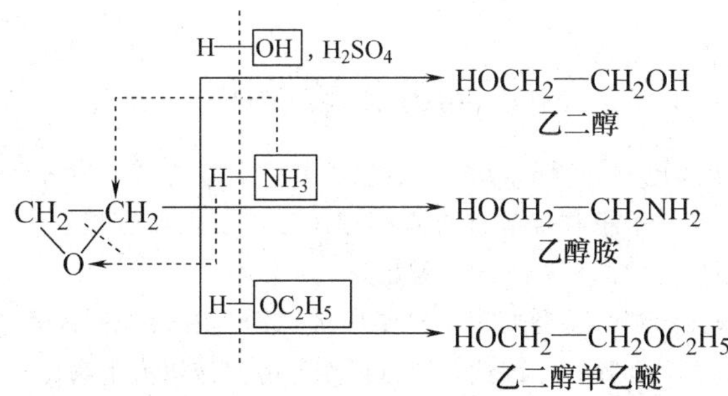

乙二醇醚类具有醚和醇的双重性质，可溶解硝酸纤维酯，是喷漆的优良溶剂，工业上称溶纤剂。乙醇胺具有碱性，可用于除去天然气和石油气中的酸性气体，并用于制造非离子型洗涤剂和乳化剂等。

环氧乙烷能与格氏试剂作用，可用来制备比格氏试剂多两个碳原子的伯醇。

$$\underset{\diagdown\ O\ \diagup}{CH_2—CH_2} + R—MgX \xrightarrow{干醚} RCH_2CH_2OMgX \xrightarrow{H_2O} RCH_2CH_2OH$$

由以上反应可以看出，环氧乙烷是重要的有机合成原料。

例题

【例 6-1】 以乙烯为原料如何合成 1-丁醇？

解析 解答合成题时，一般常采用下列通则：①写出指定原料和产物的构造式；②比较产物和原料的碳架（碳原子数和碳链的构造）是否相符，若不相符，考虑如何增长或缩短碳链及建立相同的碳链构造；③比较产物和原料分子中的官能团或取代基是否相同，若不同，则在建立所需的碳架后，再引入官能团或取代基。有时②、③两步也可能同时完成。现以该例题为例说明如下。

首先写出原料和产物的构造式：

原料 $CH_2=CH_2$ 产物 $CH_3-CH_2-CH_2-CH_2OH$

两者对比可知，产物的碳架碳原子数是原料的两倍，且产物为伯醇，因此，在碳架上还需引入羟基，根据所给原料，本题选用格氏试剂和环氧乙烷反应制得，然后再用倒推法推出如何由原料合成产物：

切断

$CH_3CH_2 \mid CH_2CH_2OH \leftarrow$
- $\underset{\diagdown O \diagup}{CH_2-CH_2} \leftarrow CH_2=CH_2$
- $CH_3CH_2MgBr \leftarrow CH_2=CH_2$

全部合成反应如下：

$$CH_2=CH_2 \xrightarrow{HBr} CH_3CH_2Br \xrightarrow[\text{绝对乙醚}]{Mg} CH_3CH_2MgBr$$

$$CH_2=CH_2 \xrightarrow[220\sim280^{\circ}C,\ 2MPa]{O_2,\ Ag} \underset{\diagdown O \diagup}{CH_2-CH_2} \xrightarrow{CH_3CH_2MgBr}$$

$$CH_3CH_2CH_2CH_2OMgBr \xrightarrow[H^+]{H_2O} CH_3-CH_2-CH_2-CH_2OH$$

【阅读材料一】

乙醇的生理作用

中国有悠久的酿酒历史，也有饮酒的习俗。酿造酒中有丰富的氨基酸等营养物质。但是饮酒必须适量。因为酒中的主要成分乙醇对中枢神经系统有麻痹作用，产生中毒麻醉效应。乙醇对肠胃有刺激作用，易引起肝病变等。过度饮用烈性白酒，有害身心健康。

75%的乙醇溶液具有很强的消毒杀菌能力。这是因为乙醇具有很强的渗透能力，能够钻到细菌体内，使蛋白质变性凝固，细菌就会立即死亡。因此，也可以用乙醇溶液浸泡生物标本。

需要注意的是，纯酒精反而不能杀菌。这是因为用纯酒精消毒，由于浓度太大，会使细菌表面的蛋白质立即凝固，结果形成一层硬膜。这层硬膜对细菌有保护作用，阻止酒精进一步渗入。75%的酒精却不会使细菌表面的蛋白质迅速凝固，而是渗透到细菌体内，然后把整个细菌体内的蛋白质全部凝固起来。这样就达到了良好的消毒目的。

【阅读材料二】

乙醇生产废渣的综合利用——酒糟制甲烷

我国河南省南阳酒精厂以农产品为主要原料生产乙醇。为解决大量的生产废渣——酒糟的综合利用问题，该厂投资建造了两个容积为 $5000m^3$ 的发酵装置，每天生产沼气 $45000m^3$ 以上，除用作石油化工原料外，还可供应两万多户城市居民生活用燃气，既卫生又方便。

经发酵后的酒糟废液是优质的有机肥料，可直接用于灌溉农田，既能提高农作物产量，又可构成生态农业和生态工业的良性循环。

这一工程很好地解决了化工生产废渣排放的环境污染问题，对于治理污染，保护环境，变废为宝，开发能源，增加企业收入，方便居民生活等具有重要意义，产生了良好的经济效益和社会效益，是技术成熟、符合我国国情的节能项目。

本章小结

1. 醇的官能团是醇羟基，—O—H 键是很强的极性键，因而化学性质很活泼，醚的官能团是醚键—O—，这样的构造使醚的化学性质较稳定。

2. 醇和醚的构造异构包括碳链异构及官能团的位置异构。

3. 醇和醚的化学反应

（1）醇的化学反应

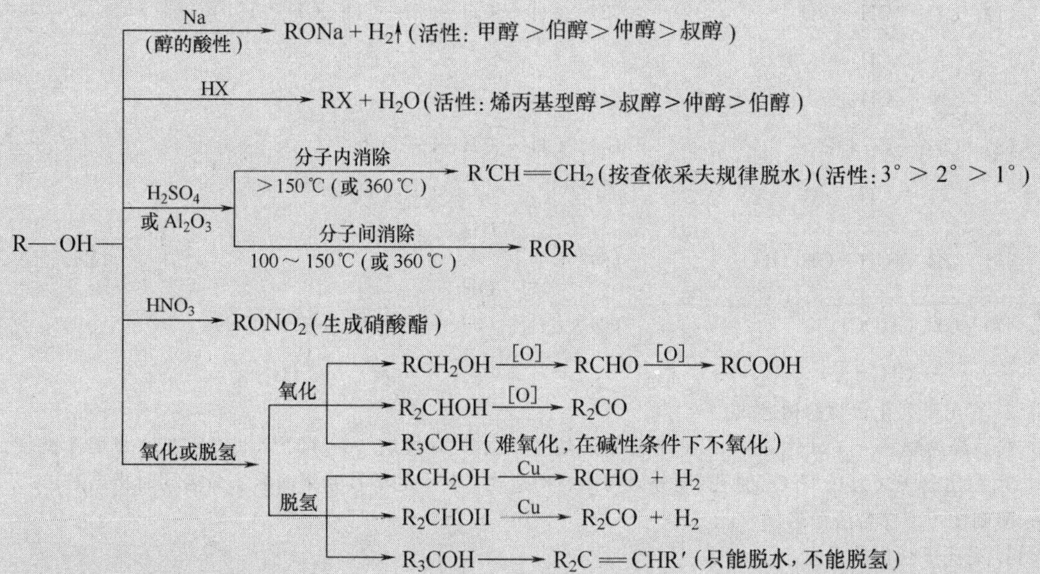

（2）醚的化学反应

ROR'：

- 锌盐的生成
  - $ROR' \xrightarrow[\text{低温}]{HCl} [R\overset{H}{\ddot{O}}R]^+Cl^-$
  - $ROR' \xrightarrow[\text{低温}]{H_2SO_4} [R\overset{H}{\ddot{O}}R]^+HSO_4^-$
- 醚键的断裂
  - $ROR' \xrightarrow[\text{低温}]{HI(HBr)} [R\overset{H}{\ddot{O}}R']^+I^- \xrightarrow{\triangle} ROH + R'I(R > R')$

环氧乙烷（$CH_2—CH_2$ 经 O 成环）：

- $\xrightarrow{H—OH} HOCH_2—CH_2OH$
- $\xrightarrow{H—OR} HOCH_2—CH_2OR$
- $\xrightarrow{H—NH_2} HOCH_2—CH_2NH_2$
- $\xrightarrow[\text{干醚}]{RMgX} RCH_2CH_2OMgX \xrightarrow[H^+]{H_2O} RCH_2CH_2OH$

4. 醇的鉴别方法

（1）金属钠试验　低级醇和金属钠反应放出氢气。但应注意含有活泼氢的化合物都可发生上述反应。

（2）重铬酸钾酸性溶液试验　伯醇或仲醇加入橙黄色的重铬酸钾硫酸水溶液后，迅速变成绿色。叔醇在上述条件下无此反应。

（3）卢卡斯试剂（浓 HCl-无水 $ZnCl_2$）试验　3～6 个碳原子的伯、仲、叔醇及烯丙基醇可用此法鉴别。叔醇与烯丙基醇在室温下与卢卡斯试剂立即反应，生成氯代烷，溶液变浑浊；仲醇在 5～15min 反应，溶液呈浑浊；伯醇不发生反应，溶液不浑浊。

（4）氢氧化铜溶液试验　丙三醇、乙二醇及具有联二醇构造的多元醇与新制的氢氧化铜溶液作用，生成绛蓝色可溶于水的醇铜溶液。

习　题

1. 用系统命名法命名下列化合物：

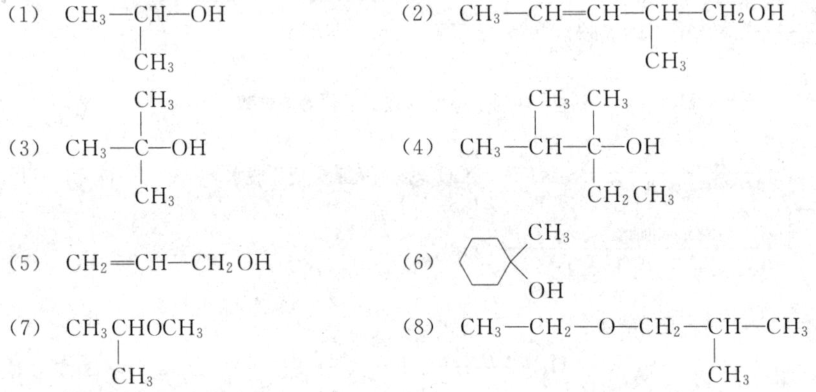

（1）$CH_3—CH(CH_3)—OH$

（2）$CH_3—CH═CH—CH(CH_3)—CH_2OH$

（3）$CH_3—C(CH_3)_2—OH$

（4）$CH_3—CH(CH_3)—C(CH_3)(CH_2CH_3)—OH$

（5）$CH_2═CH—CH_2OH$

（6）1-甲基环己醇结构（环己烷环上同一碳连 CH_3 和 OH）

（7）$CH_3CH(CH_3)OCH_3$

（8）$CH_3—CH_2—O—CH_2—CH(CH_3)—CH_3$

2. 写出下列化合物的构造式。

（1）异丙醚　（2）甘油　（3）环氧乙烷　（4）环戊烷　（5）2,2-二甲基-3-戊烯-1-醇

3. 写出分子式为 C_4H_8O 的所有同分异构体的构造式。其中的醇按系统命名法命名同时指出 1°、2°、3° 醇；醚则按习惯命名法命名。

4. 完成下列化学反应。

（1）$CH_3CH_2CH═CH_2 \xrightarrow[H_2SO_4]{H_2O} ? \xrightarrow[OH^-]{冷，稀 KMnO_4 溶液} ?$

（2）$CH_3CH_2OH \xrightarrow[回流]{NaBr+H_2SO_4（浓）} ? \xrightarrow{(CH_3)_2CHONa} ? \xrightarrow{浓 HI} ?$

（3）$CH_3CH_2CH_2CH_2OH \xrightarrow[H^+]{K_2Cr_2O_7} ? \xrightarrow[H^+]{K_2Cr_2O_7} ?$

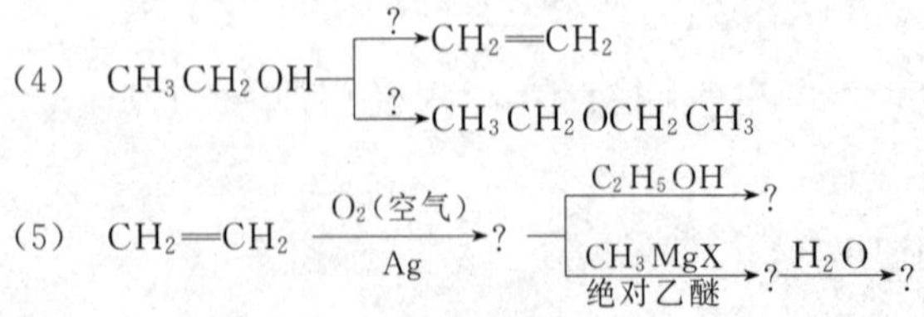

（4）$CH_3CH_2OH \xrightarrow{?} CH_2═CH_2$；$CH_3CH_2OH \xrightarrow{?} CH_3CH_2OCH_2CH_3$

（5）$CH_2═CH_2 \xrightarrow[Ag]{O_2(空气)} ?$ —— $\xrightarrow{C_2H_5OH} ?$；—— $\xrightarrow[绝对乙醚]{CH_3MgX} ? \xrightarrow{H_2O} ?$

（6）$CH_3CH_2CH(OH)—CH_3 \xrightarrow[450℃]{Cu} ?$

5. 填空题（答案填在横线上）。

（1）醇类物质中毒性很强的物质是________醇；常用作消毒杀菌的是________醇；常用作汽车______器中防冻剂的是______醇。常用作外科手术中的麻醉醚是______醚。

（2）低级醇的沸点比相对分子质量相近的烃高得多，这是因为醇分子间能形成______缔合现象。醇的水溶性比相对分子质量相近的烃也高，是因为低级醇与水分子间也能形成______缔合现象。

（3）醇分子的结构特点是羟基直接和______相连。醇分子中由于氧原子的电负性较强，故 C—O 键或 O—H 键都是______键。

（4）直链饱和一元醇的沸点规律是随着碳原子数的增加而_____。在同碳数异构体中，支链愈多的醇沸点愈______。在同碳数的醇中，羟基愈多，沸点愈______。

6. 选择题（在括号内用编号填上答案）。

（1）下列各组液体混合物中，能用分液漏斗分离的是（　　）。

A. 乙醇和水　B. 四氯化碳和水　C. 乙醇和苯　D. 四氯化碳和苯

（2）下列醇中与金属钠反应最快的是（　　），最慢的是（　　）。

A. 乙醇　B. 异丁醇　C. 叔丁醇　D. 甲醇

（3）下列化合物中与新制的 $Cu(OH)_2$ 溶液反应，水溶液不呈现绛蓝色的化合物是（　　）。

A. $HOCH_2CHOHCH_3$　B. $HOCH_2CHOHCH_2OH$

C. $HOCH_2CH_2OH$　D. $HOCH_2CH_2CH_2OH$

7. 比较下列各种醇的沸点高低，并排列成序。

（1）CH_3CH_2OH　（2）$CH_3CH(CH_3)OH$　（3）$CH_3CH_2CH_2OH$

（4）$CH_3CH(CH_3)CH_2CH_2OH$　（5）$CH_3CH_2CH_2CH_2CH_2OH$

8. 用化学方法鉴别下列各组化合物。

（1）$CH_2=CH-CH_2OH$、$CH_3-CH_2-CH_2OH$、$CH_3-CH_2-CH_2Cl$

（2）己烷、甲醇、1-己烯　（3）1-戊醇、2-戊醇、2-甲基-2-丁醇

9. 提纯下列化合物（即把其中的少量杂质除去）。

（1）乙醚中含有少量乙醇

（2）汽油中含有少量乙醚

10. 实现下列转变（写出由前一种化合物转变为后一种化合物时应加入的试剂和反应条件）。

（1）$CH_4 \longrightarrow CH_3Cl \longrightarrow CH_3OH \longrightarrow CH_3OCH_3$

（2）$CH_3-CH(CH_3)-CH_2OH \longrightarrow CH_3-C(CH_3)=CH_2 \longrightarrow CH_3-C(OH)(CH_3)-CH_3$

11. 由指定原料合成下列化合物（无机试剂任用）。

（1）$CH_3CH_2CH_2OH \longrightarrow CH_2Br-CHBr-CH_2Br$

（2）乙烯合成乙二醇（用两种方法合成）

12. 某醇依次与 HBr、KOH-醇溶液、H_2SO_4、H_2O 和 $K_2Cr_2O_7$-H_2SO_4 作用，可得到 2-丁酮。试推测原化合物可能的构造式，并写出各步反应。

13. 有两种液体化合物 A 和 B，它们的分子式均是 $C_4H_{10}O$，A 在室温下与卢卡斯（Lucas）试剂作用，放置片刻生成 2-氯丁烷，与氢碘酸作用生成 2-碘丁烷；B 不与卢卡斯（Lucas）试剂作用，但与浓的氢碘酸作用生成碘乙烷。试推测 A、B 的构造式。

第七章 芳烃

【学习目标】

1. 了解苯的结构特点，了解单环芳烃的构造异构。掌握单环芳烃的命名方法。
2. 熟悉单环芳烃的化学反应及其应用。
3. 了解单环芳烃取代反应的定位规律及其在有机合成中的应用。
4. 了解萘及其在生产实际中的应用。
5. 掌握芳烃的鉴别方法。

有机化合物中，有一类化合物分子中含有苯环结构，高度不饱和，性质却相当稳定的化合物，称为芳香族化合物[1]。

分子中只含一个苯环的芳香烃称为单环芳香烃，简称单环芳烃。本书主要讲述单环芳烃。

第一节 苯的结构

苯是最简单的芳烃，也是最重要的芳烃之一。苯的分子式为 C_6H_6，其结构习惯上用凯库勒构造式表示：

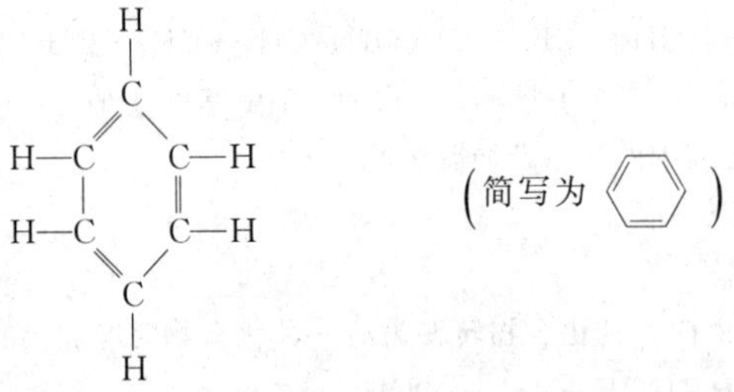

```
          H
          |
          C
        //  \
   H—C        C—H
      |        ||
   H—C        C—H
        \\  /
          C
          |
          H
```

（简写为 ⌬）

从构造上看，苯分子中的六个碳原子都在环上，每个碳原子都连接一个氢原子，都含有一个碳碳双键。不饱和度很大，应该显示不饱和烃的性质。但事实上并非如此。

【演示实验 7-1】 取 2 支试管，1 支试管中加入 2mL 2%溴的四氯化碳溶液和 1mL 苯，另 1 支试管中加入 2 滴 0.1%高锰酸钾溶液，2mL（3mol/L）硫酸和 1mL 苯，充分振荡，观察溶液颜色的变化。

实验结果表明，苯不能使溴的四氯化碳溶液褪色，也不能使高锰酸钾溶液褪色，这说明苯与一般的不饱和烃在性质上有着很大的差别。苯的这种不易加成、不易氧化和苯环相当稳定的特性被称为"芳香性"。

经过大量的科学实验证明，苯分子中的六个碳原子以 σ 键相互结合成正六边形的平面结

---

[1] 芳香族化合物在历史上指的是一类从植物胶里取得的具有芳香气味的物质，但目前已知的芳香族化合物中大多数没有香味。因此，芳香这个词已经失去了原有的意义，只是由于习惯而沿用至今。

构，苯环中还存在一种介于单键和双键之间的特殊键，即闭合大π键，所以6个碳碳原子之间的键长完全相同。苯的这种结构，目前还没有更好的结构式表示，习惯上沿用凯库勒构造式表示，有些书刊也用构造式⌬表示。苯分子的比例模型见图7-1所示。

本书采用凯库勒式表示苯的结构，但应注意决不能把凯库勒式中的单键和双键与烷烃中的单键和烯烃中的双键相提并论。

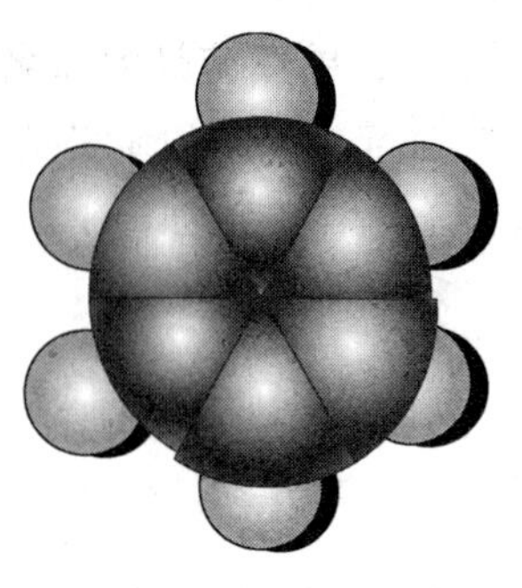

图7-1　苯分子的比例模型

第二节　单环芳烃的构造异构和命名

一、单环芳烃的构造异构

单环芳烃包括苯、苯的同系物和苯基取代的不饱和烃。

苯环上的氢原子，被不同的烷基取代时，则得到苯的同系物。通式为 C_nH_{2n-6}，其中 $n \geqslant 6$。当 $n=6$ 时，为苯的分子式 C_6H_6。苯是最简单的单环芳烃，它没有同分异构体。由于苯环上的六个碳原子和六个氢原子是等同的，当环上无论哪个氢原子被甲基取代后，都得到同样的化合物甲苯。所以苯的一甲基取代物没有构造异构。当侧链有两个或两个以上碳原子时，则有两种构造异构。

1. 侧链的构造不同产生的构造异构

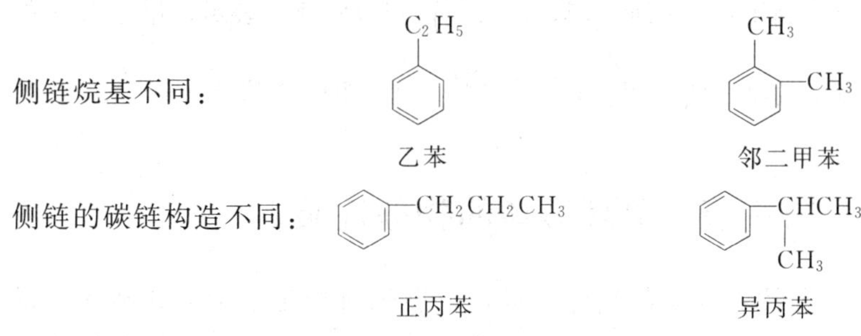

2. 侧链在环上的相对位置不同产生的构造异构

邻二甲苯（1,2-二甲苯，CH_3、CH_3）　　间二甲苯　　对二甲苯

【例7-1】　写出分子式为 C_8H_{10} 的单环芳烃的所有构造异构体的构造式。

解　苯环含有六个碳原子，该芳烃含有八个碳原子，即把两个碳原子分作两个侧链连在苯环的不同位置上，也可作为一个侧链连在苯环上，这样共有四种构造异构体。

（结构式：邻二甲苯、间二甲苯、对二甲苯、乙苯，各含 CH_3、CH_3 或 C_2H_5 取代基）

二、单环芳烃的命名

一元烷基苯的命名是以苯环为母体，烷基作为取代基，称为某烷基苯。其中“基”字通常可以省略。例如：

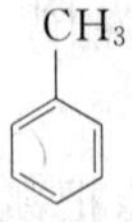

甲(基)苯 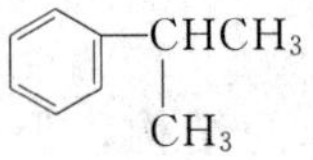　　异丙(基)苯

当苯环上连有两个或两个以上的侧链时，通常用阿拉伯数字表明侧链的相对位置。若苯环上仅有两个侧链时，也常用“邻”、“间”、“对”等字头表示侧链的相对位置。

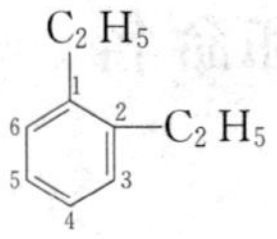

1,2-二乙苯(邻二乙苯) 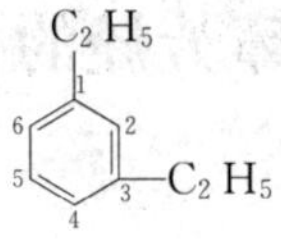　　1,3-二乙苯(间二乙苯) 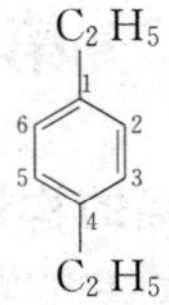　　1,4-二乙苯(对二乙苯)

苯环上连接乙烯基和乙炔基时则通常以苯环作为取代基来命名。例如：

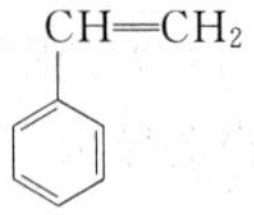

苯乙烯 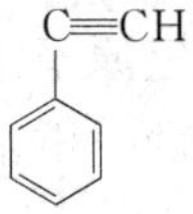　　苯乙炔

苯环上去掉一个氢原子剩下的基团叫苯基(C₆H₅—)，常用 Ph—表示。甲苯分子中去掉甲基上的一个氢原子后剩下的基团叫苯甲基(C₆H₅—CH_2—)，也叫苄基。

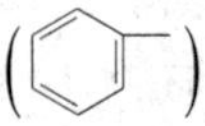

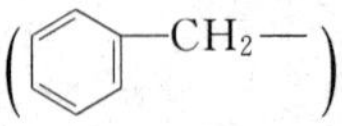

第三节　单环芳烃的物理性质

单环芳烃都是无色具有特殊气味的液体，易燃，燃烧时产生浓烟。其蒸气有毒。长期吸入有害于健康。单环芳烃不溶于水，易溶于汽油、乙醚、乙醇和四氯化碳等有机溶剂。特别易溶于二甘醇、*N*,*N*-二甲基甲酰胺等特殊溶剂。因此，常用这些溶剂来萃取芳烃。

单环芳烃相对密度小于1，比水轻，沸点随相对分子质量的增加而升高。单环芳烃的物理常数见表7-1。

表 7-1　常见单环芳烃的物理常数

名　称	沸点/℃	熔点/℃	密度(20℃)/(g/cm³)	名　称	沸点/℃	熔点/℃	密度(20℃)/(g/cm³)
苯	80.1	5.5	0.877	正丙苯	159.3	−99.6	0.862
甲苯	110.6	−95	0.867	异丙苯	152.4	−96	0.861
邻二甲苯	144.4	−25.2	0.880	连三甲苯	176.1	−25.5	0.894
间二甲苯	139.1	−47.9	0.864	偏三甲苯	169.2	−43.9	0.876
对二甲苯	138.4	13.2	0.861	均三甲苯	164.6	−44.7	0.865
乙苯	136.1	−95	0.867	苯乙烯	145.2	−30.6	0.906

第四节　单环芳烃的化学反应及应用

单环芳烃是一个具有闭合大 π 键的环状分子，这种结构决定了苯环的特殊稳定性，因此，芳烃容易发生取代反应，而氧化反应和加成反应则较难进行。

一、取代反应

1. 卤代反应

在催化剂卤化铁的催化下，苯与卤素反应，苯环上的氢原子被卤素原子取代，生成卤苯，同时放出卤化氢，此反应称为卤代反应，也称卤化反应。例如：

$$C_6H_5-H + Cl-Cl \xrightarrow[75\sim80℃]{FeCl_3} C_6H_5-Cl + HCl$$

$$C_6H_5-H + Br-Br \xrightarrow[60\sim70℃]{FeBr_3} C_6H_5-Br + HBr$$

这是工业上和实验室制备溴苯和氯苯的方法之一。

氯苯是无色液体，沸点 132℃。氯苯分子中的氯原子很不活泼，不易发生取代反应，即使与硝酸银的醇溶液共热也不发生反应。氯苯的水解需要在高温、高压和催化剂作用下，才能发生反应。氯苯有毒，对肝脏有损害作用。

溴苯是无色油状液体。沸点 156.2℃，有毒，易燃。氯苯和溴苯可作溶剂和有机合成原料，也是某些药物和染料中间体的原料。

烷基苯发生环上卤代反应时，比苯容易进行。反应主要发生在烷基的邻位和对位上。例如：

$$C_6H_5CH_3 + Cl_2 \xrightarrow[\triangle]{FeCl_3} o\text{-}CH_3C_6H_4Cl + p\text{-}CH_3C_6H_4Cl$$

邻氯甲苯　对氯甲苯

在较高温度或光照下，烷基苯可与卤素作用，但不发生环上取代，而是卤原子取代侧链上的氢原子，主要取代 α-氢原子。例如：

$$C_6H_5CH_3 + Cl_2 \xrightarrow{光} C_6H_5CH_2Cl \xrightarrow[光]{Cl_2} C_6H_5CHCl_2 \xrightarrow[光]{Cl_2} C_6H_5CCl_3$$

苯一氯甲烷（苄基氯）　苯二氯甲烷　苯三氯甲烷

$$C_6H_5CH_2CH_3 + Cl_2 \xrightarrow{光} C_6H_5CHClCH_3 + HCl$$

1-氯-1-苯乙烷

苄基氯是无色液体，沸点 179℃，不溶于水，溶于有机溶剂。其蒸气有刺激性和催泪作用，苄基氯分子中的氯原子非常活泼，极易发生取代反应。室温下苄基氯与硝酸银-醇溶液发生反应，与碱溶液共沸，即可水解生成苄醇。苄基氯可用于合成苄醇、苯乙腈、苄胺等，并可作苯甲基化剂。

2. 硝化反应

苯与浓硝酸和浓硫酸的混合物（也称混酸）于50～60℃反应，苯环上的氢原子被硝基（—NO_2）取代，生成硝基取代的苯，这类反应叫硝化反应。例如：

$$C_6H_5-H + HO-NO_2 \xrightarrow[50\sim60℃]{\text{浓 }HNO_3} C_6H_5-NO_2 + H_2O$$

硝基苯

这是实验室和工业上制备硝基苯的方法之一。

硝基苯一般不易硝化。但在较高反应温度下，并用发烟硝酸和发烟硫酸作硝化剂时，则可生成间二硝基苯。

$$C_6H_5NO_2 + HNO_3(\text{发烟}) \xrightarrow[95℃]{H_2SO_4(\text{发烟})} m\text{-}C_6H_4(NO_2)_2 + H_2O$$

间二硝基苯

烷基苯比苯易于硝化，反应条件也较缓和，主要生成邻位和对位取代物。例如：

$$C_6H_5CH_3 + HNO_3 \xrightarrow[30℃]{\text{浓 }H_2SO_4} o\text{-}CH_3C_6H_4NO_2 + p\text{-}CH_3C_6H_4NO_2$$

邻硝基甲苯　对硝基甲苯

3. 磺化反应

苯与浓硫酸或发烟硫酸反应，苯环上的氢原子被磺酸基（—SO_3H）取代，生成苯磺酸，这类反应叫磺化反应。

$$C_6H_5-H + HO-SO_3H(\text{浓}) \underset{>150℃}{\overset{70\sim80℃}{\rightleftharpoons}} C_6H_5SO_3H + H_2O$$

苯磺酸

用浓硫酸为磺化剂时，磺化反应是一个可逆反应，如果控制反应条件，如提高反应温度，可以使反应向需要的方向进行，若采用发烟硫酸作磺化剂时，可使反应向生成苯磺酸的方向进行。例如：

$$C_6H_6 + H_2SO_4\cdot SO_3 \xrightarrow{25℃} C_6H_5SO_3H + H_2SO_4$$

如果将苯磺酸在稀酸及加热、加压条件下，就可使苯磺酸发生水解，除去磺酸基，生成苯。

$$C_6H_5-SO_3H + H_2O \xrightarrow[\text{加压},150\sim200℃]{\text{稀 }HCl} C_6H_6 + H_2SO_4$$

苯磺酸的这一性质已被应用于有机化合物的合成和分离提纯。如苯不溶于水，但生成的苯磺酸却可以溶解在硫酸中。利用这一性质可将苯从混合物中分离出来。

烷基苯比苯易于磺化，它与浓硫酸在常温下即可反应，主要生成邻位和对位取代物。例如：

$$C_6H_5CH_3 + H_2SO_4 \rightleftharpoons o\text{-}CH_3C_6H_4SO_3H + p\text{-}CH_3C_6H_4SO_3H$$

	邻甲苯磺酸	对甲苯磺酸
0℃	43%	52%
100℃	13%	79%

在较高温度下进行磺化反应，以对甲苯磺酸为主要产物。

4. 傅列德尔-克拉夫茨（Friedel-Crafts）反应

此反应简称傅-克反应，它包括烷基化和酰基化两种反应。

（1）烷基化反应　在无水氯化铝催化下，苯与卤代烷、醇和烯烃等试剂反应，苯环上的氢原子被烷基取代生成烷基苯，这种反应称烷基化反应。例如：

$$C_6H_5\text{-}H + Br\text{-}CH_2CH_3 \xrightarrow[\triangle]{\text{无水 }AlCl_3} C_6H_5\text{-}CH_2CH_3 + HBr$$

乙苯

$$C_6H_5\text{-}H + CH_2{=}CH_2 \xrightarrow[\triangle]{\text{无水 }AlCl_3} C_6H_5\text{-}CH_2CH_3$$

乙苯

这是工业上生产乙苯的方法之一。

像溴乙烷和乙烯这样能提供烷基的试剂叫烷基化试剂。常用的烷基化试剂为卤代烷、烯烃和醇。

当烷基化试剂中的碳原子数≥3 时，烷基往往发生异构化。例如，苯与 1-氯丙烷或丙烯作用时，主要产物都是异丙苯：

$$C_6H_5\text{-}H + Cl\text{-}CH_2CH_2CH_3 \xrightarrow[\triangle]{\text{无水 }AlCl_3} C_6H_5\text{-}CH(CH_3)\text{-}CH_3 \quad \text{（主要产物）}$$

异丙苯

烷基化反应是制备烷基苯的常用方法之一。例如，对十二烷基苯磺酸钠（常用的洗衣粉）的生产原料十二烷基苯，就是用苯与十二碳烯反应生成的。

$$C_6H_6 + C_{12}H_{24} \xrightarrow{\text{固体酸催化剂}} C_6H_5C_{12}H_{25} \xrightarrow[40\sim50℃]{\text{发烟 }H_2SO_4} p\text{-}C_{12}H_{25}C_6H_4SO_3H \xrightarrow{NaOH} p\text{-}C_{12}H_{25}C_6H_4SO_3Na$$

1-十二碳烯　　十二烷基苯　　对十二烷基苯磺酸　　对十二烷基苯磺酸钠

传统上苯的烷基化制备乙苯和异丙苯都是用氯化铝（$AlCl_3$）作催化剂。但氯化铝具有较大的腐蚀性，生产过程中还要加入大量的盐酸和氢氧化钠，因而使生产中产生大量的废酸、废水和废气，环境污染十分严重。因此世界上一些著名的石化公司，投入巨资进行苯烷基化固体酸催化剂的研究，并于 20 世纪 90 年代成功开发出各种分子筛为催化剂的乙苯和异丙苯合成的新工艺。目前我国许多厂家也都采用了新型分子筛催化剂，如北京燕山石油化工公司改造氯化铝异丙苯装置，采用无毒、无腐蚀性、无污染、并可完全再生的新型分子筛 YSBH-2 催化剂，彻底消除了废酸的生成和废液的排放，并获得了更好的经济效益。

（2）酰基化反应　在无水氯化铝催化下，苯与酰卤或酸酐反应，苯环上的氢原子被酰基取代生成芳酮，这种反应叫酰基化反应。例如：

$$C_6H_5-H + Cl-\overset{O}{\overset{\|}{C}}-CH_3 \xrightarrow[70\sim80^{\circ}C]{无水 AlCl_3} C_6H_5-\overset{O}{\overset{\|}{C}}-CH_3 + HCl$$

乙酰氯　　苯乙酮

$$C_6H_5-H + CH_3-\overset{O}{\overset{\|}{C}}-O-\overset{O}{\overset{\|}{C}}-CH_3 \xrightarrow[70\sim80^{\circ}C]{无水 AlCl_3} C_6H_5-\overset{O}{\overset{\|}{C}}-CH_3 + CH_3-\overset{O}{\overset{\|}{C}}-OH$$

乙酸酐　　乙酸

像乙酰氯、乙酸酐这样能在芳环上引入酰基的试剂叫酰基化试剂。酰基化反应是制备芳酮的一个重要方法。

芳烃的酰基化反应目前仍采用氯化铝作催化剂，新型催化剂尚在研究开发之中。

二、加成反应

由于苯的特殊稳定性，苯不易进行加成反应。但在催化剂铂、钯、镍的催化作用下，苯能与氢加成反应生成环己烷。例如：

$$C_6H_6 + 3H_2 \xrightarrow[200\sim240^{\circ}C, 40MPa]{Ni} C_6H_{12}$$

环己烷

这是工业上生产环己烷的一种重要方法。

苯的一些同系物也可还原为环己烷的同系物。例如：

$$C_6H_5-CH_3 + 3H_2 \xrightarrow[\triangle]{Ni} C_6H_{11}-CH_3$$

甲基环己烷

三、氧化反应

1. 苯环氧化

常见氧化剂如高锰酸钾、重铬酸钾和硫酸、稀硝酸等都不能使苯环氧化。但工业上在催化剂五氧化二钒及高温条件下，用空气氧化苯环，苯环开环生成顺丁烯二酸酐。

$$2C_6H_6 + 9O_2 \xrightarrow[400\sim500^{\circ}C]{V_2O_5} 2\ \begin{matrix} HC-C(=O) \\ \| \qquad \quad \rangle O \\ HC-C(=O) \end{matrix} + 4CO_2 + 4H_2O$$

顺丁烯二酸酐

以上反应是顺丁烯二酸酐的工业制法。

2. 侧链氧化

【演示实验 7-2】　在两支试管中，分别加入 1mL 苯和甲苯，再各加入 10 滴 3mol/L 硫酸和 5 滴 0.1%高锰酸钾溶液，振摇后于热水中温热 2min。取出试管，观察现象差异。

实验表明高锰酸钾溶液氧化烷基苯后，自身的紫红色逐渐消失。而苯则不被氧化。由此得出烷基苯比苯易被氧化，这是因为烷基苯侧链受苯环的影响，其 α-氢原子比较活泼，容易被氧化。而且无论侧链长短，最后产物一般都是苯甲酸。

$$C_6H_5CH_3 \xrightarrow[H^+]{KMnO_4} C_6H_5COOH$$

苯甲酸

$$C_6H_5CH(CH_3)_2 \xrightarrow[H^+]{KMnO_4} C_6H_5COOH$$

苯甲酸

烷基苯侧链的氧化反应也是制备芳香族羧酸的常用方法，并可用于鉴别含 α-氢原子的烷基苯。不含α-氢原子的烷基苯，一般不被氧化。

第五节 苯环上取代反应的定位规律

一、取代苯的定位规律

1. 定位基

在单环芳烃的取代反应中，人们发现，当甲苯发生取代反应时，反应比苯容易进行，而且新基团主要进入甲基的邻、对位，生成邻、对位产物；当硝基苯发生取代反应时，反应比苯难于进行，而且新基团主要进入硝基的间位，生成间位产物。也就是说，一元取代苯发生取代反应时，反应是否容易进行，新基团进入环上哪个位置，主要取决于苯环上原有取代基的性质。因此，把苯环上原有的取代基叫定位基。

定位基有两个作用：一是影响取代反应进行的难易，也称取代反应的活性；二是对新基团起着定位作用，也称定位效应。

2. 定位基的分类

根据定位基的定位效应不同，可将常见的定位基分为两类。

（1）邻、对位定位基 这类定位基使新导入的基团主要进入它的邻位和对位（邻位和对位异构体之和大于 60%），同时除少数基团（如卤素等）外，一般使苯环活化，即反应速率比苯快。

常见的邻、对位定位基按其定位效应由强至弱排列如下：

$—O^-$（氧负离子基）、$—N(CH_3)_2$（二甲氨基）、$—NH_2$（氨基）、—OH（羟基）、$—OCH_3$（甲氧基）、$—NHCOCH_3$（乙酰氨基）、—R（烷基）、—Cl、—Br、—I、$—C_6H_5$（苯基）

邻、对位定位基的构造特点是定位基一般是负离子，或与苯环直接相连的原子是饱和的（苯基除外）。

（2）间位定位基 这类定位基使新进入的取代基主要进入它的间位（间位异构体大于 40%）同时这类定位基使苯环钝化，即反应速率比苯慢。

常见的间位定位基按其定位效应由强至弱排列如下：

$—N^+(CH_3)_3$（三甲铵基）、$—NO_2$（硝基）、—CN（氰基）、$—SO_3H$（磺基）、—CHO（醛基）、—COOH（羧基）

间位定位基的构造特点是定位基一般是正离子，或与苯环直接相连的原子是不饱和的（即连有不饱和键）。

还应注意：前面已讲述过取代基的反应活性和取代基的定位效应是两个不同的概念，因此，邻、对位定位基定位效应的强弱顺序与其反应活性顺序是一致的，但间位定位基会钝化苯环，从而减慢取代反应的速率，因此，间位定位基定位效应的强弱顺序与其反应活性顺序相反。如下列间位定位基的反应活性由小到大的顺序为：

$$—N^+(CH_3)<—NO_2<—CN<—SO_3H<—CHO<—COOH$$

二、定位规律的应用

应用定位规律，可以预测反应的主要产物，选择合理的合成路线，得到较高产量和容易分离的有机化合物。

1. 预测反应的主要产物

【例 7-2】 写出下列化合物发生硝化反应时的主要产物。

(1) 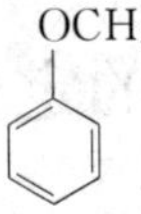 $C_6H_5OCH_3$ (2) C_6H_5COOH (3) $p\text{-}C_2H_5C_6H_4SO_3H$

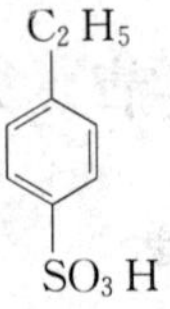

解 (1)  $C_6H_5OCH_3$ 分子中的$—OCH_3$ 是邻、对位基，所以硝化时主要生成邻、对位产物，即 邻硝基苯甲醚（OCH_3、NO_2 邻位） 和 对硝基苯甲醚（OCH_3、NO_2 对位）。

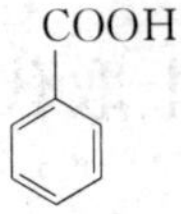

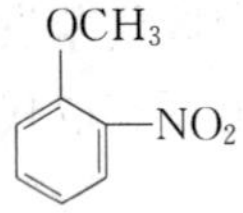

(2) C_6H_5COOH 分子中的—COOH 是间位定位基，所以硝化时主要生成间位产物，即 间硝基苯甲酸（COOH、NO_2 间位）。

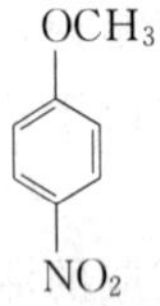

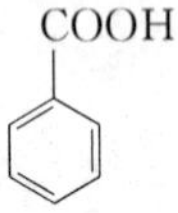

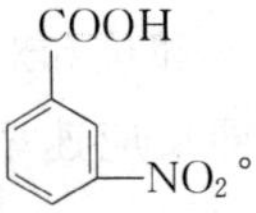

(3) 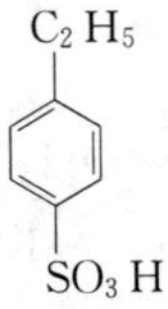 $p\text{-}C_2H_5C_6H_4SO_3H$ 分子中的$—C_2H_5$ 为邻、对位定位基，$—SO_3H$ 为间位定位基，$—C_2H_5$ 的邻、对位即$—SO_3H$ 的间位，两者定位效应指向同一位置，所以产物是 （C_2H_5 邻位引入 NO_2，SO_3H 对位于 C_2H_5）。

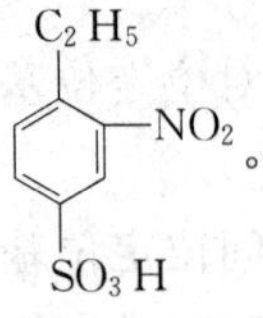

2. 选择合理的合成路线

【例 7-3】 由 苯 合成 （NO_2、Br 间位）（间溴硝基苯）。

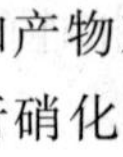

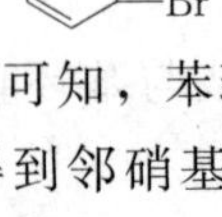

解 将原料和产物对比可知，苯环上需引入硝基和溴原子，若先溴化，由于它是邻、对位定位基，再进行硝化则得到邻硝基溴苯和对硝基溴苯，这与题意不符。因此，必须先硝化，因为它是间位定位基，再进行溴化，就能得到预期产物。合成路线如下：

$$\text{C}_6\text{H}_6 \xrightarrow[\text{H}_2\text{SO}_4]{\text{HNO}_3} \text{C}_6\text{H}_5\text{NO}_2 \xrightarrow[\text{FeBr}_3]{\text{Br}_2} m\text{-Br-C}_6\text{H}_4\text{-NO}_2$$

【例 7-4】 由 $C_6H_5CH_3$ 合成 $m\text{-}O_2N\text{-}C_6H_4\text{-}COOH$（间硝基苯甲酸）。

解 将原料和产物对比可知，需在苯环上引入—NO_2，另外，—CH_3 需转变为—COOH。由于—CH_3 是邻、对位定位基，若先硝化，则主要得到邻、对位产物，这与题意不符。因此，必须先氧化，将—CH_3 转变成—COOH 后，—COOH 是间位定位基，这时再硝化，就可得到间硝基苯甲酸。合成路线如下：

$$\text{C}_6\text{H}_5\text{CH}_3 \xrightarrow[\text{H}^+]{\text{KMnO}_4} \text{C}_6\text{H}_5\text{COOH} \xrightarrow[\triangle]{\text{混酸}} m\text{-O}_2\text{N-C}_6\text{H}_4\text{-COOH}$$

第六节 重要的单环芳烃

一、苯

苯是无色、易燃、易挥发的液体。熔点 5.5℃，沸点 80.1℃，密度 0.879g/cm^3，不溶于水，易溶于乙醇、乙醚等有机溶剂。具有特殊气味，苯的蒸气与空气能形成爆炸性混合物，爆炸极限为 1.5%～8.0%（体积分数），苯的蒸气有毒，会损害肝脏等造血器官及中枢神经系统，易引起白血病，使用苯时应注意安全。苯主要来源于煤焦油和石油的芳构化及铂重整。

苯是重要的有机化工原料，它广泛用来生产合成纤维、合成橡胶、塑料、农药、医药、染料和合成洗涤剂等。苯也常用作有机溶剂。

二、甲苯

甲苯是无色、易燃、易挥发的液体。沸点 110.6℃，密度 0.867g/cm^3，不溶于水，易溶于乙醇、乙醚等有机溶剂。具有与苯相似的气味，其蒸气有毒，毒性与苯相似。蒸气与空气生成爆炸性混合物，爆炸极限为 1.2%～7.0%（体积分数）。甲苯主要来源于煤焦油和石油的铂重整。

甲苯也是重要的有机化工原料，主要用于合成苯甲醛、苯甲醚、苯酚、炸药（2,4,6-三硝基甲苯）、防腐剂、香料等。甲苯也是重要的有机溶剂。

三、苯乙烯

苯乙烯是具有辛辣气味、易燃的无色液体。沸点 145.2℃，密度 0.906g/cm^3，难溶于水，溶于乙醇、乙醚和丙酮等有机溶剂，它本身也是良好的溶剂。其蒸气有毒。在空气中的允许浓度为 0.1mg/L 以下。苯乙烯分子中含有活泼的碳碳双键，能发生加成、聚合等多种反应，即使在室温下放置也会逐渐聚合成聚苯乙烯，故生产贮存时应加阻聚剂，如对苯二酚等。

在引发剂存在下，苯乙烯能自身聚合生成聚苯乙烯。

$$n\,\text{C}_6\text{H}_5\text{CH}{=}\text{CH}_2 \xrightarrow[80\sim 90^\circ\text{C}]{\text{过氧化苯甲酰}} \text{-}\!\!\left[\text{CH(C}_6\text{H}_5\text{)—CH}_2\right]\!\!_n\text{-}$$

聚苯乙烯

苯乙烯主要用于合成聚苯乙烯塑料、丁苯橡胶、ABS工程塑料和离子交换树脂等（见第十四章第四节）。

第七节　稠环芳烃

稠环芳烃是由两个或两个以上苯环共用相邻的两个碳原子稠合而成的芳烃。

稠环芳烃中，萘是最简单也是最重要的稠环芳烃，本节主要讲述萘。

一、萘

1. 萘的结构

萘的分子式为 $C_{10}H_8$，是由两个苯环共用两个碳原子稠合而成的芳烃。根据X射线分析，萘与苯相似，两个苯环在同一平面上，萘分子中的十个碳原子以σ键相互结合成两个正六边形的平面结构，环中还存在一种介于单键和双键之间特殊的键，即闭合大π键。但与苯并不完全相同，萘分子中的碳碳间键长不完全相等。萘分子的构造式和键长如图7-2所示。

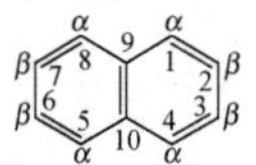

萘分子中碳原子的位次

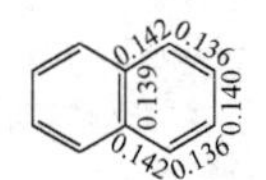

萘分子中的键长(nm)

图7-2　萘分子的构造式及键长

图中1、4、5、8四个碳原子都与两个环共用的碳原子直接相连，其位置相同，称为α位；2、3、6、7四个碳原子的位置相同，但与α位不同，称为β位，因此，萘的一元取代物有两种构造异构体，即α-取代物（也称1-取代物）和β-取代物（或2-取代物），例如：

NO_2

α-硝基萘(1-硝基萘)　　β-硝基萘(2-硝基萘)

又如萘的一溴取代物也有两种异构体：

α-溴萘(1-溴萘)　　β-溴萘(2-溴萘)

2. 萘的性质和用途

萘是无色带有光泽的片状结晶，熔点80℃，沸点218℃，有特殊气味，易升华。不溶于水，也难溶于冷的乙醇，易溶于乙醚和热乙醇中。

萘存在于煤焦油的萘油馏分中，经冷却到40～50℃，粗萘结晶析出，再经提纯即得纯萘。

萘的化学性质与苯相似，比苯容易发生取代反应，也能发生加成反应和氧化反应。

（1）取代反应　发生取代反应时，萘分子中的α位比β位活泼。反应较易发生在α位。

① 卤代反应。萘与溴在四氯化碳溶液中反应，生成α-溴萘。

$$+Br_2 \xrightarrow{CCl_4} \quad (Br)$$

α-溴萘(75%)

② 硝化反应。在室温下，萘与混酸即可反应，生成α-硝基萘。

$$C_{10}H_8 + HNO_3 \xrightarrow{H_2SO_4} \alpha\text{-}C_{10}H_7NO_2 + H_2O$$

α-硝基萘(90%～95%)

③ 磺化反应。萘的磺化反应也是可逆反应。反应产物因反应温度而异。较低温度（60℃）时，主要生成α-萘磺酸；较高温度（165℃）时，主要得到β-萘磺酸。α-萘磺酸与硫酸共热至165℃时转变成β-萘磺酸。

$$C_{10}H_8 + H_2SO_4 \underset{}{\overset{60℃}{\rightleftharpoons}} \alpha\text{-}C_{10}H_7SO_3H\ (\alpha\text{-萘磺酸}) + H_2O$$

$$\alpha\text{-}C_{10}H_7SO_3H \xrightarrow[165℃]{H_2SO_4} \beta\text{-}C_{10}H_7SO_3H$$

$$C_{10}H_8 + H_2SO_4 \underset{}{\overset{165℃}{\rightleftharpoons}} \beta\text{-}C_{10}H_7SO_3H\ (\beta\text{-萘磺酸}) + H_2O$$

(2) 加成反应 萘比苯容易发生加成反应。在催化剂作用下，萘可以发生加氢反应，反应条件不同，分别生成四氢化萘和十氢化萘。它们都是重要的溶剂。

$$\text{1,2,3,4-四氢化萘} \xleftarrow[140\sim160℃,3MPa]{H_2,Ni} C_{10}H_8 \xrightarrow[200℃,10\sim20MPa]{H_2,Ni} \text{十氢化萘}$$

1,2,3,4-四氢化萘　　十氢化萘

(3) 氧化反应 萘比苯容易氧化，将萘的蒸气与空气混合，以五氧化二钒为催化剂，在高温（400～500℃）下，萘被氧化成邻苯二甲酸酐。工业上就是用此法制取邻苯二甲酸酐。

$$2C_{10}H_8 + 9O_2 \xrightarrow[400\sim500℃]{V_2O_5} 2C_6H_4(CO)_2O + 4CO_2 + 4H_2O$$

邻苯二甲酸酐

邻苯二甲酸酐是重要的化工原料，用于合成树脂、增塑剂和染料等。

萘是重要的有机化工原料，主要用于制邻苯二甲酸酐，也用于制造染料、农药、合成纤维等。萘也常用作防蛀剂，市场上所用的卫生球就是由纯萘压制而成的。

*二、其他稠环芳烃

比较常见的稠环芳烃还有蒽、菲、芘等，它们的构造式如下：

蒽　　菲　　芘

在稠环芳烃中，有的具有致癌性。例如：

3,4-苯并芘　　1,2,5,6-二苯并蒽　　3-甲基胆蒽

具有致癌性质的稠环芳烃，叫致癌烃。

现已发现在香烟的烟雾中，烧焦的食物中如鱼、肉等，汽车排出的废气中，在煤、石油燃烧

未尽的烟气中，以及炎热的夏天柏油与路面散发出的蒸气中都有 3,4-苯并芘，它是目前污染大气的主要致癌物，测定其在空气中的含量成为环保部门监测空气质量的重要指标之一。

第八节 芳香烃的鉴别方法

一、甲醛-浓硫酸试验

芳香族化合物及其衍生物在甲醛-浓硫酸溶液中，会发生显色反应。例如，溶液显红色的为苯及甲苯；显蓝绿→绿色为萘、菲；显黄绿色或绿色为蒽。

二、无水氯化铝-三氯甲烷试验

芳香族化合物通常在无水升华的氯化铝的存在下，与氯仿反应生成有色物质。例如，溶液呈橙红色的为苯及苯的同系物；蓝色的为萘；紫色的为菲；绿色的为蒽。

第九节 芳烃的工业来源

工业上煤和石油是芳烃的两大重要来源。

一、煤的干馏

将煤置于炼焦炉中，隔绝空气加热至 1000～1300℃使它分解的过程，叫煤的干馏。煤的干馏得到的焦油中含有芳烃，可通过溶剂提取或分馏的方法将它们分离出来。

1. 从焦炉气中提取

焦炉气中含有氨和苯、甲苯及二甲苯等芳烃。将焦炉气经过水吸收，制成氨水，再经重油溶解、吸收，然后再蒸馏，即得粗苯混合物。粗苯混合物中含苯 50%～70%，甲苯 15%～22%，二甲苯 4%～8%等。可用分馏的方法将它们一一分开。

2. 从煤焦油中分离

煤焦油为黑褐色黏稠状液体，组成十分复杂，估计有上万种有机物。目前分离鉴定的有近 500 种。煤焦油的分离主要采用分馏法将它们分馏成若干馏分，然后再采用萃取、磺化或分子筛吸附等方法将不同的芳烃从各馏分中分离出来。芳烃在煤焦油中各馏分中的分布情况见表 7-2。

表 7-2 煤焦油馏分中的主要成分

馏分	沸点范围/℃	主要成分	馏分	沸点范围/℃	主要成分
轻油	<170	苯、甲苯、二甲苯	洗油	230～300	萘、苊、芴
酚油	170～210	异丙苯、苯酚、甲基酚	蒽油	300～360	蒽、菲及其衍生物、苊等
萘油	210～230	萘、甲基萘、二甲基萘等	沥青	>360	沥青、焦炭

二、石油的芳构化

石油中一般含芳烃较少，但在加压、加热和催化剂的作用下，可将石油中的烷烃和环烷烃经脱氢转变成芳烃，这一过程叫芳构化，又叫石油的重整。芳构化的主要反应如下。

1. 环烷烃脱氢生成芳烃

$$\text{环己烷} \xrightarrow[\text{Pt}]{-3H_2} \text{苯} + 3H_2$$

环己烷　　苯

CH_3 甲基环己烷 $\xrightarrow[Pt]{-3H_2}$ CH_3 甲苯 $+3H_2$

2. 环烷烃的异构化及脱氢

CH_3 甲基环戊烷 $\xrightarrow[Pt]{异构化}$ 环己烷 $\xrightarrow[Pt]{-3H_2}$ 苯 $+3H_2$

3. 烷烃脱氢环化，再脱氢芳构化

$CH_3-CH_2-CH_2-CH_2-CH_2-CH_2-CH_3$ $\xrightarrow[Pt]{-H_2}$ CH_3 甲基环己烷 $\xrightarrow[Pt]{-3H_2}$ CH_3 甲苯 $+3H_2$

上述反应都是从烷烃或环烷烃形成芳烃的反应，称为芳构化反应。为从石油中获得芳烃，工业上常采用铂作催化剂，在 1.5～2.5MPa、430～450℃下，将石油的 C_6～C_8 馏分进行重整，称为铂重整，所得产物叫重整汽油。

【阅读材料】

凯库勒与苯的分子结构

1825 年英国化学家法拉第在实验中用蒸馏的方法得到一种液体化合物，这就是苯。当时法拉第把它叫做“氢的重碳化合物”。1834 年德国化学家米希尔里希在蒸馏苯甲酸和石灰的混合物时，也得到了这种液体化合物，他将这种液体化合物命名为苯。从此，苯这个名称一直沿用至今。后来，法国化学家日拉尔等人又相继确定了苯的相对分子质量为 78，分子式为 C_6H_6 等。然而，苯分子中碳、氢比例为 1∶1，说明苯是高度不饱和的，但它却不具典型的不饱和烃所应有的易加成、易氧化等特性。那么，苯到底具有怎样的分子结构呢？化学家们经过多年的努力，仍未解开这个谜。

德国化学家凯库勒（Kekule）是一位极富想像力的学者，他曾提出了碳是四价的和碳原子之间可以连接成链这一重要学说。对于苯的结构，他在分析了大量实验事实后认为，这是一个很稳定的“核”，6 个碳原子间的结构非常牢固而且排列十分紧密。于是凯库勒就集中全部精力去探索这 6 个碳原子组成的“核”。他曾提出过多种开链式结构的设想，但都因与实验结果不符而被一一否定了。为此他苦思冥想，甚至废寝忘食。1865 年一天夜晚，当时正在比利时根特大学任教的凯库勒由于疲劳，在书房里打起了瞌睡，忽然，在他的眼前又出现了旋转的碳原子，碳原子的长链像蛇一样盘绕卷曲。这时，只见这条蛇抓住了自己的尾巴，并旋转不停。凯库勒像触电般地从梦境中猛醒过来，他终于悟出了苯分子是以闭合链形式存在的环状结构！他兴奋极了，连夜动手整理有关苯环结构的假说。他明确提出，苯分子是一个由 6 个碳原子构成的环状化合物，具有平面结构。当时他认为这 6 个碳原子是以单、双键交替结合的，并于 1866 年提出了苯的结构式：。

这个结构式被人们称为凯库勒结构式，尽管它并未完全确切地表达出苯的真实结构，但现代科学界认为凯库勒提出苯的环状结构具有划时代的意义。苯的凯库勒结构式也被人们习惯地沿用至今。

对于那个奇妙的梦，凯库勒万分感慨地说：“我们应该会做梦……那么我们就会发现真理……但是不要在清醒的理智检验之前就宣布我们的梦。”实际上，凯库勒在梦中所受到的启发，来自于他平时的苦苦探索与钻研，是严肃的科学态度为他取得成功奠定了坚实的基础。

1890 年，在德国的柏林大学举行了盛大的“苯”节，以纪念和颂扬凯库勒的伟大功绩。

本章小结

1．苯的结构特点

苯是平面六元碳环结构，碳原子间以 σ 键相互结合，环中还存在含六个碳原子的闭合大 π 键。苯环相当稳定，苯不易发生加成和氧化反应，具有芳香性。

2．单环芳烃的构造异构

包括苯环上侧链的构造异构及侧链在环上相对位次不同的位置异构。

3．单环芳烃的命名

简单的烷基苯的命名是以苯为母体，烷基作为取代基。如苯环上连有不饱和烃基时，通常把侧链作为母体，将苯环作为取代基来命名。

4．单环芳烃的化学反应

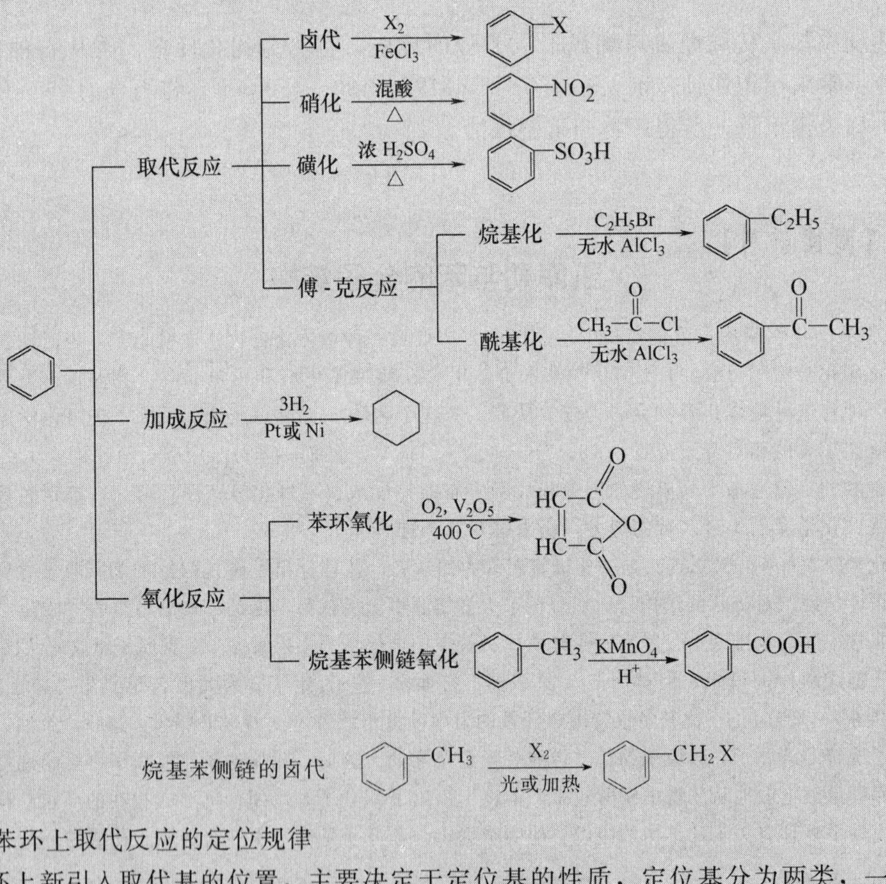

苯：

- 取代反应
  - 卤代 $\xrightarrow[FeCl_3]{X_2}$ C_6H_5X
  - 硝化 $\xrightarrow[\triangle]{\text{混酸}}$ $C_6H_5NO_2$
  - 磺化 $\xrightarrow[\triangle]{\text{浓 } H_2SO_4}$ $C_6H_5SO_3H$
  - 傅-克反应
    - 烷基化 $\xrightarrow[\text{无水 } AlCl_3]{C_2H_5Br}$ $C_6H_5C_2H_5$
    - 酰基化 $\xrightarrow[\text{无水 } AlCl_3]{CH_3COCl}$ $C_6H_5COCH_3$
- 加成反应 $\xrightarrow[\text{Pt 或 Ni}]{3H_2}$ 环己烷
- 氧化反应
  - 苯环氧化 $\xrightarrow[400\ ^\circ C]{O_2,\ V_2O_5}$ 顺丁烯二酸酐（HC—C(=O)—O—C(=O)—CH，HC=CH）
  - 烷基苯侧链氧化 $C_6H_5CH_3 \xrightarrow[H^+]{KMnO_4} C_6H_5COOH$

烷基苯侧链的卤代 $C_6H_5CH_3 \xrightarrow[\text{光或加热}]{X_2} C_6H_5CH_2X$

5．苯环上取代反应的定位规律

苯环上新引入取代基的位置，主要决定于定位基的性质，定位基分为两类，一类是邻、对位定位基，使苯环活化；另一类是间位定位基，使苯环钝化。

萘环的取代反应，一般易在 α-位进行。

6．芳香烃的鉴别方法

用甲醛-浓硫酸试验及无水氯化铝-三氯甲烷试验来鉴别芳香烃，不同的芳香烃与这两组试剂反应时，均显出不同的颜色，由此可鉴别芳香烃。

习　题

1. 写出分子式为 C_9H_{12} 芳烃的构造异构体并命名。

2. 完成下列化学反应，或指出有关反应条件。

（1）苯 $+Cl_2 \xrightarrow{Fe}$? $\xrightarrow[\text{浓 } H_2SO_4]{\text{浓 } HNO_3}$? + ?

（2）甲苯（CH_3）$+3H_2 \xrightarrow[\text{加热，加压}]{Ni}$?

（3）苯 $+C_2H_5Cl \xrightarrow{?}$ 乙苯（C_2H_5）$\xrightarrow{?}$ 对硝基乙苯（C_2H_5，NO_2）$\xrightarrow[H_2SO_4]{K_2Cr_2O_7}$?

（4）苯 $+CH_2=CH_2 \xrightarrow{AlCl_3}$? —— $\xrightarrow[\text{光}]{Cl_2}$?；$\xrightarrow[Fe,\triangle]{Cl_2}$?

（5）苯 $\xrightarrow{?}$ 苯磺酸（SO_3H）—— $\xrightarrow{?}$ 苯；$\xrightarrow{?}$ 间苯二磺酸（SO_3H，SO_3H）

（6）萘 $\xrightarrow{?}$ 邻苯二甲酸酐（C=O，O，C=O）

（7）对二甲苯（CH_3，CH_3）$\xrightarrow[\triangle]{KMnO_4}$?

3. 写出下列化合物进行一元硝化时的主要产物。

（1）溴苯（Br）　（2）苯甲腈（CN）　（3）苯甲醛（CHO）　（4）乙酰苯胺（$NHCOCH_3$）

4. 将下列各组化合物进行硝化反应的活性，由大到小排列成序。

（1）甲苯（$-CH_3$）　苯　硝基苯（$-NO_2$）

（2）硝基苯（$-NO_2$）　苯甲酸（$-COOH$）　苯甲醚（$-OCH_3$）

5. 填空题。

（1）芳香族化合物具有芳香性是指________、________和________。

（2）某烃分子式为 $C_{10}H_{12}$，它能使溴的 CCl_4 溶液褪色，也能被热的酸性高锰酸钾溶液氧化，并生成苯甲酸（苯环$-COOH$），写出此烃可能的构造式________________。

(3) 聚苯乙烯是一种性能优良的塑料，它的构造式是______________。

6. 选择题。

(1) 下列事实可以说明“苯分子结构中不存在碳碳单键和碳碳双键交替相连结构”的是（　　）。

A. 苯不能使溴水或酸性高锰酸钾溶液褪色

B. 苯环上碳碳键的键长都相等

C. 邻二甲苯只有一种结构

D. 苯在一定条件下既能发生取代反应又能发生加成反应

(2) 苯环上分别连接下列定位基，苯环进行溴代反应时，定位效应最强的邻、对位定位基是（　　），最强的间位定位基是（　　）。

A. $-NO_2$　　B. $-COOH$　　C. $-OH$

D. $-Cl$　　E. $-CH_3$　　F. $-SO_3H$

(3) 有八种物质：①甲烷，②苯，③聚乙烯，④聚苯乙烯，⑤2-丁炔，⑥环己烷，⑦邻二甲苯，⑧环己烯，其中既能使高锰酸钾溶液褪色，又能与溴水反应使它褪色的是（　　）。

A. ③④⑤⑧　　B. ③④⑦⑧　　C. ⑤⑧　　D. ③④⑤⑦⑧

(4) 在铁的催化作用下，苯与溴反应，使溴褪色，属于哪类反应（　　）。

A. 取代反应　　B. 加成反应　　C. 氧化反应　　D. 还原反应

(5) 甲苯的一溴取代物最多可形成的构造异构体的数目是（　　）。

A. 二个　　B. 三个　　C. 四个　　D. 五个

7. 用化学方法鉴别下列各组化合物。

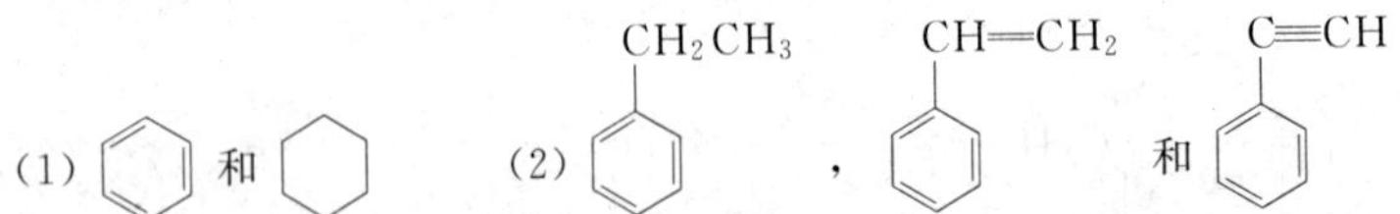

8. 化合物 A（C_8H_{10}），用高锰酸钾氧化时生成二元羧酸 B（$C_8H_6O_4$），B 的一硝基取代物只有一种。试推测 A、B 的构造式。

9. 化合物 A（C_9H_8），它能和氯化亚铜的氨溶液反应生成红色沉淀。A 经催化加氢得到化合物 B（C_9H_{12}），B 用高锰酸钾溶液氧化得到二元羧酸 C（$C_8H_6O_4$），C 发生硝化反应时，只得到一种一元硝化产物 D。试推测 A、B、C、D 的构造式。

第八章 酚和芳醇

【学习目标】

1. 了解酚的结构特点和分类，掌握酚及简单取代酚的命名。
2. 了解酚的物理性质，理解氢键对酚的物理性质的影响。
3. 了解醇羟基和酚羟基的区别，熟悉酚的化学反应及其应用。
4. 掌握酚的鉴别方法。

第一节 酚

羟基与芳环直接相连的化合物叫酚，如苯酚（C_6H_5OH），酚中的羟基叫酚羟基，酚羟基是酚的官能团。

一、酚的分类和命名

酚按其分子中所含羟基数目分为一元酚和多元酚（二元及其以上的酚统称多元酚），酚的命名是在芳环名称之后加上“酚”字，例如：

一元酚

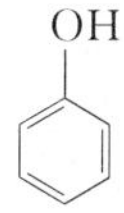

苯酚 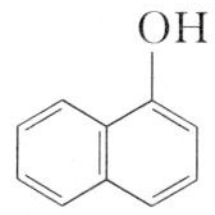　　α-萘酚

多元酚

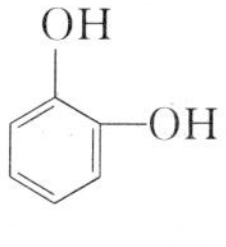

1,2-苯二酚（邻苯二酚）　　1,3-苯二酚（间苯二酚）　　1,4-苯二酚（对苯二酚）　　1,2,3-苯三酚（连苯三酚）

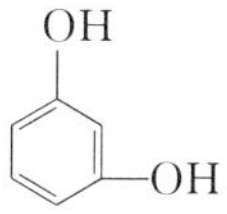

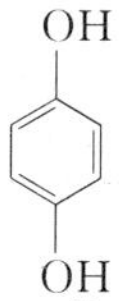

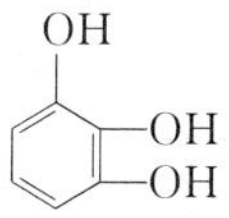

若苯环上除羟基外，还连有—OCH_3、—R、—X、—NO_2 等基团，命名时以羟基作母体[1]，其余的基团则作为取代基，并将取代基的位次和名称排在母体名称前面，苯环的编号应将母体官能团—OH 所连接的碳原子定为 1。例如：

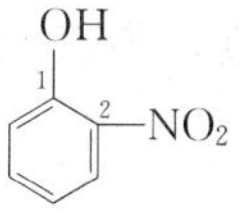

2-硝基苯酚 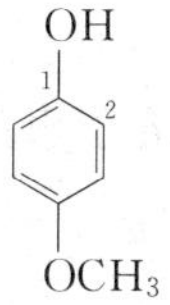　　4-甲氧基苯酚 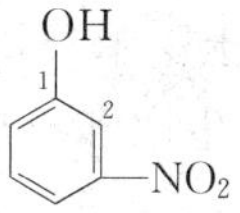　　3-硝基苯酚

但当苯环上还连有—COOH（羧基）、—CHO（醛基）等基团，命名时则以—COOH、—CHO分别作为母体，—OH 则作为取代基，因—COOH、—CHO 与苯环直接相连，母体名应叫苯甲酸、苯甲醛。

例如：

---

[1] 按照取代基的优先次序，选择最优基团为母体并编为 1 位。

COOH / OH（2-羟基苯甲酸结构式）

2-羟基苯甲酸

CHO / OH（3-羟基苯甲醛结构式）

3-羟基苯甲醛

二、酚的物理性质

常温下，除少数烷基酚为高沸点的液体外，大多数酚都是无色结晶固体。酚容易被空气氧化，氧化后常带有颜色，一般为红褐色。

酚具有极性，也能与水分子形成氢键，应该易溶于水，但由于酚的相对分子质量较高，分子中烃基占比例较大，因此一元酚只能微溶于水。多元酚随着分子中羟基数目增多，在水中溶解度增大。酚溶于乙醇、乙醚等有机溶剂。

酚分子间能形成氢键，所以酚的沸点都比较高。酚的熔点与分子的对称性有关。一般说来，对称性较大的酚，其熔点较高，对称性较小的酚，熔点较低。一些酚的物理常数见表 8-1 所示。

表 8-1 酚的物理常数

名 称	熔点/℃	沸点/℃	溶解度(20℃)/(g/100gH_2O)	pK_a(25℃)
苯酚	40.8	181.8	9.3	9.98
邻甲苯酚	30.5	191	2.5	10.28
间甲苯酚	11.9	202.2	2.6	10.08
对甲苯酚	34.5	201.8	2.3	10.14
邻苯二酚	105	245	45	9.48
间苯二酚	110	281	123	9.44
对苯二酚	170.5	286.2	8	9.96
1,2,3-苯三酚	133	309	62	7
α-萘酚	94	279	难	9.34
β-萘酚	123	286	0.1	9.55
邻硝基苯酚	44.5	217.2	0.2	7.21
间硝基苯酚	96	194(9.3kPa)	1.4	8.40
对硝基苯酚	114	295(分解,升华)	1.7	7.16

三、酚的化学反应及应用

酚羟基的性质在某些方面与醇羟基相似，但由于酚羟基和苯环直接相连，受苯环的影响，所以在性质上与醇羟基又有一定的差别。酚的芳环由于受羟基的影响也比芳烃更容易发生取代反应，酚的化学反应发生在羟基和芳环上。

1. 酚羟基的反应

(1) 弱酸性 由于受苯环影响，酚羟基中的氢原子较活泼，不仅能与碱金属反应放出氢气，还能与 NaOH 发生中和反应，生成可溶于水的酚钠。

【演示实验 8-1】 ① 苯酚的酸性：在两支 100mL 大试管中分别加入苯酚、苯甲醇各 20mL，然后滴加 25g/L 氢氧化钠溶液。苯酚溶解，苯甲醇则不溶解。

② 苯酚的溶解和析出：在一支盛有 50mL 水的大试管中，加入 10mL 苯酚，用力振荡后得到浑浊液，在浑浊液中加入 100g/L 氢氧化钠溶液，边加边振荡至溶液澄清透明。将溶液分成两份，在一份中滴入少量 70g/L 的盐酸，在另一份中通（或吹）入二氧化碳气体，两份溶液都变浑浊。

实验结果表明，苯酚具有弱酸性，不仅比盐酸弱，而且比碳酸还弱。苯酚不溶于水，能溶于氢氧化钠溶液，但不溶于碳酸氢钠溶液。而不溶于水的苯甲醇，既不溶于氢氧化钠溶液也不溶于碳酸氢钠溶液。

$$C_6H_5OH + NaOH \longrightarrow C_6H_5ONa + H_2O$$

（难溶于水）　　（溶于水）

$$C_6H_5ONa + HCl \longrightarrow C_6H_5OH + NaCl$$

$$C_6H_5ONa + CO_2 + H_2O \longrightarrow C_6H_5OH + NaHCO_3$$

酚能溶解于碱，而又可用酸将它从碱溶液中游离出来，工业上常利用这一性质来回收和处理含酚的污水。利用这一性质也可将苯酚与不溶于水的醇分离开来（见本章例题）。

（2）酚醚的生成　与醇不同，酚不能发生分子间脱水反应。酚醚一般由酚的钠盐与卤代烃作用而得到。例如：

$$C_6H_5ONa + CH_3I \xrightarrow{\triangle} C_6H_5OCH_3 + NaI$$

苯甲醚(大茴香醚)

$$C_6H_5ONa + BrC_6H_5 \xrightarrow[\triangle]{Cu\text{粉}} C_6H_5-O-C_6H_5 + NaBr$$

二苯醚

这是工业上制备醚的方法。

（3）酚酯的生成　酚与酰氯、酸酐等作用时，生成酚酯。例如：

$$C_6H_5OH + (CH_3-\overset{O}{\overset{\|}{C}}-)_2O \xrightarrow{NaOH\text{溶液}} C_6H_5-O-\overset{O}{\overset{\|}{C}}-CH_3 + CH_3COONa$$

乙酸酐　　乙酸苯酯　　乙酸钠

$$C_6H_5OH + Cl-\overset{O}{\overset{\|}{C}}-CH_3 \xrightarrow{NaOH\text{溶液}} C_6H_5-O-\overset{O}{\overset{\|}{C}}-CH_3 + HCl$$

乙酰氯　　乙酸苯酯

这是工业上制备酚酯的方法。

2. 苯环上的取代反应

羟基是较强的邻、对位定位基，可使苯环活化，因此苯酚的取代反应比苯容易进行，而且反应主要发生在羟基的邻、对位。

（1）卤化

【演示实验 8-2】 取一支干净试管，加入 1～2 粒苯酚晶体和 5mL 蒸馏水，振摇使其溶解后，滴加饱和溴水，观察试管中沉淀的生成。

实验结果表明，苯酚与溴水在常温下即可作用，生成三溴苯酚白色沉淀。

$$C_6H_5OH + 3Br_2 \longrightarrow 2,4,6\text{-}Br_3C_6H_2OH \downarrow + 3HBr$$

（白色）

三溴苯酚的溶解度很小，十万分之一的苯酚溶液与溴水作用也能生成三溴苯酚沉淀，因而这个反应可用作酚的定性检验和定量分析。

（2）磺化　酚的磺化反应，随着反应温度不同，可得到不同的产物，继续磺化可得二磺酸。二磺酸再硝化，可得2,4,6-三硝基苯酚（俗称苦味酸），这是工业上制备苦味酸常用的方法。

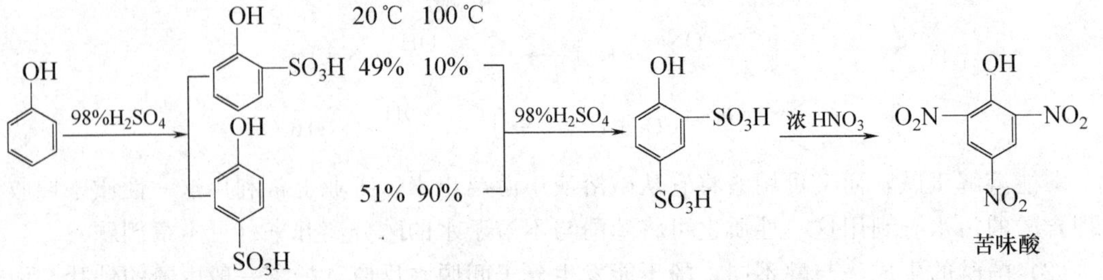

苦味酸的酸性很强，其 $pK_a=0.38$，酸性几乎与强的无机酸相近，这是因为酚羟基的邻、对位有强吸电子的硝基，可使酚的酸性增强，随着硝基数目增多酸性则更强。反之，酚羟基的邻、对位有推电子基（如—R），则酸性减弱。

2,4,6-三硝基苯酚是一种烈性炸药，也可用于制造染料，还可用于有机化合物的分析鉴定。

（3）硝化　苯酚的硝化反应比苯容易进行，在室温下即可使苯酚发生硝化反应：

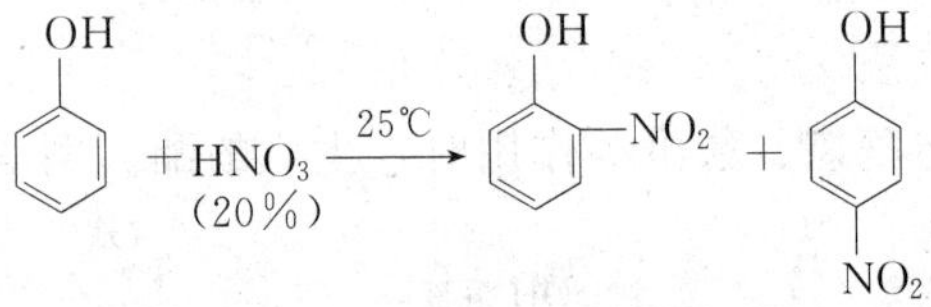

邻硝基苯酚能生成分子内氢键，并容易随水蒸气挥发，对硝基苯酚能形成分子间氢键，不易挥发，因此，可采用水蒸气蒸馏方法将这两种异构体分开。

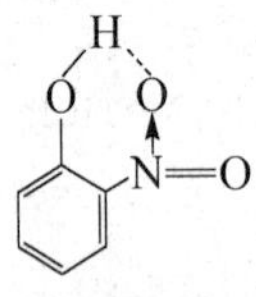

邻硝基苯酚的分子内氢键 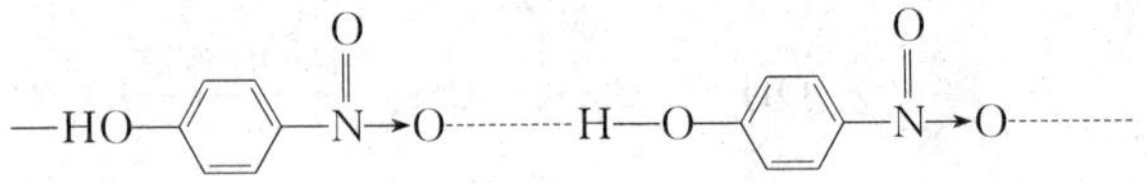　　对硝基苯酚分子间氢键

3. 与氯化铁的显色反应

大多数酚与氯化铁溶液作用能生成带颜色的络离子。不同的酚所显示的颜色不同，见表8-2，这种特殊颜色反应，可用于鉴别酚类化合物。

表8-2　不同酚与氯化铁反应所显的颜色

化合物	所显颜色	化合物	所显颜色
苯酚	蓝紫色	对甲苯酚	蓝色
邻苯二酚	深绿色	1,2,4-苯三酚	蓝绿色
对苯二酚	暗绿色结晶	1,2,3-苯三酚	淡棕红色
α-萘酚	紫色	β-萘酚	绿色

【演示实验8-3】 取三支大试管，分别加入约10mL的苯酚、苯二酚、对甲苯酚的饱和溶液，再分别向三支试管中滴加10g/L氯化铁溶液，振荡试管，并观察颜色的变化。

4. 氧化反应

酚易被氧化，苯酚在空气中放置较长时间颜色变深，这是被空气氧化的结果。苯酚在催化剂作用下，可被氧化成对苯醌。对苯二酚极易被氧化，能被感光后的弱氧化剂溴化银氧化成醌，而溴化银则还原成金属银。

$$\text{C}_6\text{H}_5\text{OH} \xrightarrow[K_2Cr_2O_7\text{-}H_2SO_4]{[O]} \text{O}{=}\text{C}_6\text{H}_4{=}\text{O}$$

对苯醌

$$HO-C_6H_4-OH + 2AgBr \longrightarrow O{=}C_6H_4{=}O + 2Ag\downarrow + 2HBr$$

对苯醌

这一反应用于照相的显影过程，因此对苯二酚可用作显影剂。

四、重要的酚

1. 苯酚

苯酚俗称石炭酸，是具有特殊气味的无色针状晶体。熔点 40.8℃，沸点 181.8℃，微溶于水，当温度高于 65℃时可与水混溶。易溶于乙醇、乙醚等有机溶剂中，苯酚有腐蚀性，且有毒。

工业上用 15%氢氧化钠溶液处理煤焦油中的酚油和萘油馏分（该馏分含苯酚和甲苯酚），酚类即生成酚钠溶于水中，再将二氧化碳通入酚钠水溶液中，酚又游离出来，然后经蒸馏即可得到苯酚。由煤焦油中提取酚，远远满足不了有机化工发展的需要，因此，目前苯酚主要由合成法制取。

（1）由异丙苯法制备 首先在无水氯化铝催化下，使苯与丙烯发生烷基化反应生成异丙苯，然后用空气氧化异丙苯得到氢过氧化异丙苯，最后用稀硫酸分解过氧化物得到苯酚和丙酮。

$$C_6H_6 + CH_3CH{=}CH_2 \xrightarrow[85\sim95℃]{\text{无水 } AlCl_3} C_6H_5-CH(CH_3)-CH_3$$

$$C_6H_5-CH(CH_3)-CH_3 \xrightarrow[0.4\sim0.6MPa]{O_2(\text{空气}),90\sim120℃} CH_3-\underset{C_6H_5}{\overset{CH_3}{C}}-O-O-H \xrightarrow[60℃]{\text{稀 } H_2SO_4} C_6H_5OH + CH_3-\overset{O}{\overset{\|}{C}}-CH_3$$

氢过氧化异丙苯　　苯酚　　丙酮

这是目前工业上生产苯酚的主要方法，同时联产丙酮。因此，经济效益好，但对设备技术要求较高。

（2）氯苯水解 氯苯中的氯原子不活泼，需在高温、高压和催化剂的作用下，才能发生碱性水解，生成苯酚钠，苯酚钠酸化即得苯酚。

$$C_6H_5-Cl \xrightarrow[360\sim390℃,30\sim36MPa]{NaOH\text{-}H_2O,Cu} C_6H_5-ONa \xrightarrow{H^+} C_6H_5-OH$$

（3）碱熔法 碱熔法是以苯为原料，经磺化、中和制得苯磺酸钠；再将苯磺酸钠与氢氧化钠共熔制得苯酚钠；最后酸化即得苯酚。其中苯磺酸钠与碱共熔得到苯酚钠，叫碱熔。

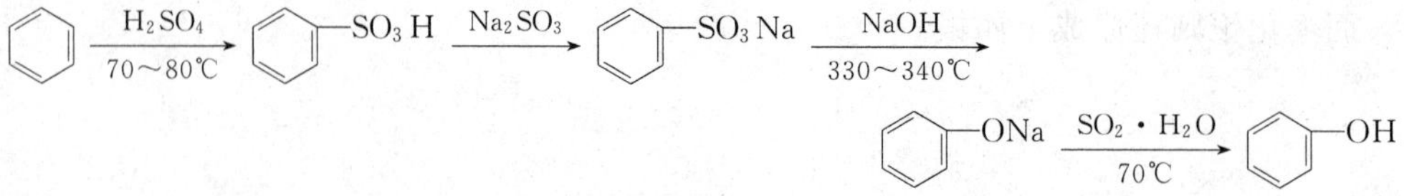

$$C_6H_6 \xrightarrow[70\sim80℃]{H_2SO_4} C_6H_5-SO_3H \xrightarrow{Na_2SO_3} C_6H_5-SO_3Na \xrightarrow[330\sim340℃]{NaOH} C_6H_5-ONa \xrightarrow[70℃]{SO_2\cdot H_2O} C_6H_5-OH$$

碱熔法消耗大量强酸、强碱，腐蚀性大，但因设备简单，产率和产品纯度高。目前仍有一些小厂利用此法生产。

苯酚是重要的化工原料，大量用于生产塑料（如酚醛树脂、环氧树脂等）、合成纤维（如尼龙-6、尼龙-66 等）、医药、农药、染料、炸药等。在医药上可作防腐剂和消毒剂。

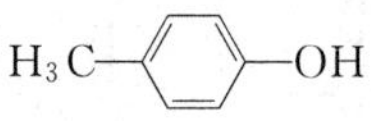

2. 甲苯酚

甲苯酚有邻、间、对三种异构体：

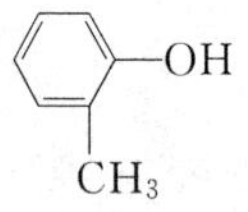

邻甲苯酚（邻位 CH_3，$-OH$）　间甲苯酚（间位 CH_3，$-OH$）　对甲苯酚（$H_3C-C_6H_4-OH$）

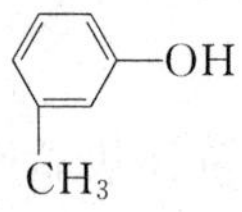

它们都来源于煤焦油中，由于沸点相近不易分离。所以实际中常将三种异构体的混合物称为粗甲苯酚。粗甲苯酚的肥皂水溶液的商品名称是“来苏水”，杀菌能力较强，常用作消毒剂。三种甲苯酚都是重要的化工原料，可用于制备染料、炸药、农药、树脂等，粗甲苯酚也可用作分析试剂及色谱分析试剂。

第二节　芳　醇

一、芳醇的命名

羟基与芳环的侧链相连的化合物叫芳醇。芳醇的命名与脂肪醇的命名相似，其中芳环作为取代基。例如：

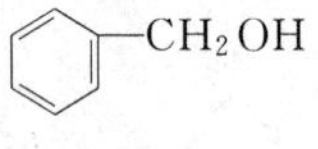

$C_6H_5-CH_2OH$　苯甲醇(苄醇)

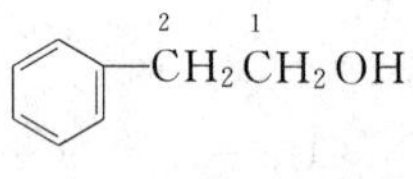

$C_6H_5-\overset{2}{C}H_2\overset{1}{C}H_2OH$　2-苯乙醇

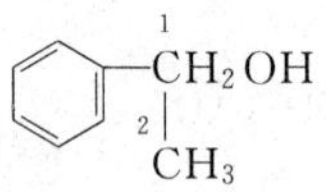

$C_6H_5-\overset{1}{C}H_2OH$（2位 CH_3）　1-苯乙醇

二、重要的芳醇——苯甲醇

苯甲醇也叫苄醇，它是无色液体，沸点 205.3℃，微溶于水，有轻微而愉快的香气。

苯甲醇可由苄基氯（也叫氯苄）水解制得。

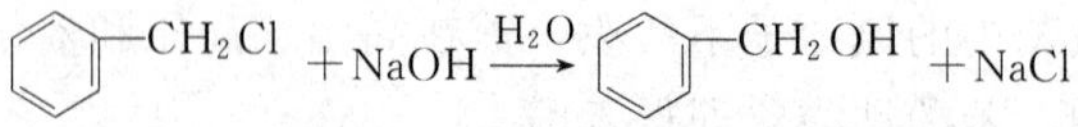

$$C_6H_5-CH_2Cl + NaOH \xrightarrow{H_2O} C_6H_5-CH_2OH + NaCl$$

此法已在工业上采用。另外也可用锌和盐酸还原苯甲醛或通过康尼查罗反应得到（见第九章第三节和第四节）。

苯甲醇与脂肪族伯醇性质相似，可被氧化剂氧化生成苯甲醛，苯甲醛继续被氧化生成苯甲酸：

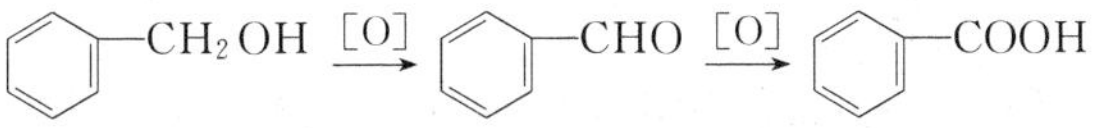

$$C_6H_5-CH_2OH \xrightarrow{[O]} C_6H_5-CHO \xrightarrow{[O]} C_6H_5-COOH$$

苯甲醛　　苯甲酸

苯甲醇也能生成酯，它的许多酯可用作香料，它与钠作用生成苯甲醇钠。

苯甲醇除有上述反应外，由于分子内具有苯环，故也能进行硝化和磺化反应。

苯甲醇常用作溶剂，定香剂及有机合成原料。由于其具有防腐作用和轻微的麻醉性而且无毒，医药上常加入少量苯甲醇作为镇痛剂和防腐剂。例如，青霉素稀释液中含有2%的苄醇，从而减少注射时的疼痛。

例　题

【例 8-1】 分离苯酚和苯甲醇的混合物。

解析 苯酚具有弱酸性，而苯甲醇为中性化合物，因此，加碱后，酚生成酚钠溶于碱层而与苯甲醇分离，生成的酚钠再通入 CO_2（也可加稀盐酸），又复原为苯酚，然后再分别提纯：

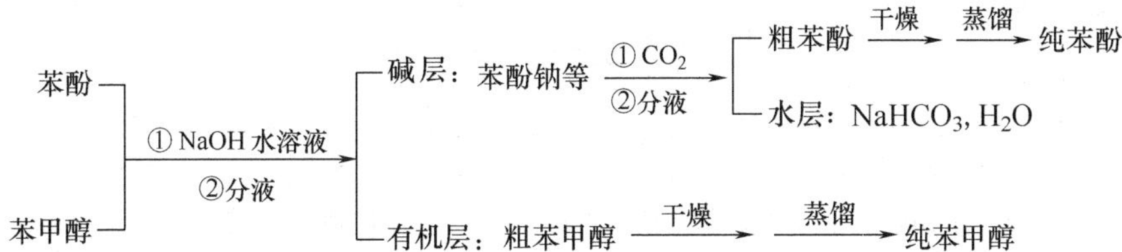

【例 8-2】 苯甲醚中含有少量的苯酚，如何提纯苯甲醚。

解析 苯酚具有弱酸性，可与氢氧化钠水溶液反应而溶于其中，苯甲醚则不溶，分液后，即可除去苯酚：

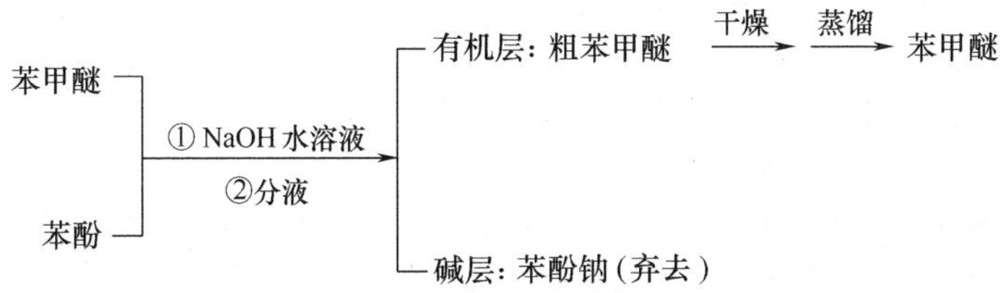

分离一个混合物是要把其中的各个组分一一分离，并达到一定的纯度。而提纯一个化合物则只要去掉其中的杂质。

分离提纯的方法分为物理方法（如蒸馏、分馏、水蒸气蒸馏、重结晶、升华等）和化学方法两大类。用化学方法分离提纯时，也可以利用某一化合物与某试剂反应生成沉淀与另外组分分离。但这些反应应能使被分离的化合物复原。当然除去的少量杂质不必复原。

【阅读材料一】

苯酚与外科手术

苯酚是德国化学家隆格 1834 年在煤焦油中首先发现的，而使苯酚名声远扬要归功于英国著名医生——

被誉为“外科之父”的约瑟夫·利斯特。

1859年利斯特任外科医生时，一直密切观察病人伤口的愈合情况，发现病人死亡总是在开刀之后发生，而那些虽骨头断裂而皮肤完整的病人一般皆会病愈，他设想伤口的腐败溃烂一定是来自空气的感染，可能是一种花粉样的微尘。

利斯特选用石炭酸作为消毒剂进行临床实验，1865年8月12日他给一个断腿的病人做手术，术前对手术室内的环境、器械、用品、医生双手均用苯酚溶液进行消毒，手术后对病人创口消毒，再用消毒后的纱布绷带仔细包扎，以后病人每次换药也要消毒。这种方法使手术后病人的死亡率从45%下降到15%。

历史上苯酚作为一种强有力的消毒剂，曾经在外科医疗上发挥过重要作用，即使到了现代，苯酚仍在起消毒剂和消炎外用药的作用。3%～5%苯酚溶液用于消毒医疗器械和物品及用于环境消毒，1%～2%的苯酚甘油溶液是治疗中耳炎的消炎用药。现代科技的发展，新型强力高效的消毒剂不断出现，其消毒能力是以苯酚为标准来衡量的，称为“石炭酸系数”或“苯酚系数”。它是指被试验的药剂在10分钟内能杀死试验菌种的最低浓度除以石炭酸在相同时间内杀死该菌的最低浓度。苯酚的杀菌的机理是苯酚的酚羟基和苯基能与蛋白质的相关基团形成氢键和疏水键，破坏蛋白质的空间结构，使细菌的蛋白质发生凝固和变性，从而起到抑菌和杀菌的作用。

【阅读材料二】

炸药大王——诺贝尔

诺贝尔奖是当今世界影响最大的奖项之一，提供这一奖金的是瑞典化学家诺贝尔（Alfred Bernhard Nobel，1833—1896)。诺贝尔用自己的财富设置了奖金，促进了人类文明的进步与发展。

诺贝尔一生主要从事硝化甘油系列炸药的研究和制造工作。促使他对炸药感兴趣的原因是受到父亲职业的影响和俄国化学家齐宁的启示。当时他的父亲正在研制水雷炸药，齐宁将硝化甘油样品带给诺贝尔父子看，并在铁砧上锤击，结果受锤击部分发生爆炸，但并不蔓延。第一次看到硝化甘油的诺贝尔对它产生了极大的好奇心和浓厚的兴趣。受齐宁的启发，诺贝尔父子对硝化甘油惊人的爆炸性能及光明的前景充满信心，决定改进这种炸药。1867年9月3日，试验炸药时不幸发生爆炸，年仅21岁的诺贝尔的弟弟意外被炸死，他的父亲也被炸伤。更不幸的是，政府禁止他们在陆地上搞试验。

意外的惨祸并没有使诺贝尔退却，反而使他更加固执和痴迷。一天，诺贝尔在克吕梅尔工厂偶然发现，一只破漏的油罐中流出的炸药被硅藻土吸收后，形成一种黏稠浆状的塑性物质，这种物质在受到撞击时不易爆炸。这一偶然发现，启迪他发明了第二代硝化甘油炸药——猛烈安全炸药，它具有良好的稳定性，可以安全操作，是一种具有实用价值的炸药。接着，诺贝尔于1875年又发明了炸胶，这是一种比硝化甘油威力更大的炸药。这项发明几乎在所有工业发达的国家都获得了专利。诺贝尔发明的炸药马上被用到开矿和筑路上去，繁重的体力劳动减轻了，工效也成倍提高了。诺贝尔的烈性炸药炸穿了阿尔卑斯山，提前几年打通了长达9英里的隧洞，节约费用500万美元。纽约航道的开通、巴拿马运河的开掘等都使用了诺贝尔发明的炸药。诺贝尔名扬天下，瑞典政府也改变了态度，变驱逐为欢迎。

本章小结

1. 羟基直接与芳环相连的化合物叫酚，羟基与苯环侧链相连的化合物叫芳醇。

2. 酚和芳醇的命名原则

若苯环上除羟基外，还连有—OCH_3、—R、—X、—NO_2 等基团时，以—OH为母体，其余基团作为取代基；若苯环上除羟基外，还有—COOH、—CHO等官能团时，则以—COOH、—CHO作母体，羟基则作为取代基。

芳醇的命名与脂肪醇相似，其中芳环作为取代基。

3．酚的化学反应

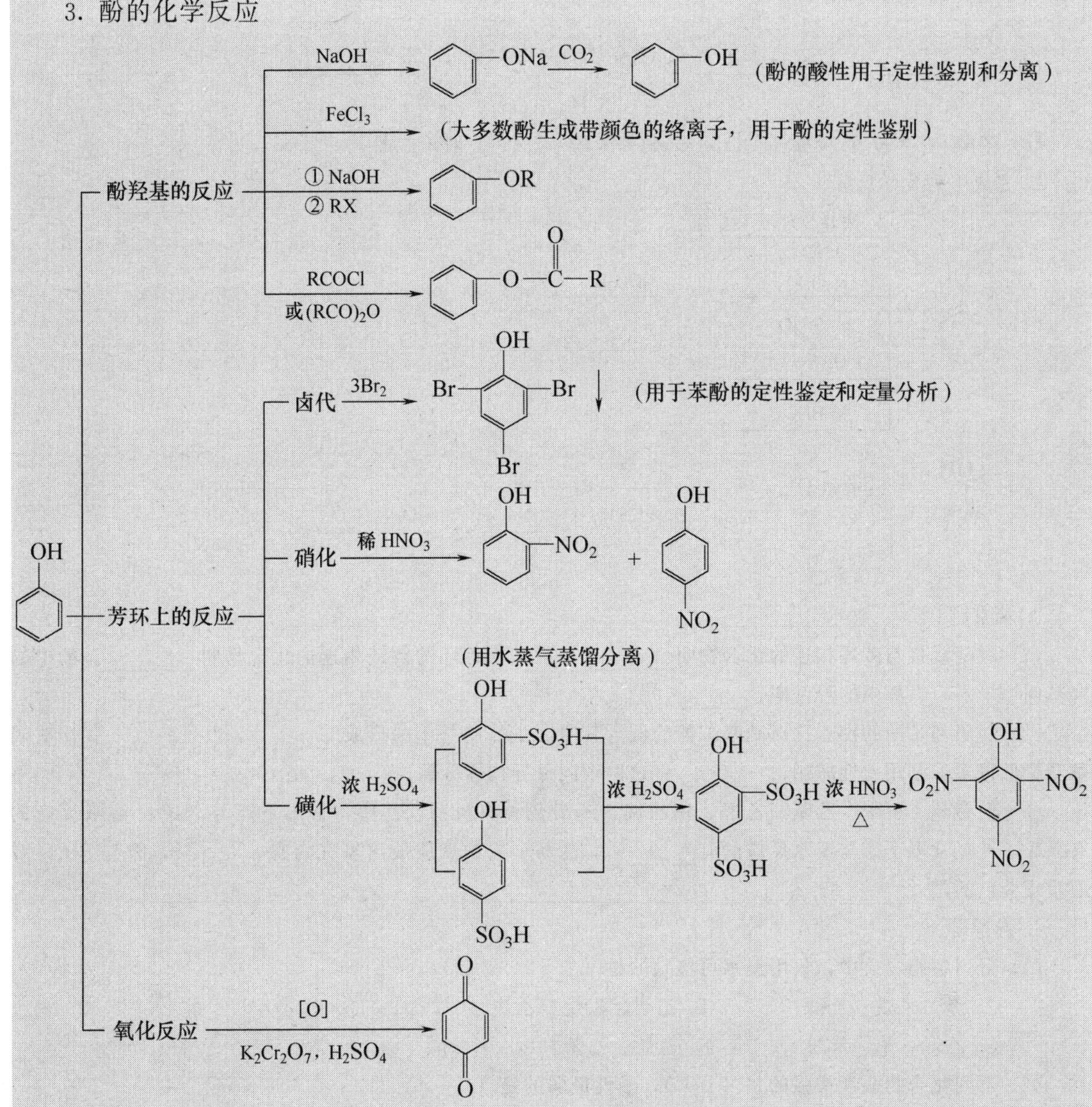

4．酚的鉴别方法

（1）溴水试验　苯酚与溴水在常温下反应生成白色三溴苯酚沉淀。

（2）氯化铁试验　大多数酚与氯化铁溶液发生显色反应，不同的酚显色不同。例如，苯酚显蓝紫色，邻苯二酚显深绿色，对苯二酚显暗绿色结晶，对甲苯酚显蓝色，α-萘酚显紫色。

习　　题

1．命名下列化合物或写出构造式。

（1）OH、Cl　（2）OC_2H_5、OH　（3）CH_2OH、Br　（4）OH、OH

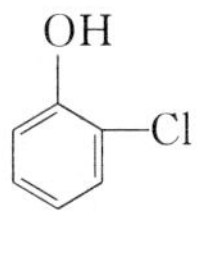

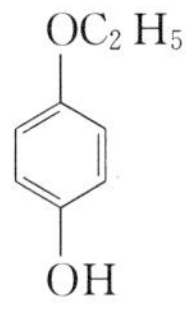

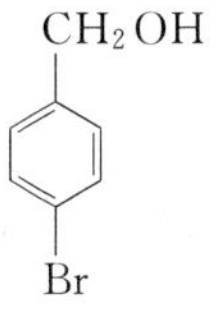

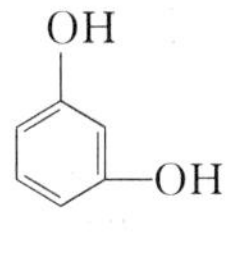

(5) 间羟基苯甲醛（苯环上 OH 与 CHO 处于间位） (6) $C_6H_5-CH_2-CH(CH_3)-CH_3$ (7) 邻苯二酚

(8) 苄醇 (9) 石炭酸 (10) 邻硝基苯酚 (11) 对苯二酚

2. 完成下列化学反应。

(1) 苯酚（C_6H_5OH）

$\xrightarrow[25℃]{浓H_2SO_4}$? + ?

$\xrightarrow{NaOH}$? $\xrightarrow{CH_3Br}$?

$\xrightarrow{CH_3COCl}$?

$\xrightarrow{稀HNO_3}$? + ?

(2) 苯酚（C_6H_5OH）

$\xrightarrow{3Br(H_2O)}$?

$\xrightarrow[0\sim5℃]{Br_2(CS_2)}$?

(3) $C_6H_5-OH \xrightarrow{NaOH}$? $\xrightarrow{CO_2，H_2O}$?

3. 填空题。

(1) 羟基直接与芳环相连的化合物叫________；羟基与芳环的侧链相连的化合物叫________。酚中的羟基叫________；醇中的羟基叫________。

(2) 邻硝基苯酚的沸点比对硝基苯酚的低，其原因是邻硝基苯酚形成________，其________就比对硝基苯酚低得多，利用此性质用_________将这两个同分异构体分离。

(3) 现有苯、甲苯、乙苯、乙醇、溴乙烷、苯酚几种有机物，其中，常温下能与 NaOH 溶液反应的有________，常温下能与溴水反应的有________，能与金属钠反应放出氢气的有________，能与 $FeCl_3$ 溶液呈现紫色的是________。

4. 选择题。

(1) 下列各组物质中，只用溴水可鉴别的是（　　）。

A. 苯、乙烷、乙醇　　B. 乙烯、乙烷、乙炔

C. 乙烯、苯、苯酚　　D. 乙烷、乙苯、1,3-丁二烯

(2) 下列化合物酸性最强的是（　　），酸性最弱的是（　　）。

A. CH_3CH_2OH　　B. C_6H_5-OH　　C. H_2CO_3

D. 2,4,6-三硝基苯酚（O_2N、NO_2、NO_2 分别位于 OH 的对位和两个邻位）　　E. 邻硝基苯酚

(3) 下列几对化合物中互为同系物的是（　　）互为同分异构的是（　　）。

A. 间溴苯酚（OH 与 Br 处于间位） 和 $C_6H_5-CH_2OH$

B. C_6H_5-OH 和 邻甲基苯酚（CH_3 与 OH 处于邻位）

C. $C_6H_5-CH_2OH$ 和 $C_6H_5-CH_2-CH_2OH$

D. 

(4) 下列物质中不能与溴水发生反应的是（　　）。

A. 苯酚溶液　　B. 苯乙烯　　C. 苯甲醇　　D. 甲醇

5. 用化学方法鉴别下列各组化合物。

(1) $HO-C_6H_4-CH_2Br$ 与 $Br-C_6H_4-CH_2OH$

(2) $C_6H_5-CH_2OH$，$CH_3-C_6H_4-OH$ 与 $C_6H_5-OCH_3$

6. 提纯或分离下列各组混合物。

(1) 分离对甲苯酚、苯甲酸的混合物。

(2) 环己醇中含有少量苯酚（除去少量的苯酚杂质）。

7. 由指定原料合成下列化合物（无机试剂任选）。

(1) $C_6H_6 \longrightarrow C_6H_5-CH_2OH$

(2) C_6H_6，$CH_2=CH_2 \longrightarrow$ $HO-C_6H_4-CH_2CH_3$

(3) C_6H_5-OH，$CH_3CH=CH_2 \longrightarrow C_6H_5-OCH(CH_3)_2$

8. 某化合物 A（C_7H_8O），不溶于水和 $NaHCO_3$ 溶液，但能溶于 NaOH 溶液，并可与溴水反应生成化合物 B（$C_7H_5OBr_3$）。试推测 A 和 B 的构造式，并写出各步化学反应式。

9. 某芳香族化合物 A（C_7H_8O），与钠不发生反应，与浓氢碘酸反应生成两个化合物 B 和 C，B 能溶于氢氧化钠溶液，并与 $FeCl_3$ 溶液反应显蓝紫色，C 与硝酸银醇溶液作用，生成黄色碘化银沉淀，试推测 A、B、C 的构造式。

第九章 醛和酮

【学习目标】

1. 了解醛和酮的结构特点和分类，掌握简单醛和酮的构造异构及系统命名方法。
2. 了解醛和酮的物理性质及其变化规律。
3. 掌握醛和酮的重要化学反应及其应用，掌握醛和酮的鉴别方法。
4. 熟悉重要醛和酮的工业制法及其在生产，生活中的实际用途。

醛和酮是含氧有机化合物，醛和酮分子中的氧原子以双键和碳原子相连，碳原子与氧原子以双键相结合形成的基团叫羰基（$>C=O$），因此，醛和酮统称为羰基化合物。

羰基化合物中，羰基碳原子至少与一个氢原子直接相连的化合物叫醛。通式为 $(Ar)R-\overset{O}{\overset{\|}{C}}-H$ ，因此，羰基在烃链的链端的化合物都是醛，通式中的 $-\overset{O}{\overset{\|}{C}}-H$ 叫醛基，简写为—CHO，醛基是醛的官能团。当通式中的 R＝H 时为甲醛$\left(H-\overset{O}{\overset{\|}{C}}-H\right)$，R＝$-CH_3$时为乙醛$\left(CH_3-\overset{O}{\overset{\|}{C}}-H\right)$，乙醛分子的比例模型如图9-1所示。

图 9-1　乙醛分子的比例模型

羰基化合物中，羰基碳原子与两个烃基直接相连时叫酮。通式为 $(Ar)R-\overset{O}{\overset{\|}{C}}-R'(Ar)$，最简单的酮是丙酮$\left(CH_3-\overset{O}{\overset{\|}{C}}-CH_3\right)$。酮分子中的羰基也叫酮基，是酮的官能团，酮基不在碳链的链端，而是与两个烃基相连接。

羰基中的碳氧双键与烯烃的碳碳双键相似，也是由一个 σ 键和一个 π 键组成。但羰基和碳碳双键也有不同，由于羰基中氧原子吸电子的能力大于碳原子，使氧原子带部分负电荷（δ^-），而碳原子带有部分正电荷（δ^+），因此，羰基是极性基团$\left(>\overset{\delta^-}{C}=\overset{\delta^+}{O}\right)$。醛和酮都是具有极性的分子。

第一节　醛和酮的分类、构造异构和命名

一、醛和酮的分类

根据与羰基相连的烃基不同可分为脂肪族醛（酮）、脂环族醛（酮）和芳香族醛（酮）。在脂肪族醛（酮）中又根据烃基是否饱和又分为饱和醛（酮）和不饱和醛（酮）。还可根据分子中所含羰基的数目分为一元醛（酮）和二元醛（酮）等。

脂肪族醛、酮：
- 饱和醛、酮：CH_3CHO（乙醛）　$CH_3-\overset{O}{\overset{\|}{C}}-CH_3$（丙酮）
- 不饱和醛、酮：$CH_2=CH-CHO$（丙烯醛）　$CH_2=C=O$（乙烯酮）
- 二元醛、酮：$OHC-CHO$（乙二醛）　$CH_3-\overset{O}{\overset{\|}{C}}-\overset{O}{\overset{\|}{C}}-CH_3$（丁二酮）

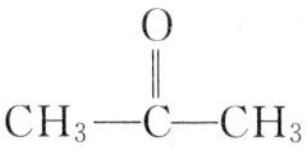

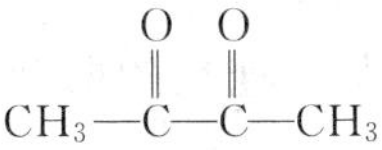

脂环族醛、酮：环己基—CHO（环己基甲醛）　环己基=O（环己酮）

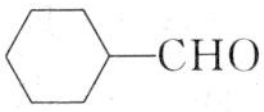

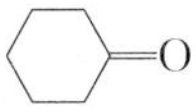

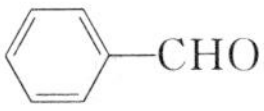

芳香族醛、酮：苯基—CHO（苯甲醛）　苯基—$\overset{O}{\overset{\|}{C}}-CH_3$（苯乙酮）

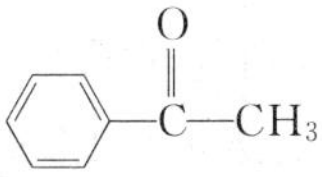

二、醛、酮的构造异构

除甲、乙醛外，醛、酮分子都有构造异构体。由于醛基总是位于碳链的链端，所以醛只有碳链异构体，可根据与—CHO相连的烃基不同而推出其构造异构体。而酮分子中，由于酮基位于碳链中间，除碳链异构外，还有酮基的位置异构，可根据 $-\overset{O}{\overset{\|}{C}}-$ 的游离键所连接的烃基相同或不同而推出酮的构造异构体。例如，分子式为 $C_5H_{10}O$ 的醛、酮的构造异构体共有七个，其中戊醛有四个碳链异构体。

$CH_3-CH_2-CH_2-CH_2-CHO$　　$CH_3-\underset{CH_3}{\underset{|}{CH}}-CH_2-CHO$

$CH_3-CH_2-\underset{CH_3}{\underset{|}{CH}}-CHO$　　$CH_3-\overset{CH_3}{\overset{|}{\underset{CH_3}{\underset{|}{C}}}}-CHO$

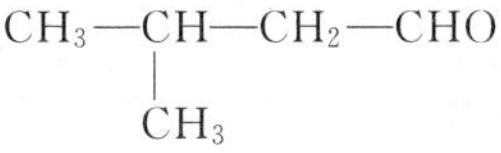

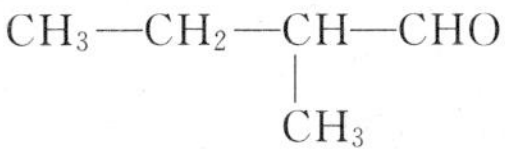

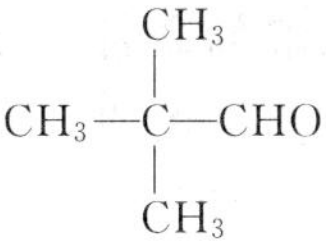

戊酮有三个构造异构体：

（Ⅰ）$CH_3-CH_2-CH_2-\overset{O}{\overset{\|}{C}}-CH_3$

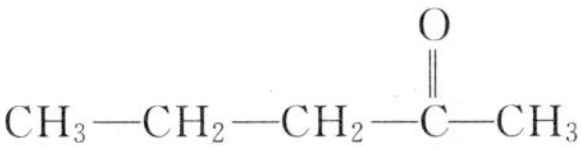

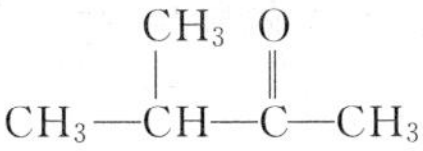

（Ⅱ）$CH_3-\overset{CH_3}{\overset{|}{CH}}-\overset{O}{\overset{\|}{C}}-CH_3$

（Ⅲ）$CH_3-CH_2-\overset{O}{\overset{\|}{C}}-CH_2-CH_3$

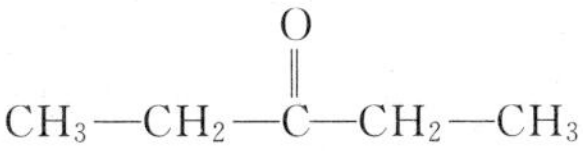

其中（Ⅰ）与（Ⅱ）互为碳链异构体，（Ⅰ）与（Ⅲ）互为酮基位置异构体。

含有相同碳原子数的饱和一元醛、酮，具有相同的通式 $C_nH_{2n}O$，它们互为同分异构体。这种异构体属于官能团不同的构造异构体。例如，丙醛（CH_3-CH_2-CHO）和丙酮（$CH_3-\overset{O}{\overset{\|}{C}}-CH_3$）互为构造异构体。

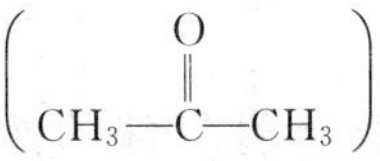

三、醛、酮的命名

简单的醛、酮采用习惯命名法，复杂的醛、酮则采用系统命名法。

1. 习惯命名法

醛的习惯命名法与伯醇相似，只需将醇字改为醛字即可。例如：

$CH_3—CH_2—CH_2—CH_2OH$ 正丁醇

$CH_3—CH_2—CH_2—CHO$ 正丁醛

$CH_3—CH(CH_3)—CH_2OH$ 异丁醇

$CH_3—CH(CH_3)—CHO$ 异丁醛

酮的习惯命名法是按照羰基所连接的两个烃基的名称来命名的。例如：

$CH_3—CO—CH_2—CH_3$ 甲基乙基甲酮(简称甲乙酮)

$CH_3—CH_2—CO—CH_2—CH_3$ 二乙基甲酮(简称二乙酮)

2. 系统命名法

脂肪族醛、酮的系统命名法的原则与步骤如下。

① 选择含有羰基的最长碳链为主链，根据主链碳原子数目叫“某醛”或“某酮”。

② 主链的编号从靠近羰基一端开始。醛基总是在链的链端，故不必标明位次。酮基位于碳链中间，除丙酮、丁酮外，必须注明羰基的位次。

③ 分子中若连有支链或取代基时，将它们的位次、数目、名称写在某醛（酮）的前面。例如：

$CH_3—CHO$ 乙醛

$\overset{4}{C}H_3—\overset{3}{C}H(CH_3)—\overset{2}{C}H_2—\overset{1}{C}HO$ 3-甲基丁醛

$\overset{5}{C}H_3—\overset{4}{C}H(CH_3)—\overset{3}{C}H(CH_2—CH_3)—\overset{2}{C}H_2—\overset{1}{C}H_3$ 4-甲基-3-乙基戊醛

$CH_3—CO—CH_3$ 丙酮

$CH_3—CH(CH_3)—CO—CH_3$ 3-甲基-2-丁酮

$CH_3—CH(Br)—CH_2—CO—CH_3$ 4-溴-2-戊酮

芳香醛、酮及脂环族醛的命名，常把侧链作为主链（即母体），芳环和脂环作为取代基。芳基的“基”字常可以省略。例如：

$C_6H_{11}—CHO$ 环己基甲醛

$C_6H_5—CHO$ 苯(基)甲醛

$\overset{3}{C}H_3—\overset{2}{C}H(C_6H_5)—\overset{1}{C}HO$ 2-苯(基)丙醛

$CH_3—C(=O)—C_6H_5$ 苯乙酮

脂环酮命名时，酮基在脂环上称作环某酮，若酮基在脂环的侧链上，则把脂环作为取代基。例如：

$C_6H_{10}=O$ 环己酮

$C_6H_{11}—CO—CH_3$ 环己基乙酮

第二节 醛、酮的物理性质

常温、常压下，甲醛是具有刺鼻气味的气体，其他低级脂肪醛是具有刺激性气味的液体，低级酮是具有令人愉快气味的液体，高级醛、酮为固体。C_8～C_{13}的中级脂肪醛和一些芳醛、芳酮是具有香味的液体或固体，可用于配制香精。

醛、酮的沸点比相对分子质量相近的醇低，这是因为醛、酮本身分子之间不能形成氢键，没有缔合现象的缘故。醛、酮是极性分子，分子间的静电引力较烃及醚为大，因此，沸点比相对分子质量相近的烃、醚高。例如：

	相对分子质量	沸点/℃		相对分子质量	沸点/℃
丙醛	58	49	甲乙醚	60	8
丙酮	58	56	丁烷	58	−0.5
丙醇	60	97.4			

低级的脂肪族醛、酮易溶于水，甲醛、乙醛、丙酮都能与水混溶，这是由于醛、酮可以与水形成氢键，其他醛、酮在水中的溶解度随碳原子数增加而递减，C_8 以上的醛、酮基本上不溶于水。醛、酮都溶于苯、醚、四氯化碳等有机溶剂中。芳醛和芳酮一般难溶于水，但它们都能溶于有机溶剂。丙酮是良好的有机溶剂，能溶解很多有机化合物。某些醛和酮的物理常数见表 9-1。

表 9-1　某些醛、酮的物理常数

名　称	熔点/℃	沸点/℃	密度(20℃)/(g/cm³)	溶解度(20℃)/(g/100gH_2O)
甲醛	−92	−21	0.815	55
乙醛	−123	21	0.781	极易
丙醛	−81	49	0.807	20
丁醛	−99	76	0.817	7
丙烯醛	−91	103	0.819	微溶
戊醛	−88	53	0.841	溶
苯甲醛	−26	179	1.046	微溶
丙酮	−95	56	0.792	∞
环己酮	−45	157	0.948	微溶
苯乙酮	20	202	1.024	微溶

第三节　醛和酮的化学反应及应用

醛和酮分子中都含有活泼的羰基，醛和酮的化学反应主要发生在羰基及受羰基影响变得较活泼的 α-氢原子上。

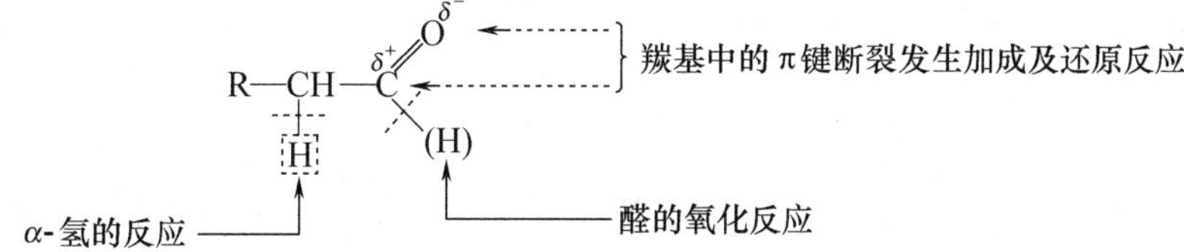

应当指出，由于醛和酮的羰基连接的基团不同，因此，化学反应又有差异。一般情况下，醛比酮活泼。某些反应醛能发生，酮则不能。

一、羰基的加成反应

醛、酮分子中的碳氧双键（羰基）和烯烃的碳碳双键相似，羰基中的 π 键也易断裂，容易和某些试剂发生加成反应。

1. 与氢氰酸加成

在微碱性条件下，氢氰酸与醛、甲基酮加成，氰基加到羰基碳原子上，氢原子加到氧原子上，生成 α-羟基腈（或叫 α-氰醇）。

$$\begin{matrix} R \\ (CH_3)\text{或}H \end{matrix} \!\!>\! C{=}O + H{-}CN \longrightarrow \begin{matrix} R \\ (\text{或}CH_3)\ H \end{matrix}\!\!>\! C \!\!<\! \begin{matrix} OH \\ CN \end{matrix}$$

(α-氰醇) α-羟基腈

例如，丙酮与氢氰酸加成的产物2-甲基-2-羟基丙腈（丙酮氰醇）：

$$\begin{matrix} H_3C \\ H_3C \end{matrix}\!\!>\! C{=}O + HCN \longrightarrow \begin{matrix} H_3C \\ H_3C \end{matrix}\!\!>\! C \!\!<\! \begin{matrix} OH \\ CN \end{matrix}$$

丙酮氰醇

由于产物氰醇比原来的醛、酮多了一个碳原子，这是增长碳链的一个方法，同时产物氰醇可以转化成多种化合物，如丙酮氰醇可以转化为合成有机玻璃的单体。

2. 与亚硫酸氢钠加成

【演示实验9-1】 在三支50mL试管中各加入20mL新配制的饱和亚硫酸氢钠水溶液，然后分别加入14mL丙酮、苯甲醛、环己酮，充分振荡后将试管放入冰水中冷却，放置10～15min，观察有无结晶析出。

实验表明醛、脂肪族甲基酮和八个碳原子以下的环酮容易与饱和亚硫酸氢钠的水溶液（40%）发生加成反应，生成无色结晶α-羟基磺酸钠。

$$\begin{matrix} R \\ (\text{或}CH_3)\ H \end{matrix}\!\!>\! C{=}O + H{-}SO_3Na \rightleftharpoons \begin{matrix} R \\ (\text{或}CH_3)\ H \end{matrix}\!\!>\! C \!\!<\! \begin{matrix} OH \\ SO_3Na \end{matrix}$$

产物α-羟基磺酸钠易溶于水，但不溶于饱和的亚硫酸氢钠溶液中，因而析出结晶。因此可用于鉴别醛、脂肪族甲基酮及C_8以下的环酮。生成的α-羟基磺酸钠，在稀酸或稀碱的作用下，可以分解成原来的醛和酮，其化学反应如下：

$$R{-}\overset{H(CH_3)}{\underset{OH}{C}}{-}SO_3Na \begin{cases} \xrightarrow{Na_2CO_3} R{-}\overset{O}{\overset{\|}{C}}{-}H(CH_3) + Na_2SO_3 + NaHCO_3 \\ \xrightarrow{HCl} R{-}\overset{O}{\overset{\|}{C}}{-}H(CH_3) + NaCl + SO_2\uparrow + H_2O \end{cases}$$

也可利用这一性质来分离、精制醛和甲基酮。

【例9-1】 2-己酮中含有少量3-己酮，试提纯2-己酮。

解 2-己酮分子中含有$CH_3{-}\overset{O}{\overset{\|}{C}}{-}$构造，属于脂肪族甲基酮，可与饱和亚硫酸氢钠溶液作用，生成无色结晶，而3-己酮则不能，从而与3-己酮分离，生成的结晶再与稀盐酸反应后又复原为2-己酮，然后再提纯。

$$\left.\begin{matrix} \text{3-己酮} \\ \text{2-己酮} \end{matrix}\right\} \xrightarrow[\text{②过滤}]{\text{①饱和}NaHSO_3\text{溶液}} \begin{cases} \text{滤液：3-己酮，}H_2O, NaHSO_3 \\ \text{结晶：}C_4H_9{-}\overset{OH}{\underset{SO_3Na}{C}}{-}CH_3 \xrightarrow[\text{②分离}]{\text{①稀盐酸}} \begin{cases} \text{水层：}NaCl, H_2O\ (H_2SO_3) \\ \text{有机层：粗2-己酮} \xrightarrow{\text{干燥}} \xrightarrow{\text{蒸馏}} \text{纯2-己酮} \end{cases} \end{cases}$$

3. 与醇加成

在干燥的氯化氢存在下，醛能与醇发生加成反应生成不稳定的半缩醛，反应是可逆的，在酸催化下立即和第二个醇分子发生脱水反应生成缩醛。例如：

$$H_3C-CH=O + H-OC_2H_5 \underset{}{\overset{干HCl}{\rightleftharpoons}} \left[\begin{matrix} H_3C \quad OH \\ C \\ H \quad OC_2H_5 \end{matrix} \right] \underset{-H_2O}{\overset{C_2H_5OH,\ HCl}{\rightleftharpoons}} CH_3CH(OC_2H_5)_2 + H_2O$$

半缩醛 缩醛

上述反应可直接写成：

$$H_3C-CH=O + 2\,H-OC_2H_5 \overset{干HCl}{\rightleftharpoons} CH_3CH(OC_2H_5)_2 + H_2O$$

缩醛具有与醚相似的性质，是稳定的化合物，对碱、氧化剂和还原剂都非常稳定。但缩醛也不完全与醚相同，酸性水溶液可使它分解成为原来的醛。

$$CH_3CH(OCH_3)_2 + H_2O \overset{H^+}{\rightleftharpoons} H_3C-CH=O + 2CH_3OH$$

醛基是相当活泼的基团，缩醛是稳定的化合物，在有机合成中，常常用生成缩醛的方法来保护醛基，使活泼的醛基在反应中不被破坏，待反应完成后，再水解成原来的醛基。

【例 9-2】 实现下列转变：$CH_2=CH-CHO \longrightarrow CH_3CH_2CHO$

解析 要从丙烯醛转变为丙醛，就必须先经缩醛化，保护醛基，然后再进行加氢，反应式如下：

$$CH_2=CH-CHO \xrightarrow[干HCl]{2ROH} CH_2=CH-CH(OR)_2 \xrightarrow[\triangle]{H_2,Ni} CH_3CH_2CH(OR)_2 \xrightarrow[\triangle]{稀酸} CH_3CH_2CHO+2ROH$$

酮也可以与醇作用生成半缩醛或缩酮，但反应缓慢。

4. 与氨的衍生物的加成缩合

【演示实验 9-2】 在三支试管中各加入 20mL 2,4-二硝基苯肼试剂，再分别加入 1mL 50g/L 乙醛、丙酮、苯乙酮，用力振荡后静置，观察试管中的现象变化及沉淀的颜色。

从演示实验中表明乙醛、丙酮、苯乙酮均可与 2,4-二硝基苯肼反应，生成沉淀的颜色深浅不同。

氨的衍生物是氨分子中的一个氢原子被其他基团取代后的产物，如羟氨（H_2N-OH）、苯肼（$H_2N-NH-C_6H_5$）及 2,4-二硝基苯肼（$H_2N-NH-C_6H_3(NO_2)_2$）等，它们都能与醛、酮发生加成缩合反应，分别生成肟、苯腙和 2,4-二硝基苯腙。例如，丙酮与羟胺反应，先生成不稳定的加成产物，然后脱水生成碳氮双键化合物丙酮肟。

$$(H_3C)_2C=O + H-NH-OH \longrightarrow \left[(H_3C)_2C(OH)-NH-OH \right] \xrightarrow{-H_2O} (H_3C)_2C=N-OH$$

丙酮肟

上式也可以直接写成：

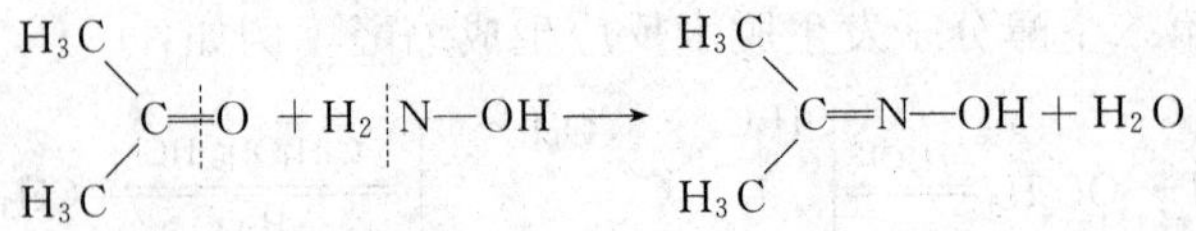

$$(CH_3)_2C{=}O + H_2N{-}OH \longrightarrow (CH_3)_2C{=}N{-}OH + H_2O$$

反应的结果是在醛、酮与羟氨分子间脱去一分子水，生成含有 C ═N 双键的化合物肟。这一反应又叫醛（酮）与氨的衍生物的缩合反应。因此，苯甲醛与苯肼、乙醛与 2,4-二硝基苯肼的反应也可用下列反应式表示如下：

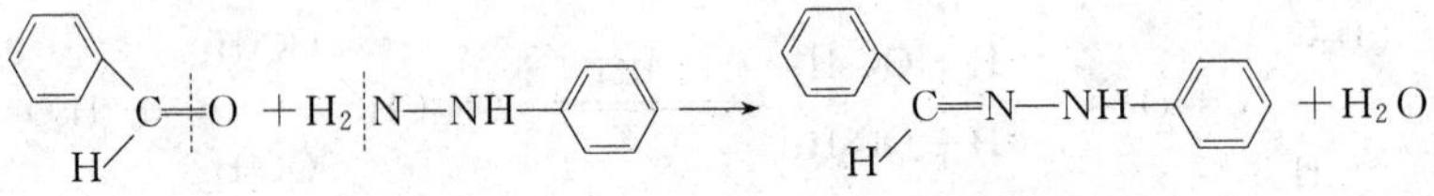

$$C_6H_5{-}CH{=}O + H_2N{-}NH{-}C_6H_5 \longrightarrow C_6H_5{-}CH{=}N{-}NH{-}C_6H_5 + H_2O$$

苯甲醛-苯腙

$$CH_3{-}CH{=}O + H_2N{-}NH{-}C_6H_3(NO_2)_2 \longrightarrow CH_3{-}CH{=}N{-}NH{-}C_6H_3(NO_2)_2 + H_2O$$

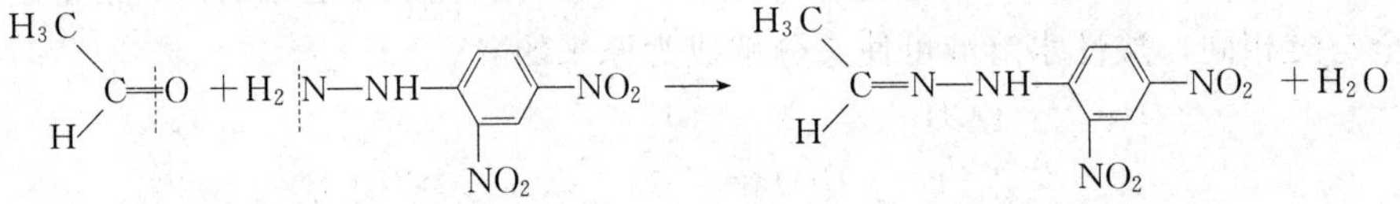

乙醛-2,4-二硝基苯腙

醛、酮与氨衍生物反应的产物一般都是结晶固体，并具有一定的熔点，在稀酸的作用下，能水解为原来的醛、酮所以这类反应常被用来分离、提纯和鉴别醛、酮。在实验室，常用 2,4-二硝基苯肼作为鉴别羰基化合物的试剂，因生成的 2,4-二硝基苯腙是橙黄色或红色结晶，便于观察。上述氨的衍生物又称为羰基试剂。

加成反应是醛和酮的重要反应，不同构造的醛和酮发生羰基加成的反应活性也不同，其顺序为：

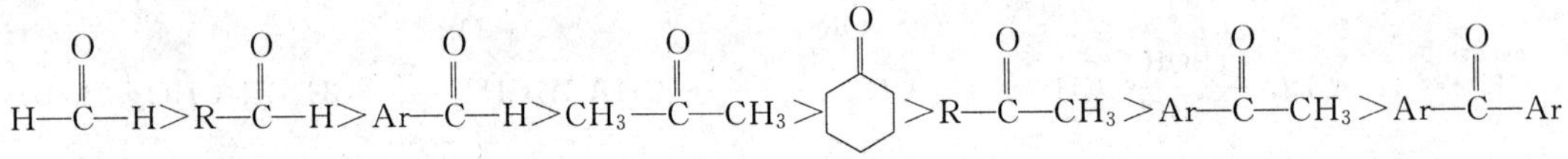

$$H{-}\overset{O}{\overset{\|}{C}}{-}H > R{-}\overset{O}{\overset{\|}{C}}{-}H > Ar{-}\overset{O}{\overset{\|}{C}}{-}H > CH_3{-}\overset{O}{\overset{\|}{C}}{-}CH_3 > \text{环己酮} > R{-}\overset{O}{\overset{\|}{C}}{-}CH_3 > Ar{-}\overset{O}{\overset{\|}{C}}{-}CH_3 > Ar{-}\overset{O}{\overset{\|}{C}}{-}Ar$$

*5. 与格利雅试剂（简称格氏试剂）的加成

醛、酮与格氏试剂发生加成反应，加成物经水解生成醇。甲醛与格氏试剂加成经水解得到伯醇，其他醛则得到仲醇，酮则得到叔醇。

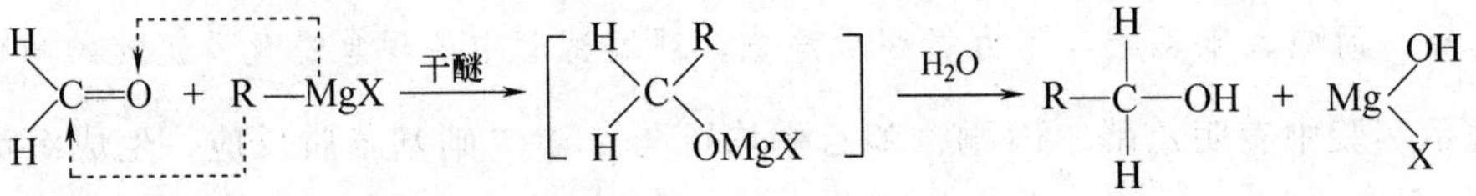

$$H_2C{=}O + R{-}MgX \xrightarrow{\text{干醚}} [H_2C(R)(OMgX)] \xrightarrow{H_2O} R{-}CH_2{-}OH + Mg(OH)X$$

伯醇

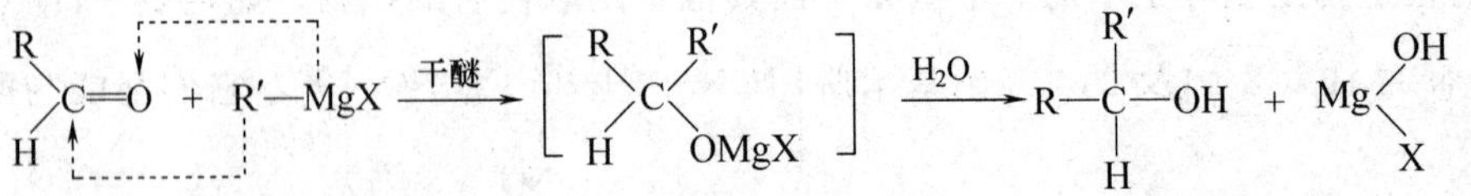

$$RHC{=}O + R'{-}MgX \xrightarrow{\text{干醚}} [RHC(R')(OMgX)] \xrightarrow{H_2O} R{-}CHR'{-}OH + Mg(OH)X$$

仲醇

$$RR'C{=}O + R'{-}MgX \xrightarrow{\text{干醚}} [RR'C(R')(OMgX)] \xrightarrow{H_2O} R{-}CR'_2{-}OH + Mg(OH)X$$

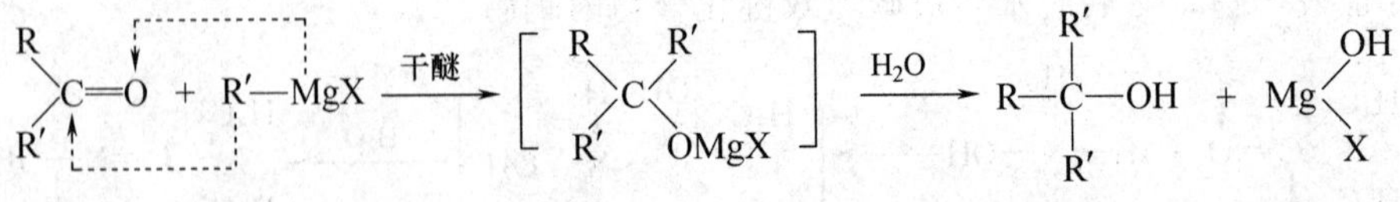

叔醇

醛、酮与格氏试剂的加成是实验室中合成醇的一个重要方法，常用于其他方法难以合成的构造比较复杂的醇。

【例 9-3】 选用适当的原料合成化合物 $\underset{\displaystyle CH_3}{CH_3\overset{|}{C}HCH_2OH}$。

解 合成产物 $CH_3CH(CH_3)\,|\,CH_2OH$ 为伯醇（RCH_2OH），因此，应选择甲醛和相应的格氏试剂来制备。

把合成产物从虚线处拆分为两部分，其中与羟基相连的碳原子是原料甲醛的羰基碳原子，与这个碳原子相连的烃基则来源于格氏试剂，因此，选取 $CH_3CH(CH_3)—MgBr$ 与甲醛反应即可得到所需产物。合成反应如下：

$$\text{H}_2\text{C=O} + CH_3CH(CH_3)MgBr \xrightarrow{\text{绝对乙醚}} CH_3CH(CH_3)CH_2OMgBr \xrightarrow{H_2O} CH_3CH(CH_3)CH_2OH$$

二、α-氢原子的反应

醛、酮分子中与羰基相连的α-碳原子上的氢原子叫α-氢原子。它因受羰基的影响而具有较大的活泼性。醛、酮分子中的α-氢原子容易被卤素原子取代，生成α-卤代醛和α-卤代酮。在酸催化下的卤代反应速度缓慢，可以控制在生成一卤代物阶段。例如：

$$CH_3—\overset{\overset{\displaystyle O}{\|}}{C}—CH_3 + Br_2 \xrightarrow{H^+} \underset{\text{α-溴代丙酮}}{CH_3—\overset{\overset{\displaystyle O}{\|}}{C}—CH_2Br} + HBr$$

在碱催化下的卤代反应，较难控制在一卤代物阶段，卤化可使甲基酮、乙醛生成三卤代化合物，进一步受碱作用发生裂解得到卤仿和羧酸盐。这个反应叫卤仿反应。反应式如下：

$$R—\overset{\overset{\displaystyle O}{\|}}{C}—CH_3 + 3X_2 \xrightarrow{NaOH} R—\overset{\overset{\displaystyle O}{\|}}{C}—CX_3 \xrightarrow[H_2O]{NaOH} R—\overset{\overset{\displaystyle O}{\|}}{C}—ONa + \underset{\text{卤仿}}{CHX_3}$$

若用次碘酸钠（或碘的氢氧化钠溶液）作反应试剂，则生成一种具有特殊气味的黄色固体——碘仿。

$$CH_3—\overset{\overset{\displaystyle O}{\|}}{C}—R + 3NaOI \longrightarrow \underset{\text{（黄色）}}{CHI_3\downarrow} + R—\overset{\overset{\displaystyle O}{\|}}{C}—ONa + 2NaOH$$

次碘酸钠也是一种氧化剂，它能使乙醇和构造为 $CH_3—\overset{\overset{\displaystyle OH}{|}}{C}H—$ 的醇分别氧化为乙醛和甲基酮，所以这一类醇也能发生碘仿反应。例如：

$$CH_3—\overset{\overset{\displaystyle OH}{|}}{C}H—CH_3 \xrightarrow[(I_2+NaOH)]{3NaOI} CH_3—\overset{\overset{\displaystyle O}{\|}}{C}—CI_3 \xrightarrow[H_2O]{NaOH} \underset{\text{乙酸钠}}{CH_3—COONa} + \underset{\text{碘仿}}{CHI_3\downarrow}$$

碘仿反应可用来鉴别乙醛、甲基酮以及具有 $CH_3—\overset{\overset{\displaystyle OH}{|}}{C}H—$ 构造的醇类。因为碘仿是不溶于

水的黄色晶体，并具有特殊的气味，很容易观察。而氯仿和溴仿均为液体，不适用于鉴别反应。

【演示实验 9-3】 在四支 50mL 试管中分别加入 5mL 甲醛、乙醛、丙酮、乙醇。然后各加入 25mL 碘的碘化钾溶液，再各滴加 110g/L 氢氧化钠溶液至碘的颜色消失。乙醛、丙酮、乙醇都有黄色沉淀生成，而甲醛则无。

三、氧化反应及醛、酮的鉴别

在强氧化剂（如 $KMnO_4$、$K_2Cr_2O_7+H_2SO_4$、HNO_3 等）的作用下，醛可被氧化为相同碳原子数的羧酸；酮则发生碳链断裂，生成碳原子数相同的羧酸混合物，而环己酮强裂氧化后，碳环开环，常用来制备己二酸（见本章第四节）。

醛由于醛基上的氢原子直接与羰基相连，较活泼，比酮容易被氧化，较弱的氧化剂即可使醛氧化成相同碳原子数的羧酸，而不能使酮氧化。因此可以应用氧化法来区别醛、酮。常用来区别醛、酮的弱氧化剂是托伦（Tollens）试剂和菲林（Fehling）试剂。

1. 与托伦试剂反应

托伦试剂是硝酸银的氨溶液，具有较弱的氧化性。

【演示实验 9-4】 在四支洁净的 25mL 试管中，分别加入 20g/L 硝酸银溶液 8mL，各滴加 50g/L 氢氧化钠溶液一滴，逐滴加入 20g/L 氨水，使氧化银沉淀恰好全部溶解，然后在四支试管中分别加入甲醛、乙醛、苯甲醛和丙酮各 5～6 滴，用水浴温热，静置观察银镜的生成。

由实验表明，丙酮不能生成银镜，而托伦试剂可将醛氧化成羧酸，而银离子被还原成金属银：

$$RCHO+2Ag(NH_3)_2OH \longrightarrow R-\overset{\overset{\displaystyle O}{\|}}{C}-ONH_4+3NH_3+2Ag\downarrow+H_2O$$

如果反应器壁非常干净，当银析出时，就能很均匀地附在器壁上形成光亮的银镜。因此，这个反应称银镜反应。工业上，常利用葡萄糖代替乙醛进行银镜反应，在玻璃制品上镀银，如热水瓶胆、镜子等。

2. 与菲林试剂反应

菲林试剂是由硫酸铜溶液与酒石酸钾钠的碱溶液等体积混合而成的蓝色溶液。菲林试剂可使脂肪醛氧化成羧酸，而本身被还原成砖红色 Cu_2O 沉淀。菲林试剂不能氧化酮，也不能氧化芳香醛。

$$RCHO+2Cu^{2+}+NaOH+H_2O \xrightarrow{\triangle} RCOONa+Cu_2O\downarrow+4H^+$$

甲醛的还原能力较强，在反应时间较长时，可将二价铜离子还原成紫红色的金属铜，如果反应器是干净的，析出的铜附着在容器的内壁，形成铜镜，所以又称铜镜反应。

$$H-\overset{\overset{\displaystyle O}{\|}}{C}-H+Cu^{2+}+NaOH \xrightarrow{\triangle} H-\overset{\overset{\displaystyle O}{\|}}{C}-ONa+Cu+2H^+$$

酮与上述两种弱氧化剂不发生反应，因此，在实验室里，常用托伦试剂和菲林试剂来鉴别醛和酮。其中菲林试剂还可鉴别脂肪醛和芳香醛，并可鉴别甲醛和其他醛。

3. 与品红醛试剂的反应

品红是一种红色染料，将品红的盐酸盐溶于水，呈粉红色，通入二氧化硫气体，使溶液的颜色退去，这种无色的溶液叫品红醛试剂，亦称席夫（Schiff）试剂。醛与席夫试剂发生反应，使溶液呈现紫红色，这个反应非常灵敏，酮在同样条件下则无此现象，因此，这个反应是鉴别醛和酮较为简便的方法。

在甲醛及其他醛与席夫试剂生成的紫红色溶液中，分别加几滴浓硫酸，紫红色不消失的为甲醛，紫色褪去的为其他醛。因此，希夫试剂还可用于鉴别甲醛与其他醛。

四、还原反应

应用催化加氢反应或在化学还原剂作用下，醛和酮可以发生还原反应，醛被还原为伯醇，酮被还原为仲醇。

醛、酮在金属催化剂 Pt、Pd、Ni 等存在下，与氢气作用可以在羰基上加一分子氢。醛加氢生成伯醇，酮加氢得到仲醇。例如：

$$R{-}CHO + H_2 \xrightarrow{Ni} RCH_2OH$$

$$\begin{matrix} R \\ & \diagdown \\ & & C{=}O \\ & \diagup \\ R' \end{matrix} + H_2 \xrightarrow{Ni} \begin{matrix} R \\ & \diagdown \\ & & CHOH \\ & \diagup \\ R' \end{matrix}$$

催化加氢的方法选择性不强，如果分子中间含有碳碳双键时，则同时被还原。例如：

$$CH_3CH{=}CHCHO + 2H_2 \xrightarrow{Ni} CH_3CH_2CH_2CH_2OH$$

如果只需要羰基还原而保留碳碳双键，则必须使用选择性较高的化学还原剂，如硼氢化钠（$NaBH_4$）、氢化铝锂（$LiAlH_4$）等，硼氢化钠是一种缓和的还原剂，并且选择性较高，一般它只还原醛、酮中的羰基，而不能还原碳碳双键和三键。氢化铝锂的还原性比硼氢化钠强，除还原醛、酮中的羰基外，还可还原羧酸、酯中的羰基，但也不能还原碳碳双键和三键。

$$\underset{\text{2-丁烯醛}}{CH_3CH{=}CHCHO} \xrightarrow[\text{②}H_2O]{\text{①}NaBH_4} \underset{\text{2-丁烯-1-醇}}{CH_3CH{=}CHCH_2OH}$$

*五、坎尼扎罗反应

不含 α-氢原子的醛在浓碱作用下，能发生分子间的氧化还原反应，一分子的醛被氧化成相应的羧酸（在碱溶液中以羧酸盐形式存在），另一分子的醛被还原为相应的醇。这种反应称为坎尼扎罗（Cannizzaro）反应，又叫歧化反应。例如：

$$\underset{\text{甲醛}}{HCHO} \xrightarrow[\triangle]{\text{浓 }NaOH} \underset{\text{甲酸钠}}{HCOONa} + \underset{\text{甲醇}}{CH_3OH}$$

$$C_6H_5{-}CHO \xrightarrow[\triangle]{\text{浓 }NaOH} C_6H_5{-}COONa + C_6H_5{-}CH_2OH$$

含有 α-氢原子的酮在碱催化下，也可发生类似反应，称为羟酮缩合，但反应比醛难以进行。

第四节　重要的醛、酮

一、甲醛

甲醛$\left(H{-}\overset{\overset{O}{\|}}{C}{-}H\right)$又名蚁醛，是最简单的醛，目前工业上以甲醇或天然气为原料经催化氧化来制取甲醛。

$$CH_3OH + \frac{1}{2}O_2 \xrightarrow[450\sim600℃]{Ag或Cu} HCHO + H_2O$$

$$CH_4 + O_2 \xrightarrow[600℃]{NO} HCHO + H_2O$$

常温时，甲醛为无色、具有强烈刺激气味的气体，沸点－21℃，蒸气与空气能形成爆炸性混合物，爆炸极限为7%～73%（体积分数）。

甲醛易溶于水，一般以水溶液的方式保存和出售。含37%～40%甲醛、8%甲醇的水溶液叫“福尔马林”，常用作杀菌剂和生物标本的防腐剂。也可作农药用于防止稻瘟病。甲醛有毒，对眼黏膜、皮肤都有刺激作用，过量吸入其蒸气会引起中毒。现代室内装饰材料用的木工板和家具等都会不同程度的释放出有毒的甲醛，严重污染室内空气，刚使用时应注意通风，以防中毒。

甲醛性质活泼，极易聚合。其水溶液久置或蒸发浓缩可生成直链的聚合体——多聚甲醛 $\text{-}[CH_2O]_n\text{-}$。多聚甲醛为白色固体，加热至180～200℃时，可以解聚成气态甲醛，这是保存甲醛的一种重要方式。利用这种性质，它可以作为仓库熏蒸剂或病房消毒剂。

将甲醛水溶液在少量硫酸存在下煮沸，可得到环状的三聚甲醛。

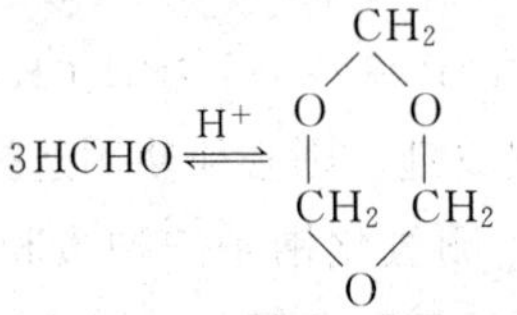

```
                  CH2
                 /   \
       H+       O     O
3HCHO <==       |     |
                CH2   CH2
                  \   /
                    O
```

三聚甲醛

三聚甲醛是白色结晶粉末。在酸性介质中加热，三聚甲醛可以解聚再生成甲醛。可以应用聚合、分解反应来保存或精制甲醛。以三聚甲醛为原料能制得高分子量的高聚甲醛，经过处理后可作优良的工程塑料，可以代替某些金属，用于制造轴承、齿轮、滑轮等。

甲醛在工业上用途极为广泛，除用作制备高聚甲醛外，还大量用于制造酚醛树脂、合成纤维（维尼纶）及季戊四醇等。甲醛还可用作色谱分析试剂。

二、乙醛

工业上常用乙炔水合法、乙醇氧化法和乙烯直接氧化法制备乙醛（$CH_3-\overset{O}{\overset{\|}{C}}-H$），随着石油化学工业的发展，目前，乙烯氧化法是生成乙醛的主要方法，将乙烯和空气（或氧气）通过氯化钯和氯化铜的水溶液，乙烯被氧化生成乙醛。

$$CH_2=CH_2 + \frac{1}{2}O_2 \xrightarrow[100℃，1MPa]{PdCl_2\text{-}CuCl_2} CH_3CHO$$

乙醛是无色、有刺激性气味、极易挥发的液体，沸点20.8℃，可溶于水、乙醇和乙醚中。乙醛易燃烧，蒸气与空气能形成爆炸性的混合物，爆炸极限4%～57%（体积分数）。乙醛具有醛的各种典型性质，它也易于聚合。常温时，在少量硫酸存在下，乙醛即聚合成三聚乙醛。

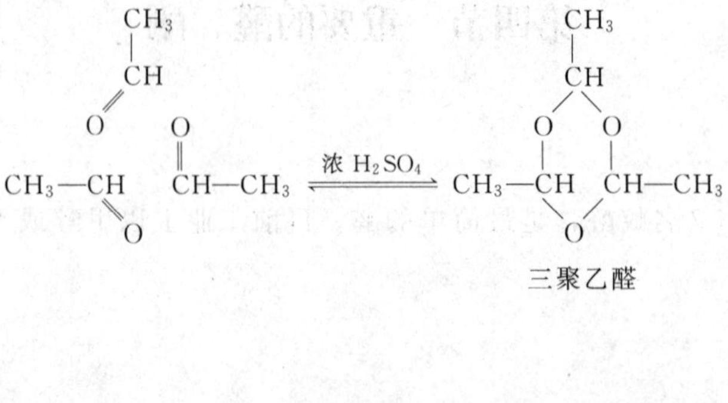

```
          CH3                                        CH3
          |                                          |
          CH                                         CH
         //                                         /  \
        O        O                                 O    O
                 ||          浓H2SO4               |    |
CH3—CH          CH—CH3    <=========>    CH3—CH    CH—CH3
     \\                                        \   /
      O                                          O
```

三聚乙醛

三聚乙醛是无色液体，沸点124℃，微溶于水。三聚乙醛是一个环醚，分子中没有醛基，所以，三聚乙醛不具有醛的性质。若加入少量硫酸蒸馏三聚乙醛，则解聚生成乙醛，是乙醛的保存方式，便于贮存和运输。乙醛在工业上大量用于合成乙酸和乙酸酐也用于生产三氯乙醛、丁醇、季戊四醇等有机产品。

三、苯甲醛

苯甲醛（$C_6H_5-\overset{O}{\overset{\|}{C}}-H$）是最简单的芳醛，俗称苦杏仁油。目前工业上常用甲苯在气相下氧化制取苯甲醛，也可用甲苯在光催化下发生侧链氯代生成苯二氯甲烷，然后在铁粉催化下，于100℃时水解可生成苯甲醛。它们的化学反应如下：

$$C_6H_5-CH_3 + O_2 \xrightarrow[350\sim360℃]{V_2O_5} C_6H_5-CHO + H_2O$$

$$C_6H_5-CH_3 \xrightarrow[光]{Cl_2} C_6H_5-CHCl_2 \xrightarrow[95\sim100℃]{H_2O,Fe} C_6H_5-CHO$$

苯甲醛是无色、有杏仁气味的液体。沸点179℃，微溶于水，易溶于乙醛、乙醚等有机溶剂。在自然界以糖苷的形式存在于桃、杏等水果的核仁中。苯甲醛是重要的化工原料，用于制备肉桂醛、肉桂酸和苯乙酮等有机产品，也用于制备香料、染料和药物等。

四、丙酮

工业上制取丙酮（$CH_3-\overset{O}{\overset{\|}{C}}-CH_3$）的方法较多，可用淀粉发酵、异丙醇催化氧化或催化脱氢，也可在异丙苯氧化水解制取苯酚的同时得到丙酮（此法使用较多）。此外，还可用丙烯直接氧化法制取，反应式如下：

$$CH_3CH=CH_2+\frac{1}{2}O_2 \xrightarrow[90\sim120℃,1MPa]{PdCl_2\text{-}CuCl_2} CH_3-\overset{O}{\overset{\|}{C}}-CH_3$$

常温下，丙酮是无色易燃液体，沸点56℃，有微香气味，可与水、乙醇、乙醚等混溶，易燃烧，蒸气与空气能形成爆炸性的混合物，爆炸极限2.55%～12.8%（体积分数）。丙酮具有酮的典型性质。

丙酮常用作分析试剂、色谱分析标准物质，是一种优良的溶剂，广泛用于油漆、电影胶片、化学纤维等生产中，它又是重要的有机合成原料，用来制备有机玻璃、异戊橡胶、环氧树脂等高分子化合物。

五、丁二酮

丁二酮（$CH_3-\overset{O}{\overset{\|}{C}}-\overset{O}{\overset{\|}{C}}-CH_3$）是最简单的二元酮，存在于茴香油和奶油中，一般由丁酮氧化制取。

$$CH_3-\overset{O}{\overset{\|}{C}}-CH_2CH_3 \xrightarrow{SeO_2} CH_3-\overset{O}{\overset{\|}{C}}-\overset{O}{\overset{\|}{C}}-CH_3$$

丁二酮是黄色油状液体，沸点88℃。丁二酮具有酮的一般性质，和羟氨作用生成的丁二酮二肟是分析中鉴定镍离子的重要试剂。

丁二酮主要用作奶油，人造奶油、干酪和果糖等食品的增香剂，以及作明胶的硬化剂。

六、环己酮

环己酮（环己酮结构式）可由苯酚催化加氢，再脱氢或由环己烷氧化而制得。目前工业上主要以环己烷为原料制取环己酮。

$$\text{环己烷} + O_2 \xrightarrow[140\sim180^\circ C]{\text{醋酸钴}} \text{环己酮} + \text{环己醇}$$

$$\text{环己醇} \xrightarrow[200^\circ C]{CuCr_2O_4} \text{环己酮} + H_2$$

环己酮是无色液体，沸点 155.7℃，具有薄荷气味。微溶于水，易溶于乙醇和乙醚。本身也是一种常用的有机溶剂。环己酮具有一般酮的性质，如可以还原成醇、氧化成酸，也可与氢氰酸、羟胺等作用。例如：

$$\text{环己酮} \xrightarrow[\text{或 }KMnO_4]{HNO_3} HOOC-(CH_2)_4-COOH$$

己二酸

$$\text{环己酮} + H_2N-OH \longrightarrow \text{环己酮肟}(C_6H_{10}=N-OH) + H_2O$$

环己酮肟

环己酮肟经贝克曼重排，得到己内酰胺。

$$\text{环己酮肟} \xrightarrow[90\sim95^\circ C(\text{分子重排})]{H_2SO_4} \text{己内酰胺}$$

己内酰胺（CH_2-CH_2-NH、CH_2、$CH_2-CH_2-C{=}O$ 成环）

环己酮最主要的用途是制备己二酸和己内酰胺。己二酸是生产尼龙-66 的单体。己内酰胺是生产尼龙-6 的单体。环己酮还可用作色谱分析标准物质及气相色谱分析液。

【阅读材料】

格利雅试剂

金属有机化合物是金属与有机烃基结合的一类化合物，含有金属与碳之间结合的键。金属有机化合物已在有机合成，生物化学，催化作用等多方面得到了广泛的应用。

1899 年法国里昂大学化学教授巴比尔用有机锌化合物（CH_3-Zn-I）将甲基引入其他有机化合物中，虽然锌能增强碘甲烷（CH_3I）的活性，但是生成的锌化合物与空气接触易燃，以致实验操作困难。于是巴比尔教授改用镁代替锌。他将镁在无水乙醚中与碘代烷（RI）反应，生成金属镁的有机卤化物（R—Mg—I）。

巴比尔指导他的学生格利雅（Grignard）继续研究镁的有机卤化物 R—Mg—X。1901 年格利雅以此作为他的博士论文课题，证实了这类试剂具有很广泛的用途，可以用来制备烃类、醇、酮、羧酸等。这一试剂最初称为巴比尔-格利雅试剂，但巴比尔坚持这一试剂的发展功绩应归于格利雅。这样 R—Mg—X。就称为格利雅试剂。格利雅因此获得 1912 年诺贝尔化学奖。

本章小结

1. 醛、酮分子中都含有羰基、羰基中由于氧和碳原子的电负性不同，羰基具有极性。

2. 醛只有碳链异构体；而酮除碳链异构外，还有酮基的位置异构。含有相同碳原子数的饱和一元醛、酮，具有相同的通式 $C_nH_{2n}O$，它们互为同分异构体。

3. 饱和一元醛、酮的系统命名法

选主链：选择含羰基最长的碳链为主链。

编号：从靠近羰基一端开始编号

写名称 $\begin{cases}\text{取代基位次、取代基名称、某醛}\\\text{取代基位次、取代基名称、羰基位次、某酮}\end{cases}$

4. 醛、酮的化学反应

(1) 羰基的加成反应

$$R-\overset{O}{\overset{\|}{C}}-H(R') \xrightarrow{HCN} R-\underset{CN}{\overset{OH}{C}}-H(R') \quad \alpha\text{-羟基腈}$$

$$R-\overset{O}{\overset{\|}{C}}-H(R') \xrightarrow{\text{饱和 }NaHSO_3\text{溶液}} R-\underset{SO_3Na}{\overset{OH}{C}}-H(R') \quad \alpha\text{-羟基磺酸钠}$$

$$R-\overset{O}{\overset{\|}{C}}-H(R') \underset{}{\overset{2R''OH,\ \text{干 }HCl}{\rightleftharpoons}} R-\underset{OR''}{\overset{OR''}{C}}-H(R') \quad \text{缩醛}$$

$$R-\overset{O}{\overset{\|}{C}}-H(R') \xrightarrow{H_2N-NH-C_6H_3(NO_2)_2} R-\overset{N-NH-C_6H_3(NO_2)_2}{\overset{\|}{C}}-H(R') \quad 2,4\text{-二硝基苯腙}$$

(2) 卤代反应和碘仿反应

$$CH_3-\overset{O}{\overset{\|}{C}}-H(R) \xrightarrow[(I_2\text{-}NaOH)]{3NaOI} CI_3-\overset{O}{\overset{\|}{C}}-H(R) \xrightarrow[H_2O]{NaOH} \underset{(\text{黄色})}{CHI_3\downarrow} + (R)H-\overset{O}{\overset{\|}{C}}-ONa$$

(3) 氧化反应

$$RCHO \xrightarrow{KMnO_4,H^+} RCOOH$$

$$RCHO \xrightarrow[\text{水浴}]{2Ag(NH_3)_2OH} RCOONH_4 + 2Ag\downarrow + 3NH_3 + H_2O$$

$$RCHO \xrightarrow{2Cu^{2+} + NaOH + H_2O} RCOONa + \underset{(\text{红色})}{Cu_2O\downarrow} 4H^+$$

$$HCHO + Cu^{2+} + NaOH \xrightarrow{\triangle} HCOONa + Cu + 2H^+ \quad (\text{铜镜反应})$$

(4) 还原反应

$$>C=O \xrightarrow[Ni]{H_2} >CHOH$$ （催化加氢时 $>C=O$ 及 $>C=C<$ 都被还原）

$$>C=O \xrightarrow[\text{或 } NaBH_4]{LiAlH_4} >CHOH$$ （$LiAlH_4$ 和 $NaBH_4$ 是选择性还原 $>C=O$ 及 $-C\equiv N$ 的还原剂，但不能还原 $>C=C<$ 及 $-C\equiv C-$）

(5) 坎尼扎罗（Cannizzaro）反应

$$H-\overset{O}{\overset{\|}{C}}-H \xrightarrow[\triangle]{\text{浓 } NaOH} CH_3OH + HCOONa$$

5. 醛、酮的鉴别方法

(1) 2,4-二硝基苯肼试验　醛、酮均生成黄色或橙红色的结晶，再测定其熔点，可鉴别属何种醛、酮。此试验是鉴定羰基的特征反应。

(2) 托伦（Tollens）试剂试验　醛类有银镜生成，酮类则无此反应。

(3) 菲林（Fehling）试剂试验　脂肪族醛类有氧化亚铜红色沉淀生成，甲醛有铜镜生成。芳香醛、酮无此反应。

(4) 次碘酸钠试验　乙醛、甲基酮类及“$CH_3-\underset{}{\overset{OH}{\overset{|}{C}H}}-$”构造的醇类，均可生成淡黄色结晶的碘仿。其他构造的酮类无此反应。

(5) 饱和亚硫酸氢钠溶液试验　醛类、脂肪族甲基酮及八个碳以下的环酮均生成无色结晶。其他酮无此反应。

(6) 席夫试剂试验　醛类可使席夫试剂由无色溶液显紫红色，再加几滴浓硫酸后甲醛紫红色不褪，其他醛则褪色。酮类则无此反应。

习　题

1. 用系统命名法命名下列化合物或写出化合物的构造式。

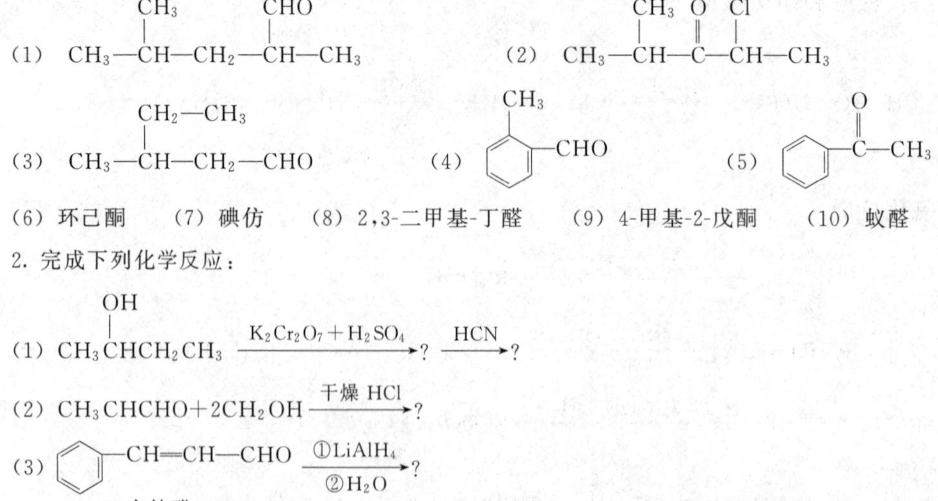

(1) $CH_3-\overset{CH_3}{\overset{|}{C}H}-CH_2-\overset{CHO}{\overset{|}{C}H}-CH_3$　　(2) $CH_3-\overset{CH_3}{\overset{|}{C}H}-\overset{O}{\overset{\|}{C}}-\overset{Cl}{\overset{|}{C}H}-CH_3$

(3) $CH_3-\overset{CH_2-CH_3}{\overset{|}{C}H}-CH_2-CHO$　　(4)（邻甲基苯甲醛结构式）　　(5)（苯乙酮结构式）

(6) 环己酮　(7) 碘仿　(8) 2,3-二甲基-丁醛　(9) 4-甲基-2-戊酮　(10) 蚁醛

2. 完成下列化学反应：

(1) $CH_3\overset{OH}{\overset{|}{C}H}CH_2CH_3 \xrightarrow{K_2Cr_2O_7+H_2SO_4} ? \xrightarrow{HCN} ?$

(2) $CH_3CHCHO + 2CH_2OH \xrightarrow{\text{干燥 } HCl} ?$

(3) $C_6H_5-CH=CH-CHO \xrightarrow[\text{②} H_2O]{\text{①} LiAlH_4} ?$

肉桂醛

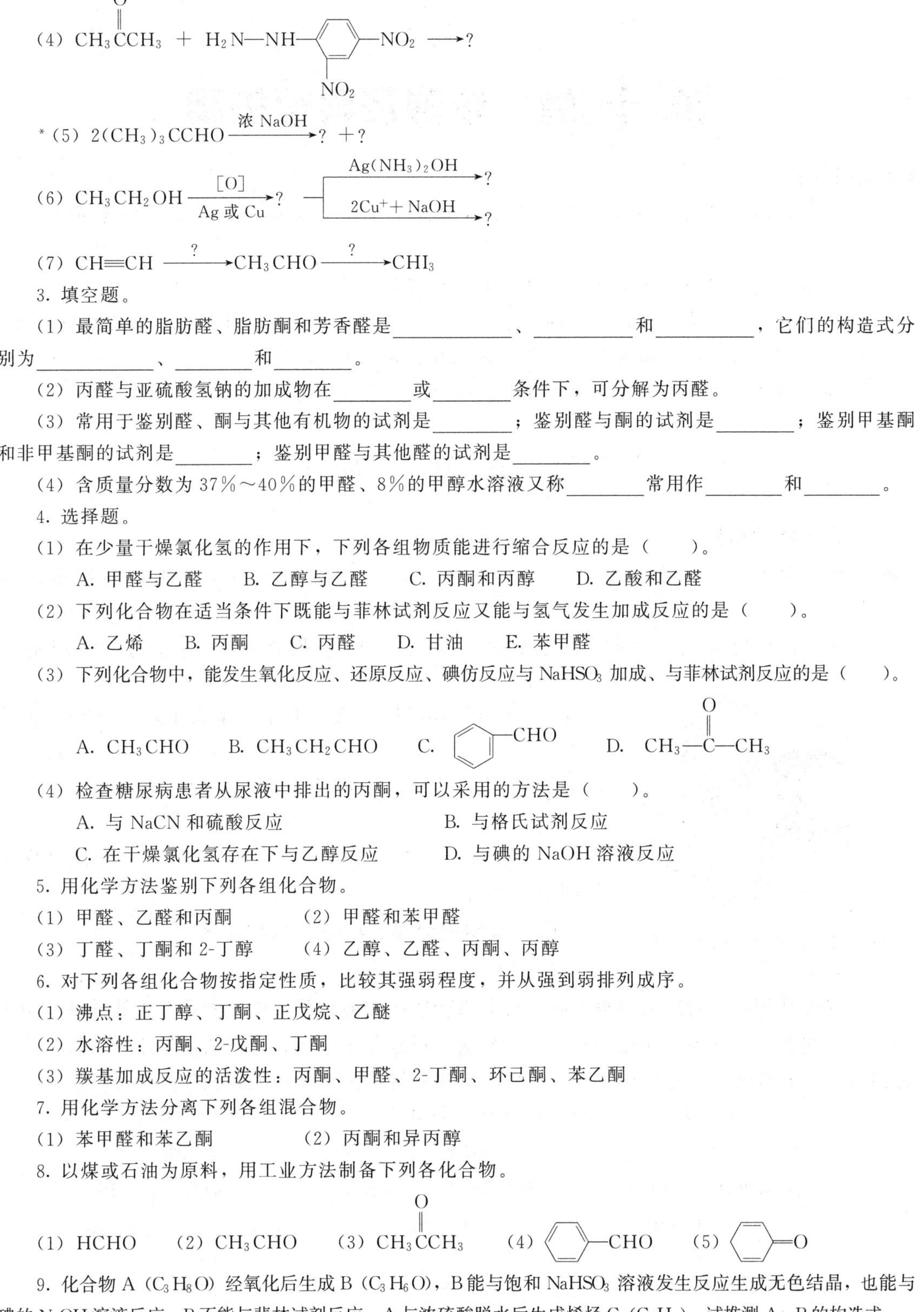

(4) $CH_3\overset{O}{\overset{\|}{C}}CH_3$ ＋ $H_2N—NH—C_6H_3(NO_2)_2$（2,4-二硝基苯基）$\longrightarrow$?

*(5) $2(CH_3)_3CCHO \xrightarrow{浓\ NaOH}$? ＋?

(6) $CH_3CH_2OH \xrightarrow[Ag 或 Cu]{[O]}$? —— $\xrightarrow{Ag(NH_3)_2OH}$?；$\xrightarrow{2Cu^{+}+NaOH}$?

(7) $CH\equiv CH \xrightarrow{?} CH_3CHO \xrightarrow{?} CHI_3$

3. 填空题。

(1) 最简单的脂肪醛、脂肪酮和芳香醛是______、______和______，它们的构造式分别为______、______和______。

(2) 丙醛与亚硫酸氢钠的加成物在______或______条件下，可分解为丙醛。

(3) 常用于鉴别醛、酮与其他有机物的试剂是______；鉴别醛与酮的试剂是______；鉴别甲基酮和非甲基酮的试剂是______；鉴别甲醛与其他醛的试剂是______。

(4) 含质量分数为37%～40%的甲醛、8%的甲醇水溶液又称______常用作______和______。

4. 选择题。

(1) 在少量干燥氯化氢的作用下，下列各组物质能进行缩合反应的是（　　）。

A. 甲醛与乙醛　B. 乙醇与乙醛　C. 丙酮和丙醇　D. 乙酸和乙醛

(2) 下列化合物在适当条件下既能与菲林试剂反应又能与氢气发生加成反应的是（　　）。

A. 乙烯　B. 丙酮　C. 丙醛　D. 甘油　E. 苯甲醛

(3) 下列化合物中，能发生氧化反应、还原反应、碘仿反应与 $NaHSO_3$ 加成、与菲林试剂反应的是（　　）。

A. CH_3CHO　B. CH_3CH_2CHO　C. $C_6H_5—CHO$　D. $CH_3—\overset{O}{\overset{\|}{C}}—CH_3$

(4) 检查糖尿病患者从尿液中排出的丙酮，可以采用的方法是（　　）。

A. 与 NaCN 和硫酸反应　B. 与格氏试剂反应

C. 在干燥氯化氢存在下与乙醇反应　D. 与碘的 NaOH 溶液反应

5. 用化学方法鉴别下列各组化合物。

(1) 甲醛、乙醛和丙酮　(2) 甲醛和苯甲醛

(3) 丁醛、丁酮和2-丁醇　(4) 乙醇、乙醛、丙酮、丙醇

6. 对下列各组化合物按指定性质，比较其强弱程度，并从强到弱排列成序。

(1) 沸点：正丁醇、丁酮、正戊烷、乙醚

(2) 水溶性：丙酮、2-戊酮、丁酮

(3) 羰基加成反应的活泼性：丙酮、甲醛、2-丁酮、环己酮、苯乙酮

7. 用化学方法分离下列各组混合物。

(1) 苯甲醛和苯乙酮　(2) 丙酮和异丙醇

8. 以煤或石油为原料，用工业方法制备下列各化合物。

(1) HCHO　(2) CH_3CHO　(3) $CH_3\overset{O}{\overset{\|}{C}}CH_3$　(4) $C_6H_5—CHO$　(5) 环己酮（$C_6H_{10}=O$）

9. 化合物A（C_3H_8O）经氧化后生成B（C_3H_6O），B能与饱和 $NaHSO_3$ 溶液发生反应生成无色结晶，也能与碘的NaOH溶液反应。B不能与斐林试剂反应。A与浓硫酸脱水后生成烯烃C（C_3H_6）。试推测A、B的构造式。

10. 化合物A、B、C，分子式均为 C_4H_8O；A、B可以和苯肼反应生成沉淀而C不能；B可以与斐林试剂反应而A、C不能；A、C能发生碘仿反应而B不能；试推测A、B、C的构造式。

第十章 羧酸及其衍生物

【学习目标】

1. 了解羧酸的结构特点和分类，掌握简单羧酸的构造异构和羧酸及其衍生物的命名方法。

2. 了解羧酸及其衍生物的物理性质及其变化规律。

3. 掌握羧酸及重要羧酸衍生物的化学反应及其应用，掌握羧酸及其衍生物的鉴别方法。

4. 理解羧酸酸性强弱与羧基所连基团的性质密切相关。

5. 熟悉重要羧酸及其衍生物的工业制法及在生产、生活中的应用。

第一节 羧 酸

一、羧酸的结构

有机化学中，把一个羰基和一个羟基组成的一价基团叫羧基。羧基的构造式为 $-\overset{O}{\overset{\|}{C}}-OH$，也可简写为—COOH。羧酸就是烃基与羧基相连接的化合物，常用通式 $R-\overset{O}{\overset{\|}{C}}-OH$（R代表烃基或氢原子）来表示，—COOH是羧酸的官能团。当通式中的R＝H时为甲酸 $\left(H-\overset{O}{\overset{\|}{C}}-OH\right)$，R＝—$CH_3$ 时为乙酸 $\left(CH_3-\overset{O}{\overset{\|}{C}}-OH\right)$，乙酸分子的比例模型如图10-1所示。

图10-1 乙酸分子的比例模型

二、羧酸的分类、构造异构和命名

1. 分类

根据羧基所连接的烃基种类不同，可分为脂肪族羧酸、脂环族羧酸和芳香族羧酸。根据烃基是否饱和，可分为饱和羧酸和不饱和羧酸。根据分子中所含羧基的数目不同，又分为一元羧酸、二元羧酸、三元羧酸等。二元以上的羧酸统称为多元羧酸。例如：

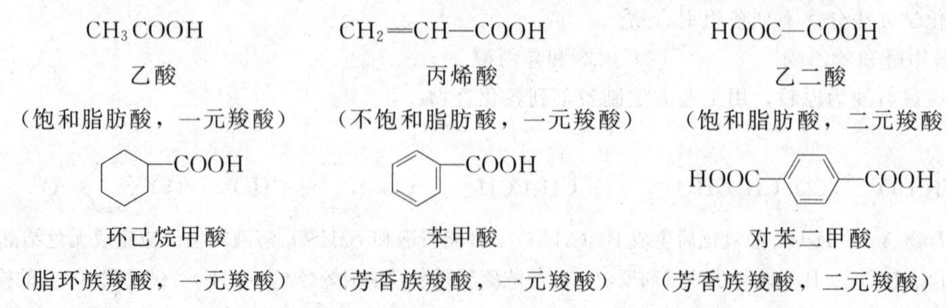

2. 构造异构

脂肪族羧酸是由相应的脂肪醛氧化得到，所以含有相同数目碳原子的羧酸和醛，它们的异构体的数目是相同的。例如，含有四个碳原子的醛和羧酸，它们都有两个碳链异构体。

$CH_3—CH_2—CH_2—CHO$　丁醛

$CH_3—CH_2—CH_2—COOH$　丁酸

$CH_3—CH(CH_3)—CHO$　2-甲基丙醛

$CH_3—CH(CH_3)—COOH$　2-甲基丙酸

3. 命名

许多羧酸是从自然界得到的。因此，常根据它们的来源命名（即俗名）。一些常用的羧酸俗名列于表 10-1 中。

系统命名法：一元羧酸的命名原则与醛相似，选择含有羧基的最长碳链为主链，根据主链碳原子数叫某酸，从含有羧基的一端开始编号，若有支链和取代基时，将它们的位次、数目和名称写在某酸前面。主链碳原子的位次编号也可用希腊字母（α、β、γ、δ…）表示。与羧基直接相连的第一个碳原子为 α 位，其他碳原子依次编为 β、γ、δ 等。例如：

$\overset{\gamma}{\underset{4}{C}}H_3—\overset{\beta}{\underset{3}{C}}H(CH_3)—\overset{\alpha}{\underset{2}{C}}H_2—\underset{1}{C}OOH$

3-甲基丁酸
（β-甲基丁酸）

$CH_3—CH_2—CH(CH_3)—CH(CH_3)—COOH$

2,3-二甲基戊酸
（α,β-二甲基戊酸）

不饱和羧酸的命名是选择包括羧基和重键在内的最长碳链为主链，称为某烯酸或某炔酸。例如：

$\overset{5}{C}H_3—\overset{4}{C}H_2—\overset{3}{C}(CH_3)=\overset{2}{C}H—\overset{1}{C}OOH$

3-甲基-2-戊烯酸

$\overset{6}{C}H_3—\overset{5}{C}\equiv\overset{4}{C}—\overset{3}{C}H(CH_3)—\overset{2}{C}H_2—\overset{1}{C}OOH$

3-甲基-4-己炔酸

芳香族羧酸或脂环族羧酸命名时，若羧基连在芳环或脂环侧链上，则以脂肪酸为母体，芳环和脂环作为取代基命名。若羧基直接与芳环或脂环相连，则以芳烃或脂环烃的名称之后加“甲酸”二字为母体，其他基团为取代基。

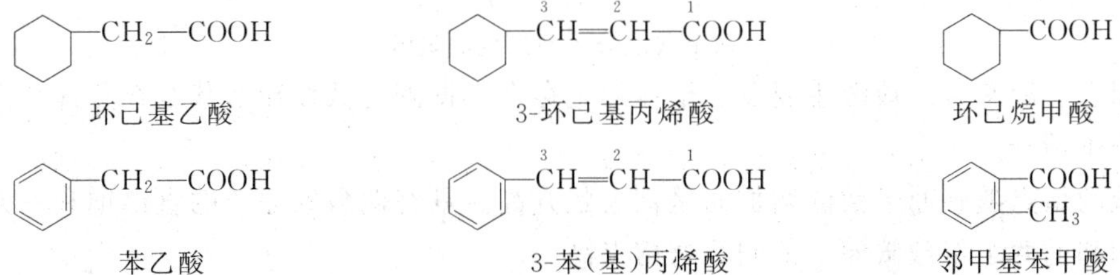

环己基乙酸　3-环己基丙烯酸　环己烷甲酸

苯乙酸　3-苯(基)丙烯酸　邻甲基苯甲酸

二元羧酸的命名是选取含有两个羧基的最长碳链为主链，根据主链碳原子的数目叫“某二酸”；芳香族和脂环族二元酸必须注明两个羧基的位次。

$HOOC—COOH$　乙二酸

$HOOC—CH(CH_3)—CH(Cl)—COOH$　2-甲基-3-氯丁二酸

邻苯二甲酸（1,2-苯二甲酸）

1,3-环丁烷二甲酸

三、羧酸的物理性质

一些常见羧酸的物理常数见表 10-1。

表 10-1　一些羧酸的名称和物理常数

名称(俗名)	熔点/℃	沸点/℃	密度(20℃)/(g/cm³)	pK_a(23℃)(两个数值分别为 pK_{a_1} 和 pK_{a_2})	溶解度(20℃)/(g/100gH_2O)
甲酸(蚁酸)	8.4	100.5	1.22	3.77	∞
乙酸(醋酸)	16.6	118	1.049	4.76	∞
丙酸(初油酸)	−21.5	141	0.992	4.88	∞
丁酸(酪酸)	−6.5	163.5	0.957	4.82	∞
戊酸(缬草酸)	−34.5	185.4	0.939	4.81	3.7
己酸(羊油酸)	−3	205	0.929	4.85	1.0
辛酸(羊脂酸)	16.5	237	0.910	4.85	0.25
癸酸(羊蜡酸)	31.5	270	0.885(40℃)		0.2
十六酸(软脂酸)	63	351.5	0.853(62℃)		不溶
十八酸(硬脂酸)	70	383	0.9408	6.37	不溶
丙烯酸(败脂酸)	13.5	141.6	1.0511	4.26	溶
乙二酸(草酸)	189.5	157(升华)	1.650	1.46,4.40	9
丁二酸(琥珀酸)	150	235(脱水解)	1.572(25℃)	4.2,5.6	5.8
己二酸(肥酸)	152	330.5(分解)	1.360(25℃)	4.43,5.52	2
苯甲酸(安息香酸)	122.4	249	1.266(15℃)	4.17	0.34 溶于热水
邻苯二甲酸(邻酸)	231(速热)		1.593	2.89,5.51	0.7

常温常压下，C_1～C_3 都是无色具有刺激性气味的液体，C_4～C_{10} 的直链羧酸是具有腐败气味的油状液体，C_{10} 以上的羧酸是无臭的固体。脂肪族二元羧酸和芳香族羧酸是晶状固体。

饱和一元羧酸的沸点随着相对分子质量的增加而升高。羧酸的沸点比相对分子质量相同的醇的沸点高。如甲酸和乙醇的相对分子质量都是 46，但甲酸的沸点是 101℃，而乙醇的沸点只有 78℃，乙酸的沸点是 117.9℃，而正丙醇的沸点是 97.4℃。这是因为羧酸分子间可以形成两个氢键，缔合成稳定二聚体的缘故。

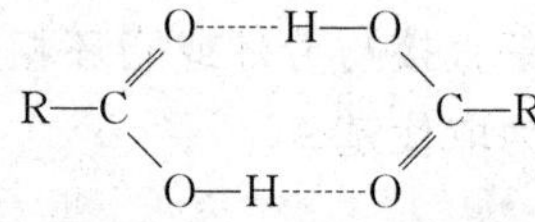

两个羧酸分子间形成的氢键

在固态、液态时，羧酸主要以二聚体形式存在，据测定低级羧酸甚至在蒸气状态时仍可保持双分子缔合。

羧酸的熔点随碳原子数的增加而呈锯齿状升高。具有偶数碳原子的直链饱和一元羧酸比其前后相邻的两个奇数碳原子的同系物熔点高。

羧酸是极性分子，能与水形成氢键，因而甲酸至丁酸与水可以任意比例互溶，戊酸以上的羧酸溶解度逐渐降低，癸酸以上的羧酸已不溶于水。但都易溶于乙醇、乙醚等有机溶剂。二元羧酸在水中的溶解度比同碳原子数的一元羧酸大，芳香族羧酸难溶于水。

四、羧酸的化学反应及应用

羧基是羧酸的官能团，羧基中的羟基受羰基的影响，使氧原子的电子密度降低，有利于羟基中氢原子的离解，使羧酸比醇的酸性强。

从羧酸的构造式可以看出，主要发生如下几种化学反应：

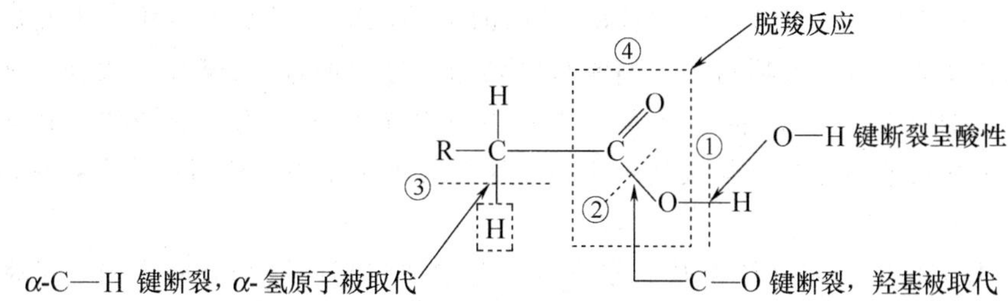

1. 酸性

【演示实验 10-1】 用滴管吸取少量乙酸，滴在蓝色石蕊试纸上，观察试纸颜色的变化。

实验结果表明，蓝色石蕊试纸立即变红。说明乙酸具有明显的酸性，这是因为乙酸在水溶液中能电离出氢离子。

$$CH_3-COOH+H_2O \rightleftharpoons CH_3-COO^-+H^+$$

为使用方便，羧酸的酸性强弱，目前均采用电离常数 K_a 的负对数 pK_a 来表示，pK_a 愈小酸性愈强。一些羧酸及卤代羧酸的 pK_a 值见表 10-1 及表 10-2。一般饱和一元羧酸的 pK_a 约在 4.76～5 之间。

表 10-2　一些卤代酸的 pK_a 值

卤代酸	构造式	pK_a	卤代酸	构造式	pK_a
α-氯代丁酸	$CH_3CH_2CHClCOOH$（Cl 在 α-C 上）	2.84	一氯乙酸	$ClCH_2COOH$	2.86
β-氯代丁酸	$CH_3CHClCH_2COOH$（Cl 在 β-C 上）	4.06	二氯乙酸	$Cl_2CHCOOH$	1.26
γ-氯代丁酸	$ClCH_2CH_2CH_2COOH$	4.52	三氯乙酸	Cl_3CCOOH	0.64
氟乙酸	FCH_2COOH	2.66	溴乙酸	$BrCH_2COOH$	2.90
氯乙酸	$ClCH_2COOH$	2.86	碘乙酸	ICH_2COOH	3.12

【演示实验 10-2】 在两支预先配好塞子及导管的试管中，分别各加入 10% 乙酸溶液 15mL，再向其中一支试管中加入 1g 碳酸钠，向另一支试管中加入 2g 碳酸氢钠，塞好塞子，并将导气管插入盛有 4～8mL 澄清石灰水的试管中。加热反应试管，当有连续的气泡出现后，可看到石灰水逐渐变浑浊，出现白色 $CaCO_3$ 沉淀。实验表明羧酸不仅能与氢氧化钠溶液反应成盐也能和碳酸钠及碳酸氢钠反应成盐，并放出二氧化碳。

$$RCOOH+NaOH \longrightarrow RCOONa+H_2O$$

$$2RCOOH+Na_2CO_3 \longrightarrow 2RCOONa+CO_2\uparrow+H_2O$$

$$RCOOH+NaHCO_3 \longrightarrow RCOONa+CO_2\uparrow+H_2O$$

羧酸的钠盐具有盐的一般性质，易溶于水，不能挥发，加入无机强酸又可使盐转变为羧酸游离析出。

$$RCOONa+HCl \longrightarrow RCOOH+NaCl$$

由此可见，羧酸具有弱酸性，但比碳酸（$pK_a=6.37$）强也比酚类（$pK_a\approx10$）强。

羧酸与 Na_2CO_3、$NaHCO_3$ 反应放出 CO_2 的性质，可用于鉴别羧酸；羧酸盐与无机强酸作用重新转变为羧酸的性质可用于精制羧酸及与中性（如醇）、碱性（如胺）和酚等化合物的分离（见例题 10-1）。从表 10-1 及表 10-2 中可以看出不同构造的羧酸，其酸性强弱不同。可以看出羧酸的酸性强弱与羧基所连基团的性质密切相关，从而总结出各种羧酸的酸性强弱规律。

① 当羧基与供电子基（如烷基）相连时，能增加羧基中羟基氧原子的电子密度，对氢原子的吸引力增强，不利于羟基中氢原子的离解，因而其酸性减弱，例如，在饱和一元羧酸中，以甲酸的酸性最强，因甲酸中羧基与氢原子相连，而其余羧酸与供电子的烷基相连，因而一般羧酸的酸性比甲酸弱。

$$HCOOH > CH_3COOH > CH_3CH_2COOH$$

	$HCOOH$	CH_3COOH	CH_3CH_2COOH
pK_a	3.77	4.76	4.88

② 当与羧基相连的烃基上连有吸电子的原子和基团（如—X、—NO_2、—OH 等）时，能降低羧基中羟基氧原子的电子密度，对氢原子的吸引力减弱，有利于羟基中氢原子的离解，因而其酸性增强。例如：

（a）不同卤素原子取代的一卤代乙酸的酸性比乙酸强，且取代的卤素原子的电负性愈大，酸性愈强。

	FCH_2COOH 一氟乙酸	$ClCH_2COOH$ 一氯乙酸	$BrCH_2COOH$ 一溴乙酸	ICH_2COOH 一碘乙酸	CH_3COOH 乙酸
pK_a	2.66	2.86	2.90	3.12	4.76

酸性由强逐渐减弱 →

（b）乙酸被不同数目的氯原子取代后，生成的氯代乙酸中，取代的氯原子数目愈多，酸性愈强。

	Cl_3CCOOH 三氯乙酸	$Cl_2CHCOOH$ 二氯乙酸	$ClCH_2COOH$ 一氯乙酸	CH_3COOH 乙酸
pK_a	0.64	1.26	2.86	4.76

酸性由强逐渐减弱 →

③ 丁酸中在距离羧基不同远近位置的氢原子（如 α-H、β-H、γ-H 等）被氯原子取代后。所得一氯代丁酸中，氯原子离羧基最近的酸性最强。

	$CH_3CH_2\overset{\alpha}{C}H(Cl)COOH$ α-氯丁酸	$CH_3\overset{\beta}{C}H(Cl)CH_2COOH$ β-氯丁酸	$\overset{\gamma}{C}H_2(Cl)CH_2CH_2COOH$ γ-氯丁酸
pK_a	2.84	4.06	4.52

酸性由强逐渐减弱 →

一些常见取代基的吸电子或供电子能力强弱顺序如下：

吸电子基　$—NO_2 > —COOH > —F > —Cl > —Br > —I > —OR > —OH > —C_6H_5 > —H$

推电子基　$(CH_3)_3C— > (CH_3)_2CH— > CH_3CH_2— > CH_3— > H—$

2. 羧酸衍生物的生成（羟基的取代反应）

在不同的条件下，羧基中的羟基可以分别被卤原子（—Cl、—Br、—I）、酰氧基 $\left(\begin{array}{c} O \\ \| \\ R—C—O— \end{array}\right)$、烷氧基（—OR）和氨基（—$NH_2$）取代，分别生成酰卤、酸酐、酯和酰胺等羧酸衍生物。

（1）酰卤的生成

$$3R-\overset{\overset{O}{\|}}{C}-OH + PCl_3 \longrightarrow 3R-\overset{\overset{O}{\|}}{C}-Cl + H_3PO_3$$

酰卤

$$R-\overset{\overset{O}{\|}}{C}-OH + SOCl_2 \longrightarrow R-\overset{\overset{O}{\|}}{C}-Cl + SO_2\uparrow + HCl\uparrow$$

亚硫酰氯

亚硫酰氯与羧酸反应，生成的副产物都是气体，容易提纯，而且产率高，所以它是制备酰氯常用的试剂。

（2）酸酐的生成

$$R-\overset{\overset{O}{\|}}{C}-OH + HO-\overset{\overset{O}{\|}}{C}-R \xrightarrow[\triangle]{P_2O_5} R-\overset{\overset{O}{\|}}{C}-O-\overset{\overset{O}{\|}}{C}-R + H_2O$$

酸酐

（3）酯的生成

$$R-\overset{\overset{O}{\|}}{C}-OH + HOR' \overset{H^+}{\rightleftharpoons} R-\overset{\overset{O}{\|}}{C}-OR' + H_2O$$

酯

（4）酰胺的生成

$$R-\overset{\overset{O}{\|}}{C}-OH + NH_3 \longrightarrow R-\overset{\overset{O}{\|}}{C}-ONH_4 \xrightarrow{加热} R-\overset{\overset{O}{\|}}{C}-NH_2 + H_2O$$

羧酸铵盐　　酰胺

3. 脱羧反应

羧酸在加热条件下脱去羧基，放出 CO_2 的反应叫脱羧反应，除甲酸外，饱和一元羧酸一般不发生脱羧反应，但其盐或羧酸中的 α-碳上连有吸电子基时，受热后可以脱羧。

（1）羧酸盐的脱羧　羧酸的碱金属盐与碱石灰共熔，则脱去羧基生成烃。这个反应副反应多，只能应用于低级羧酸盐。例如：

$$CH_3-\overset{\overset{O}{\|}}{C}-ONa + NaOH \xrightarrow[\triangle]{CaO} CH_4\uparrow + Na_2CO_3$$

此反应可用于实验室制取甲烷。

（2）羧酸的脱羧　有些二元羧酸加热时容易发生脱羧。例如：

$$\begin{array}{l}COOH\\|\\COOH\end{array} \xrightarrow{150℃} CO_2 + HCOOH$$

$$CH_2\begin{array}{l}\diagup COOH\\ \diagdown COOH\end{array} \xrightarrow{\triangle} CH_3COOH + CO_2$$

4. α-氢原子的卤代反应

羧基和羰基一样，能使 α-H 活化，但羧基的致活作用比羰基小得多，α-氢卤代要在光、碘、硫或红磷等催化剂存在下进行。此反应可控制在生成一卤、二卤或多卤代羧酸。例如，工业上应用此反应，制取一氯乙酸、二氯乙酸和三氯乙酸。

$$CH_3COOH+Cl_2 \xrightarrow[\text{或 P}]{\text{光}} \underset{\underset{\displaystyle Cl}{|}}{CH_2}-COOH \xrightarrow[\text{光或 P}]{Cl_2} \underset{\underset{\displaystyle Cl}{|}}{\overset{\overset{\displaystyle Cl}{|}}{CH}}-COOH \xrightarrow[\text{光或 P}]{Cl_2} Cl-\underset{\underset{\displaystyle Cl}{|}}{\overset{\overset{\displaystyle Cl}{|}}{C}}-COOH$$

一氯乙酸　　二氯乙酸　　三氯乙酸

α-卤代酸的卤原子，可发生取代反应，转变为 CN_2—、NH_2—、—OH 等，由此得到各种 α-取代酸。α-卤代酸也可发生消除反应而得到 α、β 不饱和酸，所以在合成上很重要，如乙酸是制备农药乐果、生长刺激素 2,4-D 和 4-碘苯氧基醋酸（增产灵）的原料。

五、重要的羧酸

1. 甲酸

甲酸（HCOOH）俗称蚁酸。目前工业上以一氧化碳和水蒸气（水煤气）在高温、高压下与适当的催化剂共热而得。

$$CO+H_2O \xrightarrow[200\sim300℃,\ 20MPa]{H_2SO_4} HCOOH$$

甲酸是无色有刺激性气味的液体，沸点 100.5℃，能与水、乙醇、乙醚混溶。

在饱和一元羧酸中，甲酸的构造较特殊，羧基和一个氢原子直接相连，在分子中既含有羧基又具有醛基。

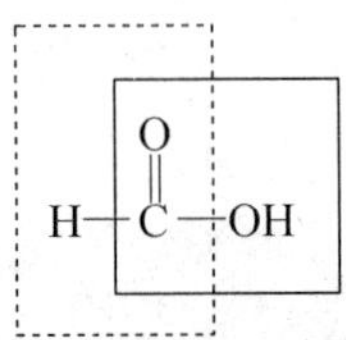

因此，甲酸具有与它的同系物不同的一些特性，既有羧酸的一般性质，也有醛的某些性质。例如甲酸具有较强的酸性，又具有还原性，能被高锰酸钾氧化为二氧化碳和水，也能与菲林试剂作用生成铜镜，与托伦试剂作用生成银镜。可利用这一性质鉴别甲酸与其他羧酸。

$$HCOOH \xrightarrow{KMnO_4} CO_2+H_2O$$

$$HCOOH+2Ag(NH_3)_2OH \longrightarrow 2Ag\downarrow+(NH_4)_2CO_3+H_2O$$

甲酸与浓硫酸共热，则分解为一氧化碳和水。

$$HCOOH \xrightarrow[60\sim80℃]{H_2SO_4} CO+H_2O$$

这是实验室制备一氧化碳的方法。

甲酸是重要有机化工原料，用作还原剂、橡胶的凝聚剂、缩合剂、甲酰化剂，也可用作消毒剂和防腐剂。还可用于制备冰片、维生素 B_1 等药物和农药杀虫脒等。

2. 乙酸

乙酸（CH_3COOH）俗称醋酸，是食醋的主要成分，普通食醋中含乙酸约为 6%～10%。醋酸最早的制备方法是谷物发酵法，此法至今仍用于食醋工业。工业上制备乙酸均采用以氧化法为主的合成方法，目前大部分乙酸采用乙醛氧化法而制得。

$$CH_3-CHO+\frac{1}{2}O_2 \xrightarrow[70\sim80℃,\ 0.8MPa]{(CH_3COO)_2Mn} CH_3-COOH$$

还可用石油产品丁烷为原料，乙酸钴为催化剂，乙酸为溶剂，在一定温度和压力下用空气氧化制备乙酸。

$$CH_3—CH_2—CH_2—CH_3+\frac{5}{2}O_2 \xrightarrow[165℃，2MPa]{(CH_3COO)_2Co} 2CH_3COOH+H_2O$$

无水乙酸在常温下为具有强烈刺激性气味的无色液体，沸点118℃，当低于熔点时，无水乙酸就呈冰状结晶析出，所以无水乙酸又称冰醋酸，乙酸能与水混溶，具有羧酸的典型化学性质。

乙酸是重要的化学工业原料，常用来合成许多化工产品，如乙酸乙酯、乙酐、氯乙酸、醋酸纤维素、维尼纶纤维等，还可用作橡胶凝聚剂及氧化反应的溶剂。用食醋熏蒸室内，还可预防流行性感冒。

3. 乙二酸

乙二酸（HOOC—COOH）通常以盐的形式存在于某些植物中，所以俗称草酸。工业上用甲酸钠快速加热到360℃，脱氢生成草酸钠，再经苛化，硫酸酸化而得到草酸。

$$2HCOONa \xrightarrow{\triangle} \begin{matrix} COONa \\ | \\ COONa \end{matrix} + H_2\uparrow$$

$$\xrightarrow{Ca(OH)_2} \begin{matrix} COO \diagdown \\ | \quad\quad Ca \\ COO \diagup \end{matrix} \xrightarrow{H^+} \begin{matrix} COOH \\ | \\ COOH \end{matrix}$$

草酸是无色固体，草酸晶体中常含有两分子结晶水，熔点101.5℃，在100～105℃加热，则可失去结晶水，得到无水草酸。无水草酸的熔点为189.5℃。草酸溶于水和乙醇，但不溶于乙醚。草酸的酸性比其他二元酸强，草酸的$pK_{a_1}=1.23$，而丙二酸的$pK_{a_1}=2.80$，这是因为两个羧基直接相连，一个羧基对另一个羧基有吸电子作用的结果。

与甲酸相似，草酸易被氧化，生成二氧化碳和水。

$$\begin{matrix} COOH \\ | \\ COOH \end{matrix} \xrightarrow{[O]} CO_2+H_2O$$

因此草酸可作为还原剂，在定量分析中用以标定高锰酸钾溶液。

$$5HOOC—COOH+2KMnO_4+3H_2SO_4 \longrightarrow K_2SO_4+2MnSO_4+10CO_2+8H_2O$$

草酸急速加热时（200℃），则失去一分子二氧化碳，生成甲酸。

$$HOOC—COOH \xrightarrow{200℃} CO_2+HCOOH$$

大量的草酸用来提取稀有元素。草酸还用作色谱分析试剂。也是制造抗菌素和冰片的重要原料。

4. 己二酸

己二酸$\left(\begin{matrix} CH_2—CH_2—COOH \\ | \\ CH_2—CH_2—COOH \end{matrix}\right)$俗称肥酸，工业上制取己二酸常采用环己醇氧化法或己二腈水解法。

目前已开发一种合成己二酸的新工艺：以1,3-丁二烯为原料先进行羰基合成反应生成己二醛，然后再氧化制成己二酸。

$$\begin{matrix} CH{=}CH_2 \\ | \\ CH{=}CH_2 \end{matrix} + CO_2 + H_2 \xrightarrow{催化剂} \begin{matrix} CH_2—CH_2—CHO \\ | \\ CH_2—CH_2—CHO \end{matrix} \xrightarrow{[O]} \begin{matrix} CH_2—CH_2—COOH \\ | \\ CH_2—CH_2—COOH \end{matrix}$$

这种新方法对环境无污染，很有发展前途。

己二酸为白色结晶粉末。熔点152℃，微溶于水，可溶于乙醇和乙醚，能升华。主要用来与己二胺缩聚生产聚酰胺类合成纤维——锦纶-66（见第十四章第三节），也用于制造增塑剂、润滑剂等。

5. 苯甲酸

苯甲酸（C_6H_5—COOH）是典型的芳香酸。俗称安息香酸。目前工业上由甲苯氧化或甲苯氯化后水解制得。

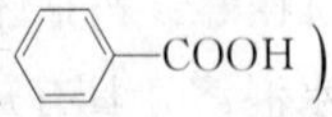

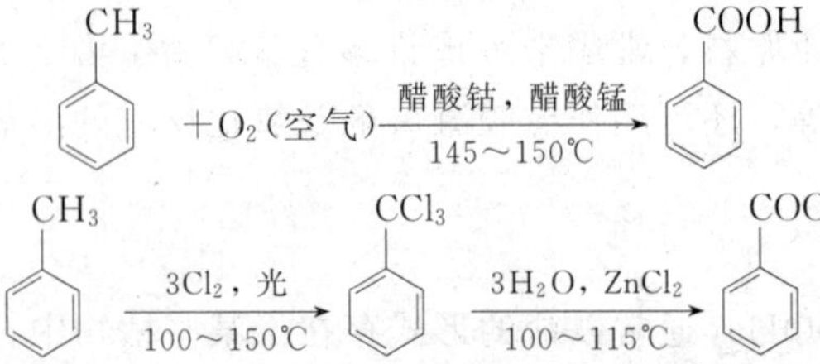

$$C_6H_5CH_3 + O_2(空气) \xrightarrow[145\sim150℃]{醋酸钴，醋酸锰} C_6H_5COOH$$

$$C_6H_5CH_3 \xrightarrow[100\sim150℃]{3Cl_2，光} C_6H_5CCl_3 \xrightarrow[100\sim115℃]{3H_2O，ZnCl_2} C_6H_5COOH$$

苯甲酸是白色片状或针状晶体，熔点 121.7℃，微溶于水，溶于乙醇及乙醚，能升华，也能随水蒸气蒸馏。苯甲酸的酸性比甲酸弱但比其他的饱和一元酸强，具有较强的抑菌、防腐作用，其钠盐是食品和药品中常用的防腐剂。苯甲酸也用于制备药物、香料和染料等。

第二节 羧酸衍生物

羧酸衍生物主要是指羧基中的羟基被其他原子或基团取代后所生成的化合物，重要的羧酸衍生物有酰卤、酸酐、酯和酰胺等。

一、羧酸衍生物的命名

羧酸分子中除去羧基中的羟基，剩下的部分叫酰基（R—C(=O)—）。羧酸衍生物则是由酰基和其他基团组成。酰基的命名是按照原羧酸的名称叫“某酰基”，如 CH_3—C(=O)— 叫乙酰基。

1. 酰卤

酰基和卤原子相连的化合物叫酰卤（R—C(=O)—X）。其命名是在酰基的名称后面加上卤原子的名称，称为“某酰卤”。例如：

CH_3—C(=O)—Br	CH_3—CH(CH_3)—C(=O)—Cl	C_6H_5—C(=O)—Br
乙酰溴	2-甲基丙酰氯	苯甲酰溴

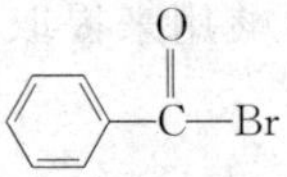

2. 酰胺

酰基和氨基（—NH_2）相连的化合物叫酰胺（R—C(=O)—NH_2）。其命名是在酰基的名称后面加上“胺”字，称为“某酰胺”。例如：

CH_3—CH_2—C(=O)—NH_2	C_6H_5—C(=O)—NH_2
丙酰胺	苯甲酰胺

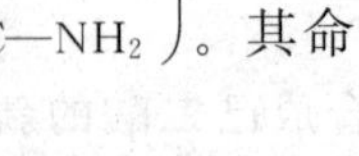

3. 酸酐

酸酐（R—C(=O)—O—C(=O)—R）是由酰基和酰氧基相连的化合物，它是由羧酸脱水得到的，其命名是在相应的羧酸名称后面加上“酐”字。例如：

$$CH_3-\overset{O}{\overset{\|}{C}}-O-\overset{O}{\overset{\|}{C}}-CH_3$$

乙酸酐（或简称乙酐）

$$CH_3-\overset{O}{\overset{\|}{C}}-O-\overset{O}{\overset{\|}{C}}-CH_2-CH_3$$

乙丙酸酐（或简称乙丙酐）

$$C_6H_5-\overset{O}{\overset{\|}{C}}-O-\overset{O}{\overset{\|}{C}}-C_6H_5$$

苯甲酸酐（或简称苯酐）

4．酯

酰基和烷氧基相连的化合物叫酯 $\left(R-\overset{O}{\overset{\|}{C}}-O-R'\right)$。酯是由羧酸和醇（酚）脱水的产物。其命名是按照相应的羧酸和醇（或酚）的名称，称为“某酸某酯”例如：

$$H-\overset{O}{\overset{\|}{C}}-OC_2H_5$$

甲酸乙酯

$$CH_2=\overset{CH_3}{\overset{|}{C}}-\overset{O}{\overset{\|}{C}}-OCH_3$$

α-甲基丙烯酸甲酯

$$CH_3-\overset{O}{\overset{\|}{C}}-O-C_6H_5$$

乙酸苯酯

$$C_6H_5-\overset{O}{\overset{\|}{C}}-OC_2H_5$$

苯甲酸乙酯

二、羧酸衍生物的物理性质

最简单而又稳定存在的酰氯是乙酰氯，常温时是无色有刺激性气味的液体。高级酰氯为固体，酸酐中最简单的是乙酐。低级酸酐是具有刺激性气味的液体。高级酸酐是固体。低级酯是有香味的液体，如乙酸异戊酯具有香蕉味。俗称香蕉油，正戊酸异戊酯有苹果香味。高级酯为蜡状固体。除甲酰胺在常压下为高沸点液体外，其余的酰胺都是有固定熔点的固体。

酰氯、酸酐和酯由于失去了酸性氢原子，因而分子间没有缔合作用，所以它们的沸点比相对分子质量相近的羧酸低，见表 10-3。

表 10-3　几种羧酸与其相对分子质量相近的羧酸衍生物沸点的比较

名称	丙　酸	乙酰氯	戊　酸	乙　酐	丁　酸	乙酸乙酯	乙酰胺
相对分子质量	76	78.5	102	102	88	88	59
沸点/℃	141	51	187	140	163	77	222

酰胺则由于分子间可以通过氨基上的氢原子形成氢键，所以沸点较高。如乙胺的沸点为 222℃，熔点为 81℃。羧酸衍生物的物理常数见表 10-4。

表 10-4　常见羧酸衍生物的物理常数

名　称	熔点/℃	沸点/℃	密度(20℃)/(g/cm³)	名　称	熔点/℃	沸点/℃	密度(20℃)/(g/cm³)
乙酰氯	−112	51	1.104	乙酸酐	−73	140	1.082
乙酰溴	−96	76.7	1.520	苯甲酸酐	42	360	1.199
乙酰碘		108	1.980	丁二酸酐	119.6	261	1.104
丙酰氯	−94	80	1.065	邻苯二甲酸酐	131	284	1.527
苯甲酰氯	−1	197	1.212	甲酸甲酯	−99.0	32	0.974
甲酰胺	2.5	195	1.130	甲酸乙酯	−81	54	0.917
乙酰胺	81	222	1.159	乙酸甲酯	−98	57	0.928
丙酰胺	80	213	1.042	乙酸乙酯	−83	77	0.900
丁酰胺	116	216	1.032	乙酸丁酯	−77	126	0.882
苯甲酰胺	130	290	1.341	苯甲酸乙酯	−34	213	1.050

三、羧酸衍生物的化学反应及应用

酰卤、酸酐、酯和酰胺分子中都含有酰基 $\left(R-\overset{O}{\overset{\|}{C}}-\right)$，因而它们的性质很相似，但由于与酰基所连接的基团（或原子）不同，表现在性质上也各有其特殊性，它们的反应活性也不

一样，反应活性大小顺序为：

酰氯＞酸酐＞酯＞酰胺

1. 水解反应

酰氯、酸酐、酯和酰胺都可以与水反应，生成相应的羧酸。

反应活性递减（自上而下）：

$$R-\overset{O}{\overset{\|}{C}}-Cl + HOH \xrightarrow{\text{室温}} R-\overset{O}{\overset{\|}{C}}-OH + HCl \text{（反应迅速）}$$

$$R-\overset{O}{\overset{\|}{C}}-O-\overset{O}{\overset{\|}{C}}-R + HOH \xrightarrow{\text{煮沸}} 2\,R-\overset{O}{\overset{\|}{C}}-OH$$

$$R-\overset{O}{\overset{\|}{C}}-O-R' + HOH \xrightarrow[\text{或}OH^-,\ \triangle]{H^+} R-\overset{O}{\overset{\|}{C}}-OH + R'OH$$

$$R-\overset{O}{\overset{\|}{C}}-NH_2 + HOH \xrightarrow{HCl} R-\overset{O}{\overset{\|}{C}}-OH + NH_4Cl \text{（长时间回流）}$$

$$R-\overset{O}{\overset{\|}{C}}-NH_2 + HOH \xrightarrow{NaOH} R-\overset{O}{\overset{\|}{C}}-ONa + NH_3\uparrow$$

其中以酰氯最易水解，如乙酰氯在潮湿的空气中即可分解，放出的氯化氢气体立刻形成白色雾滴。酯的水解需要加热，并用碱作催化剂，由于油脂制肥皂用的是酯的碱性水解反应，所以酯在碱性溶液中的水解又叫“皂化”反应。

2. 醇解反应

酰氯、酸酐和酯都能与醇或酚反应，生成酯。

反应活性递减（自上而下）：

$$CH_3-\overset{O}{\overset{\|}{C}}-Cl + HO-C_6H_5 \xrightarrow{NaOH} CH_3-\overset{O}{\overset{\|}{C}}-O-C_6H_5 + NaCl + H_2O$$

乙酸苯酯

$$R-\overset{O}{\overset{\|}{C}}-O-\overset{O}{\overset{\|}{C}}-R + H-O-R'' \longrightarrow R-\overset{O}{\overset{\|}{C}}-OR'' + R-\overset{O}{\overset{\|}{C}}-OH$$

$$R-\overset{O}{\overset{\|}{C}}-O-R' + H-O-R'' \longrightarrow R-\overset{O}{\overset{\|}{C}}-OR'' + R'OH$$

酯与醇作用在盐酸或醇钠催化下，可生成另一种酯，该反应称为酯交换反应。酯交换反应是可逆的，它可用于从廉价易得的低级醇制取高级醇。例如从白蜡（$C_{25}H_{51}COOC_{26}H_{53}$）与丙醇反应制取 $C_{26}H_{53}OH$：

$$C_{25}H_{51}COOC_{26}H_{53} + C_3H_7OH \xrightarrow{H_2SO_4} C_{25}H_{51}COOC_3H_7 + C_{26}H_{53}OH$$

3. 氨解反应

酰卤、酸酐和酯与氨作用生成相应的酰胺，酰胺的氨解比较困难，这是制备酰胺的重要方法。

反应活性递减（自上而下）：

$$R-\overset{O}{\overset{\|}{C}}-Cl + H-NH_2 \longrightarrow R-\overset{O}{\overset{\|}{C}}-NH_2 + HCl$$

$$R-\overset{O}{\overset{\|}{C}}-O-\overset{O}{\overset{\|}{C}}-R + H-NH_2 \longrightarrow R-\overset{O}{\overset{\|}{C}}-NH_2 + R-\overset{O}{\overset{\|}{C}}-OH$$

$$R-\overset{O}{\overset{\|}{C}}-O-R' + H-NH_2 \longrightarrow R-\overset{O}{\overset{\|}{C}}-NH_2 + R'-OH$$

羧酸衍生物的水解、醇解和氨解反应相当于在水、醇、氨分子中引入酰基。凡向其他分子中引入酰基的反应都叫酰基化反应。提供酰基的试剂叫酰基化试剂。由于酰卤、酸酐的酰化能力较强，因此酰卤和酸酐是常用的酰化剂。

4. 还原反应

酰氯、酸酐、酯和酰胺一般都比羧酸容易还原。特别是酯较容易还原，在合成上往往将羧酸通过酯还原为醇。酯可被还原剂 $LiAlH_4$ 还原，还原后生成相应的伯醇。

$$R-\overset{\overset{\large O}{\|}}{C}-OR' \xrightarrow[\text{②}H_2O]{\text{①}LiAlH_4} \underset{\text{伯醇}}{R-CH_2-OH}$$

酯还能被醇和钠还原为伯醇，例如，工业上以月桂酸乙酯为原料制取月桂醇。

$$CH_3(CH_2)_{10}\overset{\overset{\large O}{\|}}{C}-OC_2H_5 \xrightarrow[\text{或 }H_2\text{，}Cr_2O_3\text{-}CuO]{Na+C_2H_5OH} \underset{\text{月桂醇}}{CH_3(CH_2)_{10}CH_2OH}+C_2H_5OH$$

5. 酰胺的特殊反应

酰胺除具有以上通性外，因分子构造中含有“$-\overset{\overset{\large O}{\|}}{C}-NH_2$”基团，还能表现出一些特殊性质。

（1）脱水反应　酰胺与强脱水剂一起蒸馏，可以脱水生成腈，常用的脱水剂有五氧化二磷和亚硫酰氯等。

$$R-\overset{\overset{\large O}{\|}}{C}-NH_2 \xrightarrow[\text{加热}]{P_2O_5} \underset{\text{腈}}{R-C\equiv N}+H_2O$$

（2）霍夫曼降级反应　酰胺与次氯酸钠或次溴酸钠的碱溶液作用时，则失去羰基而生成伯胺，称为霍夫曼（Hofmann）降级反应。

$$R-\overset{\overset{\large O}{\|}}{C}-NH_2+NaOBr+2NaOH \longrightarrow RNH_2+Na_2CO_3+NaBr+H_2O$$

这个反应在合成上除用以制备伯胺外，还可用于缩短碳链。

四、重要的羧酸衍生物

1. 乙酰氯

乙酰氯$\left(CH_3-\overset{\overset{\large O}{/\!/}}{C}-Cl\right)$为无色有刺激性气味的液体，沸点 51℃，在空气中因被水解而冒白烟（HCl）。它的主要用途是作乙酰化剂。乙酰氯可由乙酸与三氯化磷、五氯化磷或亚硫酰氯反应制得。

2. 乙酐

乙酐$\left(CH_3-\overset{\overset{\large O}{\|}}{C}-O-\overset{\overset{\large O}{\|}}{C}-CH_3\right)$俗称醋酐，为具有刺激性的无色液体，沸点 139.5℃，微溶于水，在冷水中可逐渐生成乙酸。纯乙酐为中性化合物，是良好的溶剂，也是重要的乙酰化剂。工业上大量用于制造醋酸纤维素，还用于染料、医药和香料等方面。乙酐可由乙醛氧化法制得。

3. 邻苯二甲酸酐

邻苯二甲酸酐（结构式）俗称苯酐，为白色针状晶体，易升华，熔点 132℃，溶于沸水而被水解生成邻苯二甲酸。苯酐用途很广，主要用于制备醇酸树脂、聚酯树脂、药物、增塑剂等。工业上由萘或邻二甲苯催化氧化制得邻苯二甲酸酐（见第七章）。邻苯二甲酸酐与苯酚在脱水剂（浓 H_2SO_4 或 $ZnCl_2$）存在下共热，缩合而生成酚酞。

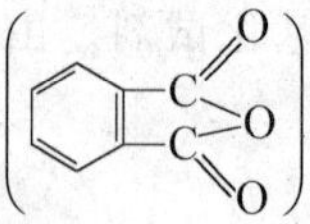

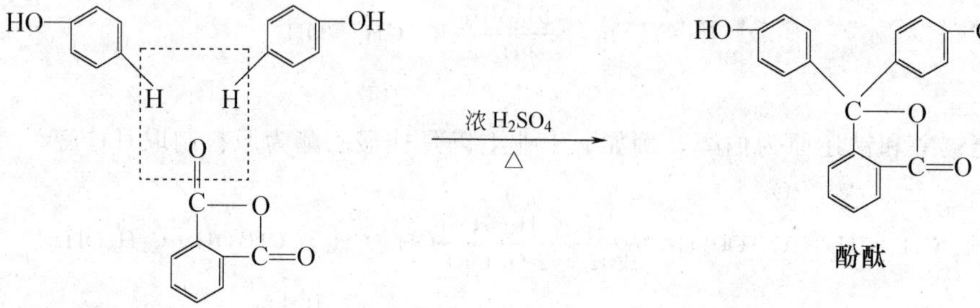

$$2\ HO-C_6H_4-H + C_6H_4(CO)_2O \xrightarrow[\triangle]{浓H_2SO_4} (HO-C_6H_4)_2C(-O-C(=O)-C_6H_4-)$$

酚酞

酚酞是白色晶体，不溶于水而溶于乙醇中，它是一种重要的指示剂，酚酞在医药上还可用作缓泻剂。

4. α-甲基丙烯酸甲酯

α-甲基丙烯酸甲酯为无色液体，沸点 100℃，它是合成有机玻璃的单体，也是生产合成树脂、塑料、涂料及胶黏剂的原料，工业上以丙酮为原料生产 α-甲基丙烯酸甲酯，反应式如下：

$$CH_3-\overset{CH_3}{\overset{|}{C}}=O \xrightarrow{HCN} CH_3-\underset{OH}{\underset{|}{\overset{CH_3}{\overset{|}{C}}}}-CN \xrightarrow[\triangle]{CH_3OH,\ H_2SO_4} CH_2=\overset{CH_3}{\overset{|}{C}}-COOCH_3$$

但此法所用 HCN 剧毒，目前已开发了用异丁烯或叔丁醇为原料经氧化再酯化生产 α-甲基丙烯酸甲酯的绿色合成路线。

α-甲基丙烯酸甲酯经聚合反应后，容易聚合生成无色、透明的聚 α-甲基丙烯酸甲酯，俗称有机玻璃。有机玻璃可透过紫外光，机械强度大。可用来制造汽车和飞机上的玻璃钢，以及用于制造仪表、仪器等。

$$n\ CH_2=\overset{CH_3}{\overset{|}{C}}-COOCH_3 \xrightarrow{引发剂} \left[-CH_2-\underset{COOCH_3}{\underset{|}{\overset{CH_3}{\overset{|}{C}}}}-\right]_n$$

聚甲基丙烯酸甲酯

五、羧酸及其衍生物的鉴别

1. 羧酸的鉴别

（1）羧酸酸性的鉴别　在黄色的甲基红溶液中加入羧酸样品，溶液的颜色由黄色转为红色，这一变化可用来鉴别羧酸；羧酸能与 $NaHCO_3$ 溶液反应，有 CO_2 放出，此反应用于羧酸与其他有机物的鉴别。

（2）甲酸、草酸的鉴别　草酸和甲酸具有还原性，可被 $KMnO_4$ 溶液氧化，使 $KMnO_4$ 溶液褪色。此反应可用于甲酸、草酸与其他有机酸的鉴别。

（3）甲酸的鉴别　甲酸具有醛的某些特性，能与菲林试剂作用生成铜镜，与托伦试剂作用生成银镜，草酸不与上述二个试剂作用，这二种试剂可用于甲酸与草酸的鉴别。

2. 羧酸衍生物常用其水解后生成不同的水解产物来鉴别

（1）酰卤的鉴别 酰卤在潮湿的空气中水解而生成氢卤酸，并产生白色烟雾，若加入 $AgNO_3$ 溶液则有卤化银沉淀析出。

$$R-\overset{O}{\overset{\|}{C}}-X + H_2O \longrightarrow RCOOH + HX$$

$$HX + AgNO_3 \longrightarrow AgX\downarrow + HNO_3$$

（2）酸酐的鉴别 酸酐水解生成相应的羧酸，而羧酸能分解碳酸盐，放出 CO_2。

$$(RCO)_2O \xrightarrow{H_2O} RCOOH \xrightarrow[\text{水溶液}]{NaHCO_3} CO_2\uparrow$$

（3）酯的鉴别 酯与羟胺作用，生成羟肟酸，后者在酸性溶液中与氯化铁溶液作用能生成有颜色的羟肟酸铁，大多数呈紫红色。

$$R-\overset{O}{\overset{\|}{C}}-OR' + H_2NOH \longrightarrow R-\overset{O}{\overset{\|}{C}}-NHOH + ROH$$

（4）酰胺的鉴别 酰胺与 NaOH 水溶液共热时，有 NH_3 放出，可使湿的红色石蕊试纸变蓝。

$$RCONH_2 + NaOH \xrightarrow{\triangle} RCOONa + NH_3\uparrow$$

第三节 油 脂

油脂是人类三大营养食物之一，是人类必需的高能量的食物。含不饱和脂肪酸的油脂对人体的新陈代谢有着重要的作用，它可以防止由于脂肪的沉积而导致血管阻塞（即血栓），如月见草油是抗血栓、降血脂的药物。油脂也是工业上重要的原料。

一、油脂的组成和结构

油脂是高级脂肪酸的甘油酯。常以如下构造式表示：

$$\begin{array}{l} CH_2-O-\overset{O}{\overset{\|}{C}}-R \\ | \\ CH-O-\overset{O}{\overset{\|}{C}}-R' \\ | \\ CH_2-O-\overset{O}{\overset{\|}{C}}-R'' \end{array}$$

$R=R'=R''$ 称单纯甘油酯

$R\neq R'\neq R''$ 称混合甘油酯

组成甘油的脂肪酸很多，但绝大多数是含偶数碳原子的直链羧酸，其中有饱和的，也有不饱和的，脂肪酸的饱和与不饱和对于所组成的油脂的熔点有一定的影响。从动物所得的油脂，大部分是饱和的脂肪酸甘油酯，在常温下呈固体或半固体状态，称为脂。从植物得到的油脂，主要是不饱和脂肪酸的甘油酯，熔点较低而呈液体状态，称为油。天然油脂都是多种甘油酯的混合物。在油脂成分中，最常见的脂肪酸有：

十六酸(软脂酸) $CH_3(CH_2)_{14}COOH$

十八酸(硬脂酸) $CH_3(CH_2)_{16}COOH$

9-十八碳烯酸(油酸) $CH_3(CH_2)_7CH=CH(CH_2)_7COOH$

9,12-十八碳二烯酸(亚油酸) $CH_3(CH_2)_4CH=CHCH_2CH=CH(CH_2)_7COOH$

9,11,13-十八碳三烯酸(桐油酸) $CH_3(CH_2)_3CH=CHCH=CHCH=CH(CH_2)_7COOH$

二、油脂的性质及应用

油脂的相对密度都小于1，不溶于水，易溶于乙醚、氯仿、丙酮等有机溶剂中。由于油脂都是混合物，因此没有恒定的熔点和沸点。根据油脂的结构，油脂具有烯烃和酯类的某些性质，可以发生加成反应、水解反应和氧化反应。

1. 水解反应

油脂在酸或酵素的催化下，可水解生成甘油和脂肪酸，是工业上生产甘油和脂肪酸的一种方法。油脂在碱性水解时，则生成高级脂肪酸盐，也就是肥皂，因此油脂的碱性水解又叫皂化反应，简称皂化。

$$\begin{array}{l} CH_2-O-\overset{\overset{O}{\|}}{C}-C_{17}H_{33} \\ | \\ CH-O-\overset{\overset{O}{\|}}{C}-C_{15}H_{31} \\ | \\ CH_2-O-\overset{\overset{O}{\|}}{C}-C_{17}H_{35} \end{array} + 3NaOH \xrightarrow[\triangle]{皂化} \begin{array}{l} CH_2-OH \\ | \\ CH-OH \\ | \\ CH_2-OH \end{array} + \begin{array}{l} C_{17}H_{33}COONa\text{（油酸钠）} \\ \\ C_{15}H_{31}COONa\text{（软脂酸钠）} \\ \\ C_{17}H_{35}COONa\text{（硬脂酸钠）} \end{array}$$

油脂（猪油）　　　　　　甘油

肥皂是人们生活中不可缺少的洗涤用品，但不宜在酸性介质或硬水中使用，因为硬水中含有 Mg^{2+} 和 Ca^{2+}，能和肥皂形成不溶于水的脂肪酸镁盐和钙盐，在酸性水中则形成难溶于水的高级脂肪酸。根据肥皂的去污原理（见本章“阅读材料”），工业上已制造了多种合成洗涤剂（表面活性剂）用于代替肥皂，可弥补肥皂的不足。

2. 加成反应

油脂的催化加氢（一般在200℃，0.1～0.3MPa，镍催化下）叫油的氢化或油的硬化，工业上常利用这种反应将液态油转变为固态或半固态的脂。加氢后的油脂叫氢化油或硬化油。硬化油因为不饱和性小，不易被空气氧化而变质，便于贮存和运输。硬化油可作为制造肥皂的原料，还可用来制造人造奶油。

3. 酸败

油脂贮存过久就会变质，产生一种难闻的气味，这种现象叫油脂的酸败。油脂的酸败是由于空气的氧化、微生物的分解或部分水解生成醛、酮和游离脂肪酸的缘故。油脂的酸败不仅使气味难闻，还使油脂中的维生素被破坏，失去了营养价值。光、热和湿气的存在都会加速油脂的酸败。因此，贮存油脂最好用棕色瓶子或不透光的密封容器，放在阴凉，干燥的地方。也可以在油脂中加入少量的抗氧剂如维生素E等，以防酸败。

4. 干性

有些油脂（如桐油）涂成薄层后，在空气中就逐渐变成有韧性的固态薄膜，油脂的这种特性叫干性（干化）。具有干性的油脂叫干性油。干性的化学反应主要是一系列氧化聚合反应的结果。干性油能结膜的特性，使它成为油漆工业中的一种重要原料。

第四节　碳酰胺

尿素或脲$\left(H_2N-\overset{\overset{O}{\|}}{C}-NH_2\right)$是哺乳动物体内蛋白质分解、代谢的排泄物。它是人工合成的第一个有机化合物。在构造上，尿素可以看成是碳酸$\left(HO-\overset{\overset{O}{\|}}{C}-OH\right)$分子中两个羟基被氨

基（$—NH_2$）取代后的生成物，因此，尿素或脲又叫碳酰胺：

$$H_2N—\overset{\overset{\large O}{\|}}{C}—NH_2$$

碳酰胺存在于人和哺乳动物的尿中。成人每天排泄的尿内约含尿素30g。工业上是在12～22MPa、180℃时，用二氧化碳和过量的氨作用制取尿素。

$$2NH_3+CO_2 \xrightarrow[12\sim22MPa]{180℃} \underset{\text{氨基甲酸铵}}{H_2N—\overset{\overset{O}{\|}}{C}—ONH_4} \xrightarrow{-H_2O} \underset{\text{尿素}}{H_2N—\overset{\overset{O}{\|}}{C}—NH_2}$$

尿素是菱形或针状晶体，熔点132.4℃，易溶于水及醇，不溶于醚。具有酰胺的一般化学性质，但由于两个氨基同时连在一个羰基上，因此又具有特有的性质。

一、弱碱性

尿素呈极弱的碱性，它的水溶液不使石蕊变色，能与一分子强酸作用生成盐，即只有一个氨基参与成盐反应：

$$CO(NH_2)_2+HNO_3 \longrightarrow \underset{\text{硝酸脲（结晶，不溶于水）}}{CO(NH_2)_2 \cdot HNO_3}$$

生成的硝酸脲不溶于浓硝酸，硝酸脲只微溶于水。利用此性质可从尿中分离出尿素。

二、水解反应

尿素在酸、碱或尿素酶的存在下，可水解生成氨（或铵盐）。故可用来作氮肥。

$$H_2N—\overset{\overset{O}{\|}}{C}—NH_2 \begin{cases} \xrightarrow[\text{尿素酶}]{H_2O} CO_2+H_2O+NH_3 \\ \xrightarrow{NaOH} NH_3+Na_2CO_3 \\ \xrightarrow[\triangle]{H_2O,HCl} NH_4Cl+CO_2 \end{cases}$$

三、放氮反应

尿素与亚硝酸作用生成二氧化碳和氮。

$$H_2N—\overset{\overset{O}{\|}}{C}—NH_2 +2HONO \longrightarrow CO_2+2N_2\uparrow+3H_2O$$

这个反应是定量进行的，医疗上用以测定氮的体积来分析脲的含量，也可用来除去某些反应中残留的过量亚硝酸。

四、加热反应

将固体尿素慢慢加热到它的熔点（190℃）左右，两分子尿素就脱去一分子氨，生成缩二脲

$$H_2N—\overset{\overset{O}{\|}}{C}—\boxed{NH_2+H}—\overset{\overset{H}{|}}{N}—\overset{\overset{O}{\|}}{C}—NH_2 \xrightarrow{\triangle} \underset{\text{缩二脲（无色针状结晶，难溶于水）}}{H_2N—\overset{\overset{O}{\|}}{C}—\overset{\overset{H}{|}}{N}—\overset{\overset{O}{\|}}{C}—NH_2}+NH_3$$

缩二脲以及分子中含有两个以上的$—\overset{\overset{O}{\|}}{C}—NH—$键的化合物都能与硫酸铜的碱溶液反应显

紫色，这个颜色反应叫缩二脲反应，常用于有机分析鉴定。尿素是常用的高效固体氮肥，含氮量达46.6%，适用于各种土壤和农作物。尿素也是重要的有机合成原料，尿素与甲醛作用可生成脲甲醛树脂，可用作胶黏剂和俗称电玉的脲甲醛塑料。药用尿素可配注射液用于治疗急性青光眼。尿素能软化皮肤角膜，可外用治疗皮肤皲裂等。

例　题

【例 10-1】 分离异戊醇和异戊酸的混合物。

解析　异戊酸具有酸性，可与氢氧化钠作用生成盐而溶于水中，异戊醇则不溶。利用这一性质可将它们分离开，然后再分别提纯：

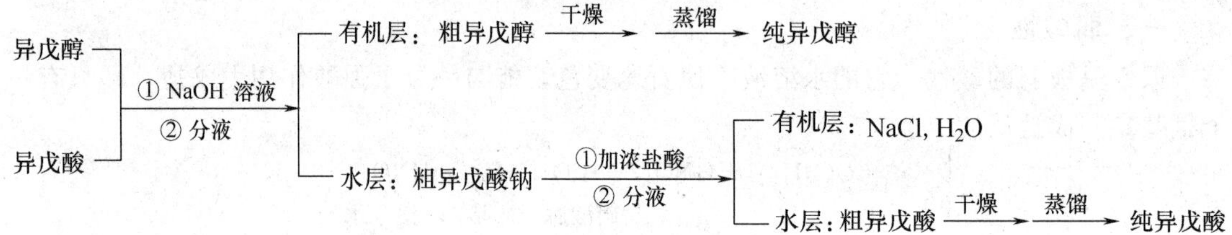

【例 10-2】 用化学方法鉴别乙酰氯、乙酰胺、乙酸酐和氯乙烷。

解析　利用羧酸衍生物水解后生成不同的产物鉴别它们，而乙酰氯与氯乙烷则用它们与硝酸银醇溶液反应活性不同来鉴别。

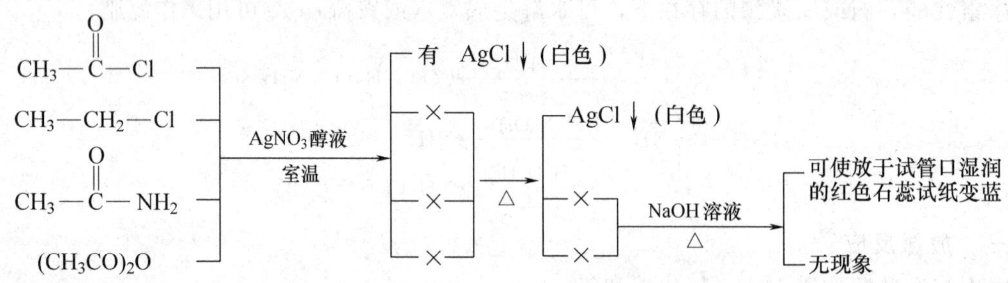

【阅读材料】

肥皂和合成洗涤剂

肥皂是广泛使用的洗涤剂，具有去污作用。肥皂之所以能够去污，是因为肥皂分子有两种基团：一种是亲水的—COONa或—COO⁻，它可以溶于水；另一种是憎水的非极性的烃基，它不溶于水，具有亲油的性质，如图10-2所示。洗涤时，肥皂分子中的长链烃基可伸入到被洗物（织物）上的油污内，羧基则在水中，油滴被肥皂分子包围起来，使油污微粒乳化，并分散悬浮于水中，形成乳浊液。此外，由于肥皂分子的亲水基团插入水中而憎水基团又伸出在水面外，削弱了水分子间的引力，使水的表面张力降低，油污易被润湿渗透，从而使油污与它的附着物（纤维）逐渐松开，经揉、搓及机械摩擦而脱离附着物，并分散成细小的乳浊液，再经水漂洗而除去。这就是肥皂的去污原理，如图10-3所示。肥皂由于分子组成的原因，不宜在酸性水或硬水中使用。近年来，以石油加工的产品为原料合成了多种洗涤剂。而合成洗涤剂的显著优点，就是在硬水及酸性水中均可使用。

合成洗涤剂是具有去污作用的化学合成制品，是一种表面活性剂，在水溶液中能降低水的表面张力。其去污原理和肥皂相似，它们的分子结构中同样具有亲水（溶于水）基团和憎水（不溶于水）基

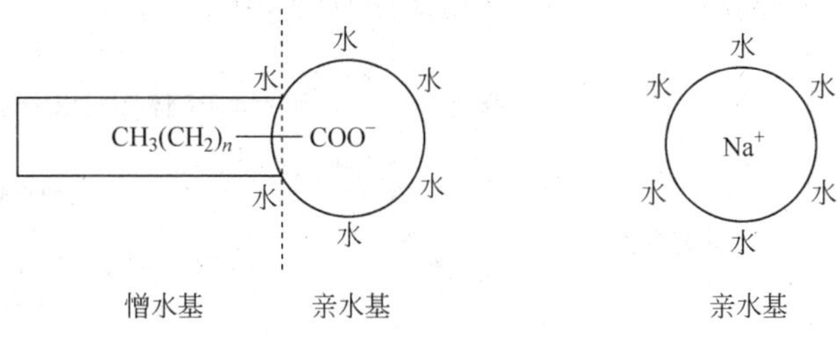

图 10-2　肥皂分子示意图

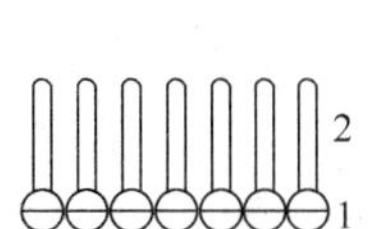

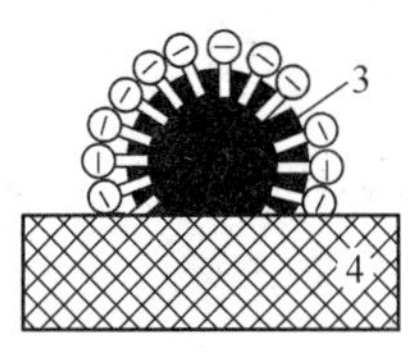
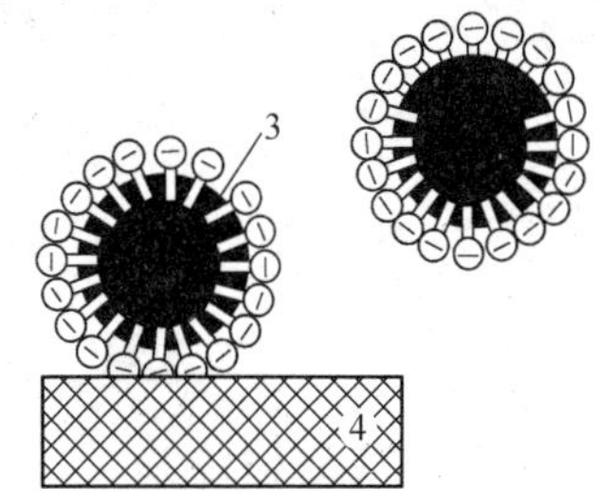

图 10-3　肥皂去污示意图

1—亲水基；2—憎水基；3—油污；4—纤维品

团。合成洗涤剂种类很多，根据结构特点分为离子型和非离子型两大类。离子型又包括阴离子和阳离子型两种。

阴离子型应用最广泛，常见有烷基磺酸钠（$R-SO_3Na$）和烷基苯磺酸钠（$R-C_6H_4-SO_3Na$）两种组分。目前市售洗衣粉主要是烷基苯磺酸钠。可在酸性溶液及硬水中使用。阳离子型的如“新洁尔灭”，主要成分是溴化二甲基苄基十二烷基铵。去污能力较差，但有灭菌作用。非离子型如“洗净剂”，结构式为 $R-C_6H_4-O\!+\!CH_2CH_2-O\!+_n H$，$n=6\sim12$，$R=C_8\sim C_{10}$的烷基，是一种黏稠的液体，易溶于水。洗涤效果良好。除用于家庭洗涤外，广泛用于纺织、印染、选矿、制革、化妆品、金属加工等行业。

日用洗涤剂中一般加有辅助剂（如磷酸盐），辅助剂的加入能改善洗涤剂的功能。洗涤剂使用后的洗涤污水会给环境带来影响甚至危害。特别是含量高（可达洗涤剂质量的50%左右）的辅助剂磷酸盐随着洗涤污水连同人粪尿等生活污水中的N、C等一起排入水域中，使水中浮游生物繁殖所需的N、P等营养元素增加，造成水体富营养化现象，使水域环境退化。减少洗涤剂中的磷含量是防止水体发生富营养化、保护水质的重要举措。应大力提倡使用无磷洗涤剂。

本章小结

一、羧酸

1. 羧酸是分子中含有羧基（$-\overset{O}{\overset{\|}{C}}-OH$）的有机化合物，羧基是羧酸的官能团。

2. 命名

俗名：根据羧酸的来源命名。

系统命名法：与醛类相似，把“醛”字改为“羧”字即可。

3. 化学反应

(1) RCH_2COOH
- 酸性 $\xrightarrow{NaHCO_3}$ $RCH_2COONa + CO_2\uparrow + H_2O$
- 羟基的取代
  - 酯化 $\underset{}{\overset{R'OH,\ H^+}{\rightleftharpoons}}$ $RCH_2COOR' + H_2O$
  - 生成酰卤 $\xrightarrow{PX_3(PX_5,\ SOCl_2)}$ RCH_2COX
  - 生成酸酐 $\xrightarrow[\triangle]{P_2O_5}$ $(RCH_2CO)_2O + H_2O$
  - 生成酰胺 $\xrightarrow[\triangle]{NH_3}$ $RCH_2CONH_2 + H_2O$
- α-H卤代 $\xrightarrow{X_2,\ P}$ $RCHXCOOH$ $\xrightarrow{X_2,\ P}$ RCX_2COOH (X_2=Cl_2, Br_2)

(2) 脱羧反应
- $CH_3COOH + NaOH \xrightarrow[\triangle]{CaO} CH_4\uparrow + Na_2CO_3$
- $HOOC—COOH \xrightarrow{150℃} CO_2 + HCOOH$
- $HOOCCH_2COOH \xrightarrow{\triangle} CH_3COOH + CO_2$

二、羧酸衍生物

1. 羧酸衍生物分子中都含有酰基（$R—\overset{O}{\overset{\|}{C}}—$）

2. 命名
   - 酰卤与酰胺——根据相应的羧基命名为“某酰卤”或“某酰胺”。
   - 酸酐——根据成酐的两个羧酸命名为“某酸酐”。
   - 酯——根据成酯的羧酸和醇命名为“某酸某酯”。

3. 化学反应
   - 水解⟶生成羧酸
   - 醇解⟶生成酯
   - 氨解：酰氯、酸酐和酯生成酰胺
   - 酯的还原反应生成伯醇
   - 酰胺的特殊反应
     - 脱水反应生成腈，腈酸性水解生成羧酸
     - 霍夫曼降级反应生成比酰胺少一个碳原子的胺

习　　题

1. 用系统命名法命名下列化合物。

(1) $CH_3—CH(CH_3)—CH_2COOH$

(2) $(H_3C)_2C(COOH)_2$（H_3C、H_3C、COOH、COOH 连于同一 C 上）

(3) $H—\overset{O}{\overset{\|}{C}}—OC_2H_5$

(4) $(CH_3)_2CH—\overset{O}{\overset{\|}{C}}—NH_2$

(5) $CH_3—CH—C(=O)$ 与 $CH_2—C(=O)$ 经 O 成环（环状酸酐：CH 与 CH_2 相连，两个 C=O 通过 O 相连）

(6) $CH_3—\underset{Cl}{\underset{|}{CH}}—COOH$

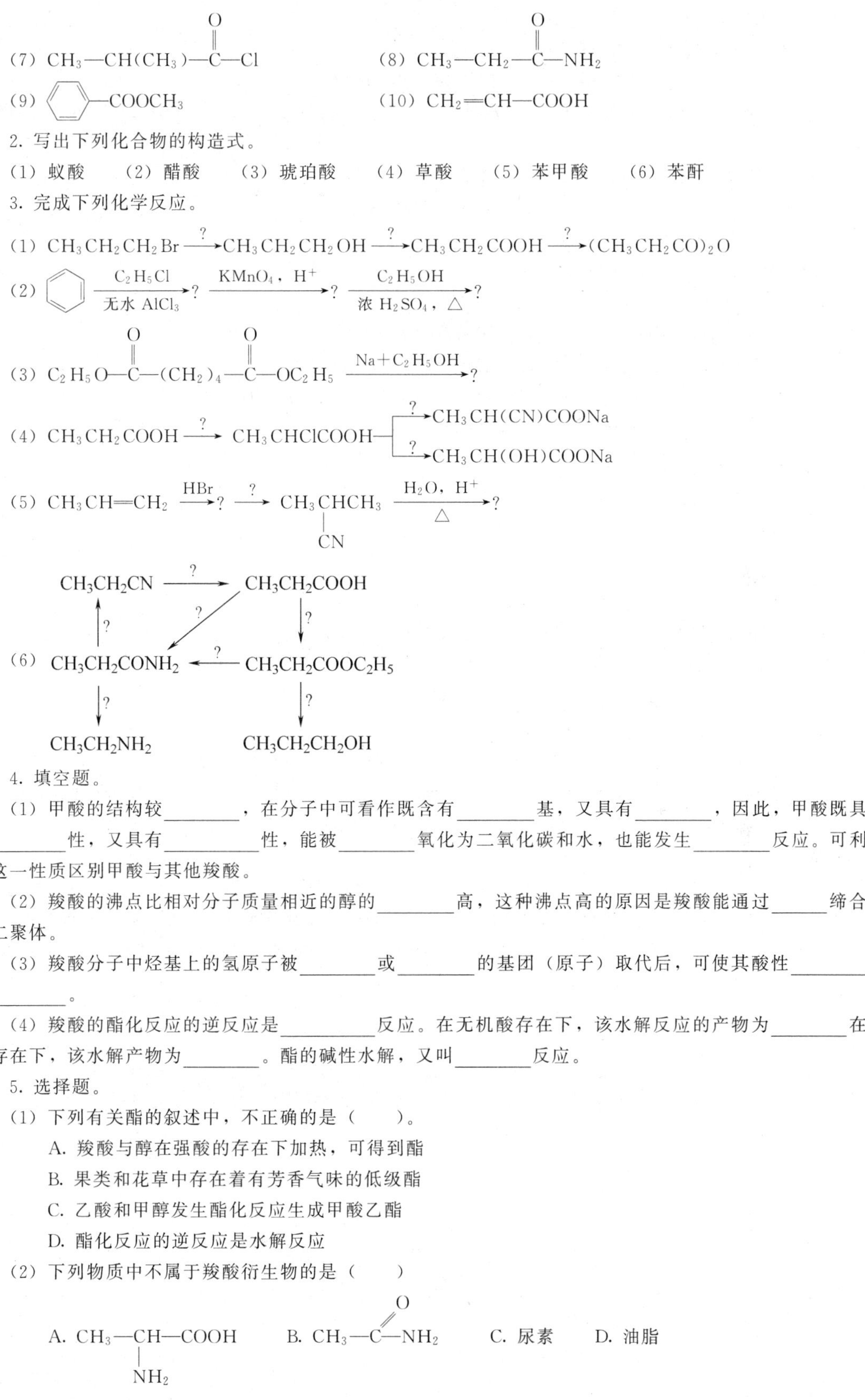

(7) $CH_3-CH(CH_3)-\overset{O}{\overset{\|}{C}}-Cl$　　(8) $CH_3-CH_2-\overset{O}{\overset{\|}{C}}-NH_2$

(9) $C_6H_5-COOCH_3$（苯环—COOCH₃）　　(10) $CH_2=CH-COOH$

2. 写出下列化合物的构造式。

(1) 蚁酸　(2) 醋酸　(3) 琥珀酸　(4) 草酸　(5) 苯甲酸　(6) 苯酐

3. 完成下列化学反应。

(1) $CH_3CH_2CH_2Br \xrightarrow{?} CH_3CH_2CH_2OH \xrightarrow{?} CH_3CH_2COOH \xrightarrow{?} (CH_3CH_2CO)_2O$

(2) 苯 $\xrightarrow[\text{无水 } AlCl_3]{C_2H_5Cl}$? $\xrightarrow{KMnO_4,\ H^+}$? $\xrightarrow[\text{浓 } H_2SO_4,\ \triangle]{C_2H_5OH}$?

(3) $C_2H_5O-\overset{O}{\overset{\|}{C}}-(CH_2)_4-\overset{O}{\overset{\|}{C}}-OC_2H_5 \xrightarrow{Na+C_2H_5OH}$?

(4) $CH_3CH_2COOH \xrightarrow{?} CH_3CHClCOOH$ —— $\xrightarrow{?} CH_3CH(CN)COONa$；$\xrightarrow{?} CH_3CH(OH)COONa$

(5) $CH_3CH=CH_2 \xrightarrow{HBr}$? $\xrightarrow{?}$ $CH_3\underset{CN}{\underset{|}{C}}HCH_3$ $\xrightarrow[\triangle]{H_2O,\ H^+}$?

(6)

$CH_3CH_2CN \xrightarrow{?} CH_3CH_2COOH$

$CH_3CH_2CONH_2 \xrightarrow{?} CH_3CH_2CN$

$CH_3CH_2COOH \xrightarrow{?} CH_3CH_2CONH_2$

$CH_3CH_2COOH \xrightarrow{?} CH_3CH_2COOC_2H_5$

$CH_3CH_2COOC_2H_5 \xrightarrow{?} CH_3CH_2CONH_2$

$CH_3CH_2CONH_2 \xrightarrow{?} CH_3CH_2NH_2$

$CH_3CH_2COOC_2H_5 \xrightarrow{?} CH_3CH_2CH_2OH$

4. 填空题。

(1) 甲酸的结构较________，在分子中可看作既含有________基，又具有________，因此，甲酸既具有________性，又具有__________性，能被________氧化为二氧化碳和水，也能发生________反应。可利用这一性质区别甲酸与其他羧酸。

(2) 羧酸的沸点比相对分子质量相近的醇的________高，这种沸点高的原因是羧酸能通过______缔合成二聚体。

(3) 羧酸分子中烃基上的氢原子被________或________的基团（原子）取代后，可使其酸性________或________。

(4) 羧酸的酯化反应的逆反应是__________反应。在无机酸存在下，该水解反应的产物为________在碱存在下，该水解产物为________。酯的碱性水解，又叫________反应。

5. 选择题。

(1) 下列有关酯的叙述中，不正确的是（　　）。

A. 羧酸与醇在强酸的存在下加热，可得到酯

B. 果类和花草中存在着有芳香气味的低级酯

C. 乙酸和甲醇发生酯化反应生成甲酸乙酯

D. 酯化反应的逆反应是水解反应

(2) 下列物质中不属于羧酸衍生物的是（　　）

A. $CH_3-\underset{NH_2}{\underset{|}{C}}H-COOH$　　B. $CH_3-\overset{O}{\overset{\|}{C}}-NH_2$　　C. 尿素　　D. 油脂

(3) 下列反应中不属于水解反应的是（　　）。

A. 丙酰胺与 Br_2、NaOH 共热　　B. 皂化

C. 乙酰氯在空气中冒白雾　　D. 乙酐与 H_2O 共热

(4) 下列化合物中，既能使高锰酸钾溶液褪色，又能使溴水褪色，还能与 NaOH 发生中和反应的化合物是（　　）。

A. $CH_2=CH—COOH$　　B. $CH_3—CH_3$

C. $CH_2=CH_2$　　D. CH_3CH_2OH

6. 将下列各组化合物按酸性由强到弱顺序排列。

(1) CH_3CH_2OH，CH_3COOH，HOOC—COOH

(2) Cl_3CCOOH，$ClCH_2COOH$，CH_3COOH，F_3CCOOH

(3) CH_3CH_2OH，CH_3COOH，CBr_3COOH，HCOOH

7. 根据在水中溶解性由大到小的顺序，依次排列下列各组化合物。

(1) $CH_3CH_2CH_2CH_3$，$CH_3CH_2CH_2CH_2OH$，CH_3CH_2COOH，$CH_3CH_2OCH_2CH_3$

(2) $CH_3(CH_2)_4CH_3$，CH_3CH_2COONa，$CH_3CH_2CH_2CH_2COOH$

8. 按沸点由高到低排列下列各组化合物。

(1) $CH_3—\overset{O}{\overset{\|}{C}}—NH_2$，$CH_3—\overset{O}{\overset{\|}{C}}—OH$，$CH_3—\overset{O}{\overset{\|}{C}}—Cl$

(2) $CH_3—OH$，$CH_3—\overset{O}{\overset{\|}{C}}—OH$，$C_2H_5OH$，$H—\overset{O}{\overset{\|}{C}}—OH$

9. 用化学方法鉴别下列各组化合物。

(1) 乙醇，乙醛，乙酸　(2) 甲酸，乙酸，乙二酸　(3) 苯酚，苯甲醛，苯甲酸

10. 苯甲酸中含有少量苯甲醇，如何提纯苯甲酸?

11. 以乙醇为原料合成下列化合物。

(1) 丙酸酐　(2) 丙酰胺　(3) 乙胺　(4) 丙酸丙酯　(5) 丙烯酸（$CH_2=CH—COOH$）

12. 化合物 A、B 的分子式均为 $C_3H_6O_2$，A 能与碳酸钠作用放出二氧化碳，B 在氢氧化钠溶液中加热发生水解，B 的水解产物之一能发生碘仿反应，另一个能与托伦试剂发生银镜反应，试推测化合物 A、B 的构造式。

13. 化合物 A、B 的分子式均为 C_4H_6O，它们不溶于碳酸氢钠及氢氧化钠水溶液，可使溴水褪色，有类似乙酸乙酯的香味；分别与酸性水溶液共热后，生成的物质均不使溴水褪色，A 生成乙酸和乙醛，B 生成的一种物质可以发生银镜反应，另一种物质可发生碘仿反应，试推测 A、B 的构造式。

第十一章　含氮有机化合物

【学习目标】

1. 了解硝基化合物、胺、腈的结构特点及分类，掌握它们的命名方法。
2. 了解硝基化合物、胺、腈的物理性质及其变化规律。
3. 熟悉硝基化合物、胺、腈的化学反应及其应用，掌握胺的鉴别方法。

分子中含有氮元素的有机化合物叫含氮有机化合物，其种类很多，本章主要讲述硝基化合物、胺、腈等。

第一节　芳香族硝基化合物

烃分子中的氢原子被硝基取代后的化合物叫硝基化合物。其中芳环上一个或几个氢原子被硝基取代后的化合物称为芳香族硝基化合物；而把脂肪烃分子中一个或几个氢原子被硝基取代后的化合物叫脂肪族硝基化合物。芳香族硝基化合物比脂肪族硝基化合物应用广泛，因此，本书主要讲述芳香族硝基化合物。

一、芳香族硝基化合物的结构和命名

芳香族硝基化合物中的—NO_2 是它的官能团，其结构式一般用 $—N{=}O$（N→O）来表示。

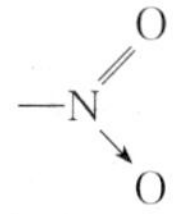

芳香族硝基化合物的命名，通常以芳烃为母体，硝基作为取代基。若芳环上连有其他基团时，硝基也作为取代基（见第八章第一节）。

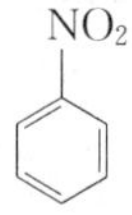

硝基苯 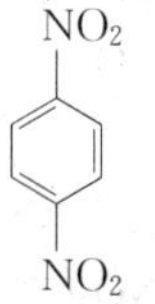　　对二硝基苯 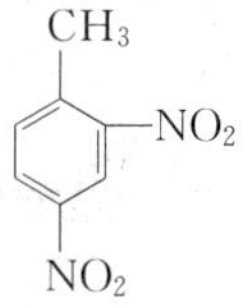　　2,4-二硝基甲苯 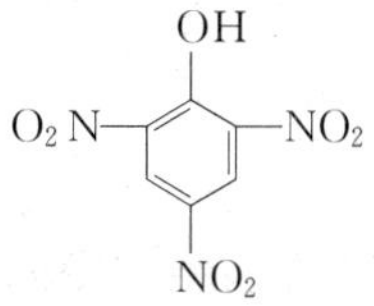　　2,4,6-三硝基苯酚

二、芳香族硝基化合物的物理性质

芳烃的一硝基化合物是无色或淡黄色有毒的液体或固体，有苦杏仁气味。多硝基化合物多数是高熔点的黄色晶体。受热时易爆炸，可用作炸药。有的多硝基化合物有香味，可用作香料，如二甲苯麝香等。硝基化合物不溶于水，比水重，易溶于有机溶剂。有毒，应避免与皮肤直接接触或吸入其蒸气。一些芳香族硝基化合物的物理常数见表 11-1。

表 11-1　一些芳香族硝基化合物的物理常数

名　称	熔点/℃	沸点/℃	密度(20℃)/(g/cm³)	名　称	熔点/℃	沸点/℃	密度(20℃)/(g/cm³)
硝基苯	5.7	210.8	1.203	间二硝基苯	89.8	303(102.7kPa)	1.571(0℃)
邻二硝基苯	118	319(99.2kPa)	1.565(17℃)	对二硝基苯	174	299(103.6kPa)	1.625

续表

名称	熔点/℃	沸点/℃	密度(20℃)/(g/cm³)	名称	熔点/℃	沸点/℃	密度(20℃)/(g/cm³)
邻硝基甲苯	−9.3	222	1.168	1,3,5-三硝基苯	122	分解	1.688
间硝基甲苯	16	231	1.157	2,4-二硝基甲苯	70	300	1.521(15℃)
对硝基甲苯	52	238.5	1.286	2-硝基萘	61	304	1.332

三、芳香族硝基化合物的化学反应及应用

1. 还原反应

硝基的还原反应是芳香族硝基化合物最重要的反应，硝基还原后生成氨基。常用的还原方法有催化加氢法和化学还原法。催化加氢法在产品的质量和收率等方面都优于化学还原法。因而工业生产常用催化加氢法，由硝基苯制备苯胺：

$$C_6H_5NO_2 \xrightarrow[\triangle,\text{加压}]{H_2,Ni} C_6H_5NH_2$$

苯胺

化学还原法是以铁为还原剂，在稀盐酸中硝基被还原为氨基，例如：

$$C_6H_5NO_2 \xrightarrow[\triangle]{Fe,HCl} C_6H_5NH_2$$

如果在芳环上同时存在两个硝基时，只还原其中一个硝基，可用适量的硫氢化铵、硫化铵作还原剂。例如：

$$m\text{-}C_6H_4(NO_2)_2 \xrightarrow[CH_3OH,\triangle]{NH_4HS} m\text{-}H_2NC_6H_4NO_2$$

2. 苯环上的取代反应

硝基是较强的间位定位基，它使苯环钝化，硝基苯环上的卤代、硝化、磺化等取代反应主要发生在间位，且比苯难于进行，并使硝基苯不能发生烷基化、酰基化反应。

$$C_6H_5NO_2 \xrightarrow[Fe,140℃]{Br_2} m\text{-}BrC_6H_4NO_2$$

$$C_6H_5NO_2 \xrightarrow[95\sim100℃]{\text{发烟}HNO_3,\text{浓}H_2SO_4} m\text{-}C_6H_4(NO_2)_2$$

$$C_6H_5NO_2 \xrightarrow[110℃]{\text{发烟}H_2SO_4} m\text{-}HO_3SC_6H_4NO_2$$

四、硝基对苯环上的其他取代基的影响

硝基不仅使环上的取代反应钝化，同时对苯环上的其他取代基的化学性质也有比较显著的影响。

1. 使卤原子活化

氯苯分子中的氯原子不活泼，一般较难水解，氯苯与氢氧化钠水溶液加热到200℃，也不发生水解反应。但当氯原子的邻位或对位连有硝基时，氯原子就比较活泼，容易被水解。

邻、对位上的硝基越多，反应越容易进行。

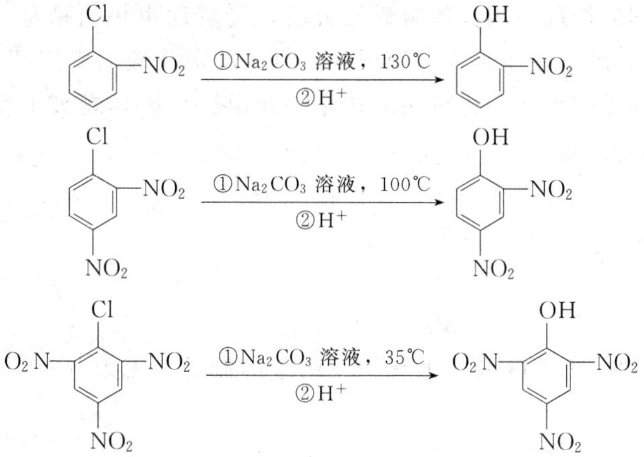

$$\text{o-}ClC_6H_4NO_2 \xrightarrow[\text{②}H^+]{\text{①}Na_2CO_3\text{ 溶液，}130℃} \text{o-}HOC_6H_4NO_2$$

$$2,4\text{-}(NO_2)_2C_6H_3Cl \xrightarrow[\text{②}H^+]{\text{①}Na_2CO_3\text{ 溶液，}100℃} 2,4\text{-}(NO_2)_2C_6H_3OH$$

$$2,4,6\text{-}(NO_2)_3C_6H_2Cl \xrightarrow[\text{②}H^+]{\text{①}Na_2CO_3\text{ 溶液，}35℃} 2,4,6\text{-}(NO_2)_3C_6H_2OH$$

以上反应可用于制备硝基酚。

2. 使酚羟基的酸性增强

当酚羟基的邻、对位上有硝基时，由于硝基的吸电作用，使酚羟基氧原子上的电子密度降低，对氢原子的吸引力减弱，所以 H 很容易离解为 H^+，因而能增强酚的酸性，硝基越多，酸性越强。例如：

酸性：苯酚 < 4-硝基苯酚 < 2,4-二硝基苯酚 < 2,4,6-三硝基苯酚

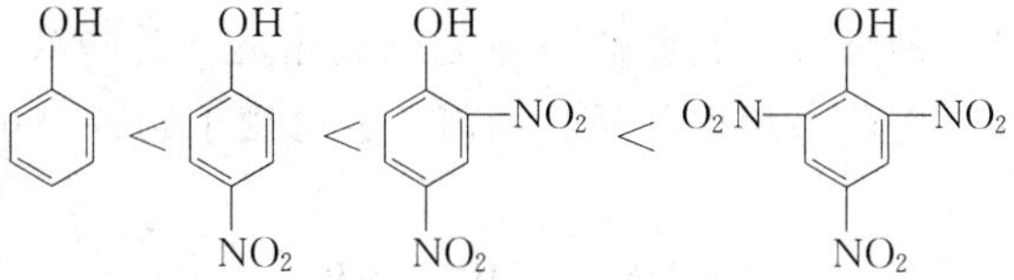

pK_a 值（25℃）：99.8　71.5　4.0　0.71

其中 2,4-二硝基苯酚的酸性与甲酸相近，2,4,6-三硝基苯酚的酸性与强无机酸相近，能使刚果红试纸由红色变成蓝紫色。

五、重要的硝基化合物

芳香族硝基化合物一般是由芳烃及其某些衍生物直接硝化制得。

1. 硝基苯

硝基苯（$C_6H_5NO_2$）为浅黄色油状液体，熔点 5.7℃，沸点 210.8℃，密度 1.197g/cm^3，具有苦杏仁气味，有毒。它不溶于水，溶于有机溶剂。硝基苯是制备苯胺、染料和炸药等的重要原料。也可作溶剂和缓和的氧化剂。

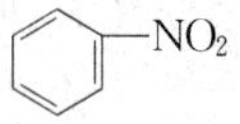

2. 2,4,6-三硝基甲苯（$CH_3C_6H_2(NO_2)_3$）

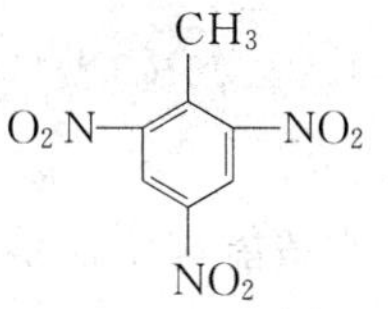

2,4,6-三硝基甲苯俗称 TNT。TNT 由甲苯经高温硝化反应制取，反应式如下：

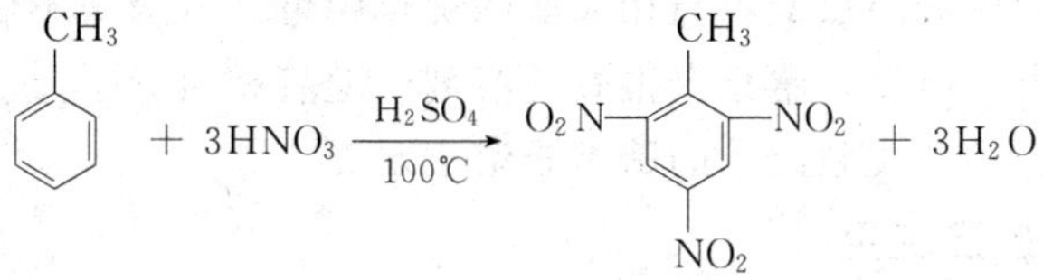

$$C_6H_5CH_3 + 3HNO_3 \xrightarrow[100℃]{H_2SO_4} 2,4,6\text{-}(NO_2)_3C_6H_2CH_3 + 3H_2O$$

2,4,6-三硝基甲苯

TNT是黄色结晶，熔点80.6℃，不溶于水，可溶于苯、甲苯和丙酮。有毒，味苦。

TNT是一种猛烈的炸药。因其熔融后不分解，受震动也相当稳定，所以装弹运输比较安全。经引爆剂引发，就会发生爆炸。原子弹、氢弹的爆炸威力常用TNT的万吨级当量来表示。TNT是重要的军用炸药，也可用于筑路、开山、采矿等爆破工程中。此外，还可用于制造染料和照相用药品等。

3. 2,4,6-三硝基苯酚（结构式：苯环上1位OH，2,4,6位 NO_2）

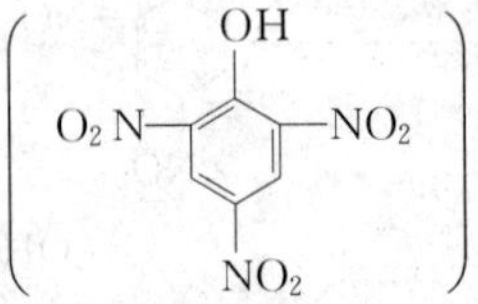

2,4,6-三硝基苯酚俗称苦味酸。苦味酸可由苯酚制备（见第八章第一节），也可由氯苯制备，反应式如下：

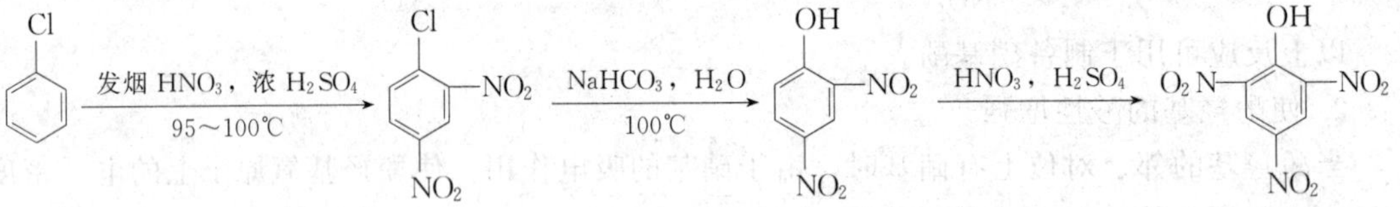

$$C_6H_5Cl \xrightarrow[95\sim100℃]{\text{发烟}\ HNO_3,\ \text{浓}\ H_2SO_4} \text{2,4-二硝基氯苯} \xrightarrow[100℃]{NaHCO_3,\ H_2O} \text{2,4-二硝基苯酚} \xrightarrow{HNO_3,\ H_2SO_4} \text{2,4,6-三硝基苯酚}$$

2,4,6-三硝基苯酚

苦味酸是黄色结晶，熔点122℃，不溶于冷水，溶于热水、乙醇和乙醚。有毒，并有强烈的爆炸性。苦味酸是一种强酸，其酸性与强无机酸相近。苦味酸是制造硫化染料的原料，本身也是一种酸性染料。医药上用作外科收剑剂，也可用于制备照相药品。

第二节 腈

腈可看作是烃分子中的氢原子被氰基（—CN）取代后的生成物。常用通式RCN或Ar—CN表示。—CN是腈的官能团，氰基中的碳原子与氮原子以三键相连，构造式为—C≡N:，可简写为—CN。氰基是较强的极性键，因此腈是具有极性的化合物。

一、腈的命名

腈的命名常根据腈分子中所含碳原子的数目（包括—CN中的碳原子）叫某腈或某二腈；或以烃作为母体，氰基作为取代基称为“氰基某烃”。例如：

CH_3CH_2CN	$CH_2{=}CH—CN$	$NC(CH_2)_4CN$	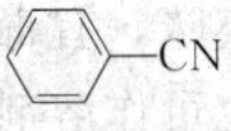 C_6H_5—CN
丙腈	丙烯腈	己二腈	苯甲腈
（或氰基乙烷）	（或氰基乙烯）	（1,4-二氰基丁烷）	（或苄腈）

二、腈的物理性质

脂肪族低级腈为无色液体，高级腈为固体。乙腈能与水混溶，碳氮键有较强的极性，分子间有较大的引力，所以沸点比较高（81.6℃），比与它相对分子质量相近的烃、醚、醛和酮等都高。但比相应的羧酸沸点低，与相应醇的沸点相近。低级腈不仅可以与水混溶，而且可以溶解许多无机盐类。所以，腈是个很好的溶剂。随着相对分子质量的增加，丙腈、丁腈在水中的溶解度迅速减小。戊腈以上的腈类难溶于水。

三、腈的化学反应及应用

1. 水解反应

腈在酸或碱的催化下，在较高温度（约 100～200℃）和较长时间（数小时）加热下，水解生成羧酸或羧酸盐。腈的水解是工业上制备羧酸的重要方法之一，例如工业上由己二腈水解制备己二酸：

$$NC(CH_2)_4CN \xrightarrow[100\sim200℃]{H_2O,H^+} HOOC(CH_2)_4COOH + NH_3\uparrow$$

又如由苯乙腈制备苯乙酸：

$$C_6H_5\text{—}CH_2CN \xrightarrow[\triangle]{H_2O,77\%H_2SO_4} C_6H_5\text{—}CH_2COOH + NH_3$$

2. 还原反应

腈经催化加氢或用氢化锂铝还原生成伯胺。例如工业上由乙腈在高压下催化加氢制取乙胺：

$$CH_3CN \xrightarrow[\text{高压}]{H_2,Ni} CH_3CH_2NH_2$$

四、重要的腈——丙烯腈

丙烯腈为无色液体。沸点 77.3～77.4℃，微溶于水，易溶于有机溶剂。其蒸气有毒，能与空气形成爆炸性混合物，爆炸极限为 3.05%～17.0%（体积分数）。工业上由乙炔和氢氰酸直接加成或丙烯通过氨氧化法制得丙烯腈，氨氧化法是目前生产丙烯腈的主要方法。

$$\underset{\text{（过量）}}{HC\equiv CH} + HCN \xrightarrow[70℃]{Cu_2Cl_2} CH_2\text{═}CH\text{—}CN$$

$$CH_2\text{═}CH\text{—}CH_3 + NH_3 + \frac{3}{2}O_2 \xrightarrow[470℃,\ 0.2\sim0.3MPa]{\text{磷钼酸铋}} CH_2\text{═}CH\text{—}CN + 3H_2O$$

丙烯腈在引发剂（如过氧化苯甲酰）的存在下，可聚合成聚丙烯腈。

$$nCH_2\text{═}\underset{CN}{\underset{|}{CH}} \xrightarrow{\text{引发剂}} \text{⁅}CH_2\text{—}\underset{CN}{\underset{|}{CH}}\text{⁆}_n$$

聚丙烯腈

聚丙烯腈纤维即腈纶，又称人造羊毛。它具有强度高、保暖性好、着色性好、耐日光、耐酸和耐溶剂等特性。丙烯腈还能与其他化合物共聚，丁腈橡胶就是由丙烯腈和 1,3-丁二烯共聚而成。

第三节　胺

一、胺的分类、命名和构造异构

1. 胺的分类

胺可以看作是氨分子中的氢原子被烃基取代后的生成物（氨的烃基衍生物）。

根据氨分子中的氢原子被一个、两个或三个烃基取代后的生成物，分别称为伯胺、仲胺和叔胺。

NH_3	RNH_2	R_2NH	R_3N
氨	伯胺	仲胺	叔胺

必须注意伯、仲、叔胺的这种分类方法与伯、仲、叔醇不同。伯、仲、叔胺是根据氮原子上烃基的数目分类的；而伯、仲、叔醇是根据与烃基相连的碳原子的类型分类的。例如叔丁醇为叔醇，而叔丁胺为伯胺。

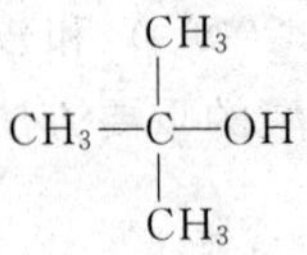

$$CH_3-\underset{CH_3}{\overset{CH_3}{\underset{|}{\overset{|}{C}}}}-OH \qquad CH_3-\underset{CH_3}{\overset{CH_3}{\underset{|}{\overset{|}{C}}}}-NH_2$$

叔醇 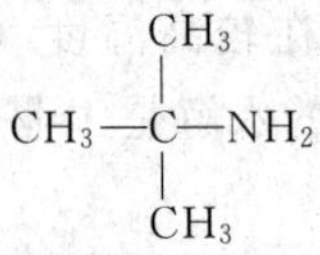　　　　伯胺

根据氮原子上所连接的烃基不同，可分为脂肪胺和芳香胺。氮原子上只连接脂肪烃基的叫脂肪胺；氮原子上至少连有一个芳基的叫芳香胺。例如：

脂肪胺　　CH_3NH_2（甲胺）　　$C_2H_5NH_2$（乙胺）

芳香胺　　$C_6H_5-NH_2$（苯胺）　　$C_6H_5-CH_2NH_2$（苯甲胺（苄胺））

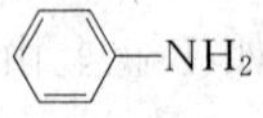

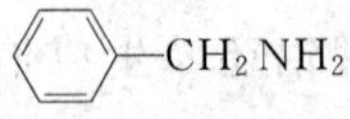

根据分子中氨基的数目，又可分为一元胺、二元胺等。例如：

一元胺　　$CH_3CH_2NH_2$（乙胺）

二元胺　　$H_2NCH_2CH_2NH_2$（乙二胺）

胺能与酸作用生成铵盐，如甲胺和盐酸反应，生成胺盐的构造式为 $CH_3NH_2 \cdot HCl$ 或 $[CH_3NH_3]^+Cl^-$。铵盐分子中的氢原子全被烃基取代后的产物叫季铵盐，其相应的氢氧化物叫季铵碱。例如：

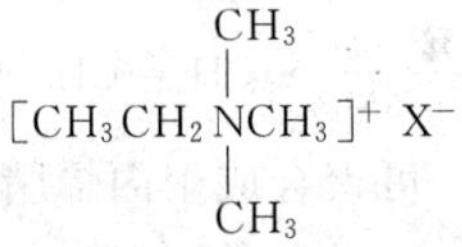

$$\left[CH_3CH_2\underset{CH_3}{\overset{CH_3}{\underset{|}{\overset{|}{N}}}}CH_3\right]^+X^- \qquad \left[CH_3CH_2\underset{CH_3}{\overset{CH_3}{\underset{|}{\overset{|}{N}}}}CH_3\right]^+OH^-$$

季铵盐 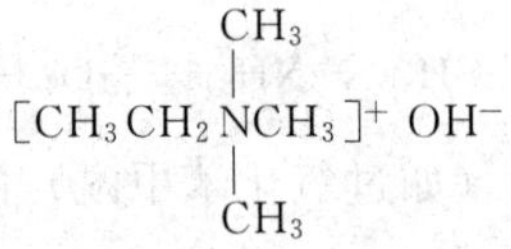　　　　季铵碱

应该注意“氨”、“胺”及“铵”字的用法，在表示基时，如氨基（$-NH_2$）则用“氨”字；表示 NH_3 的烃基衍生物时，用“胺”；季铵类化合物则用“铵”。

2. 胺的命名

简单的胺以习惯命名法命名，它是在“胺”字之前加烃基的数目和名称来命名；当所连的烃基不相同时，简单的烃基写在前面，复杂的烃基写在后面。例如：

CH_3NH_2（甲胺）　$C_6H_5-NH_2$（苯胺）　$CH_3-C_6H_4-NH_2$（对甲苯胺）　$C_6H_5-CH_2NH_2$（苯甲胺（苄胺））

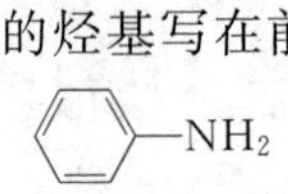

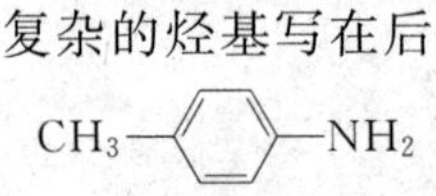

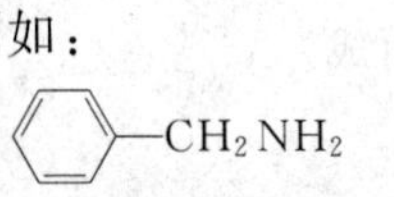

$(CH_3)_2NH$（二甲胺）　$C_6H_5-NH-C_6H_5$（二苯胺）　$CH_3-NH-C_2H_5$（甲乙胺）　$(CH_3)_3N$（三甲胺）

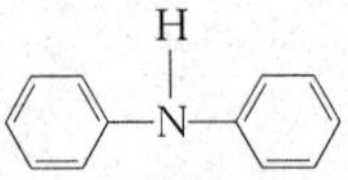

多元胺可在烃基名称之后，胺字之前加上二、三等数目来命名。例如：

$H_2N-CH_2-CH_2-NH_2$（乙二胺）　$H_2N-CH_2-(CH_2)_4-CH_2-NH_2$（1,6-己二胺）　$H_2N-C_6H_4-NH_2$（对苯二胺(或 1,4-苯二胺)）

比较复杂的胺以系统命名法命名，原则上以烃作母体，氨基或烷氨基（RNH—）及二烷氨基（R_2N—）作为取代基。例如：

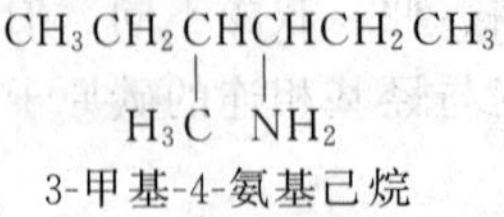

$$CH_3CH_2\underset{H_3C}{\underset{|}{C}}H\underset{NH_2}{\underset{|}{C}}HCH_2CH_3 \qquad CH_3CH_2\underset{NHC_2H_5}{\underset{|}{C}}HCH_3$$

3-甲基-4-氨基己烷 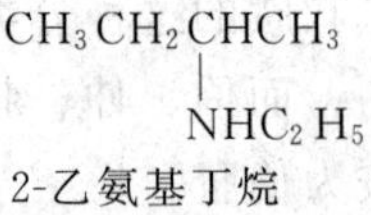　　　　2-乙氨基丁烷

常见的一些烷氨基及二烷氨基命名如下：

$CH_3NH—$　甲氨基　$(CH_3)_2N—$　二甲氨基　$C_2H_5NH—$　乙氨基　$(C_2H_5)_2N—$　二乙氨基

在芳香族仲胺和叔胺命名时，若氮原子同时连有芳基和烷基，命名时在烷基的名称前加符号“*N*”字，表示烷基与氨基的氮原子直接相连。例如：

$C_6H_5—NHCH_3$　*N*-甲基苯胺

$C_6H_5—N(CH_3)_2$　*N*,*N*-二甲基苯胺

铵盐、季铵盐和季铵碱的命名，以“铵”字代替“胺”字，并在某某烃基铵前面加上负离子的名称（如氯化、硫酸氢、氢氧化等）。例如：

$[(CH_3)_2NHC_2H_5]^+HSO_4^-$　硫酸氢二甲基乙基铵(铵盐)

$[(CH_3)_3NC_2H_5]^+Cl^-$　氯化三甲基乙基铵(季铵盐)

$[(CH_3CH_2)_4N]^+OH^-$　氢氧化四乙基铵(季铵碱)

3. 胺的构造异构

碳原子数相同的胺，可因碳链构造、氨基的位置以及氮原子连接的烃基数目不同而产生构造异构体。例如，分子式为 $C_4H_{11}N$ 的胺就有八个构造异构体：

$CH_3—CH_2—CH_2—CH_2NH_2$

$CH_3—NH—CH_2—CH_2—CH_3$

$CH_3—N(CH_3)—CH_2—CH_3$

$CH_3—CH_2—CH(NH_2)—CH_3$

$CH_3—NH—CH(CH_3)—CH_3$

$CH_3—CH(CH_3)—CH_2NH_2$

$CH_3—CH_2—NH—CH_2—CH_3$

$CH_3—C(NH_2)(CH_3)—CH_3$

二、胺的物理性质

室温下脂肪胺中甲胺、二甲胺、三甲胺和乙胺为气体，其他胺是液体或固体。低级胺具有类似氨的气味，但刺激性较弱。三甲胺具有腐烂海鱼或龙虾的气味，丁二胺和戊二胺具有肉腐烂时产生的臭味。高级胺不易挥发，几乎没有气味。

低级胺可以与水形成氢键，故易溶于水，随着相对分子质量的增加溶解度降低。

芳胺是无色液体或固体，毒性较大，容易通过皮肤渗入体内。β-萘胺、联苯胺是致癌物。一些常见胺的物理常数见表 11-2。

表 11-2　一些胺的物理常数

名　称	熔点/℃	沸点/℃	密度(20℃)/(g/cm³)	溶解度(20℃)/(g/100gH₂O)	pK_b(20～25℃)
氨	−77.7	−33	0.7116	易溶	4.76
甲胺	−93.5	−6.3	0.7961(−10℃)	易溶	3.38
二甲胺	−96	7.3	0.6604(0℃)	易溶	3.27
三甲胺	−117	3.5	0.7229(25℃)	91	4.21
乙胺	−80.5	16.6	0.706(0℃)	∞	3.36
乙二胺	−50	116.5	0.899	溶	4.07(pK_{b_1})
1,6-己二胺	42	204.5		易溶	3.07(pK_{b_1})
苯胺	−6.3	184	1.022	3.7	9.30
对甲苯胺	44	200		0.7	8.92
对硝基苯胺	148～149	331.7			12.9
N-甲基苯胺	−57	196.3	0.989	微溶	9.15
N,*N*-二甲基苯胺	2.5	194	0.956	1.4	8.93

三、胺的化学反应及应用

胺的化学反应主要发生在官能团氨基上。

1. 碱性

胺与氨相似，由于氮原子上有一对未共用电子对能接受质子形成铵离子，因而显碱性。

$$\ddot{N}H_3 + H^+ \longrightarrow NH_4^+$$

$$R\ddot{N}H_2 + H^+ \longrightarrow RNH_3^+$$

当胺溶于水时，可与水中质子作用，发生下列离解反应：

$$\ddot{N}H_3 + HOH \rightleftharpoons NH_4^+ + OH^-$$

$$R\ddot{N}H_2 + HOH \rightleftharpoons RNH_3^+ + OH^-$$

胺的碱性强弱可用 pK_b 值表示，pK_b 愈小，其碱性愈强。一些胺的 pK_b 值见表 11-2。

由表 11-2 中一些胺的 pK_b 值可以看出，脂肪胺的碱性比氨强，而氨的碱性又比芳香胺的碱性强，这是因为烷基是供电基，它能使氮原子的电子密度增大，接受质子的能力增强，所以脂肪胺的碱性比氨强；而芳胺分子中由于氨基与苯环直接相连，受苯环的影响，它能使氮原子的电子密度减小，接受质子的能力减弱，所以芳胺的碱性比氨弱。

从表 11-2 可以看出一些胺的碱性强弱顺序如下：

$$(CH_3)_2N > CH_3NH_2 > (CH_3)_3N > NH_3 > C_6H_5NH_2$$

	仲胺	伯胺	叔胺	氨	芳胺
pK_b	3.27	3.38	4.21	4.76	9.30

不同芳胺的碱性强弱顺序为：

$$C_6H_5N(CH_3)_2 > C_6H_5NHCH_3 > C_6H_5NH_2 > C_6H_5NHC_6H_5 > (C_6H_5)_3N$$

	N,*N*-二甲基苯胺	*N*-甲基苯胺	苯胺	二苯胺	三苯胺
pK_b	8.93	9.15	9.30	13.22	

当芳胺的苯环上连有供电子基时，可使其碱性增强，而连有吸电子基时，则使其碱性减弱。例如，下列芳胺的碱性由强到弱顺序如下：

$$H_2N-C_6H_4-CH_3 > C_6H_5-NH_2 > O_2N-C_6H_4-NH_2$$

胺是弱碱，可与无机酸作用生成铵盐，铵盐易溶于水。例如：

$$C_6H_5-NH_2 + HCl \longrightarrow C_6H_5-NH_3^+Cl^- \quad (\text{或 } C_6H_5-NH_2 \cdot HCl)$$

这就是微溶或不溶于水的胺可以溶于稀酸的原因。铵盐当与强碱作用时，胺又重新游离出来。例如：

$$C_6H_5-NH_3^+Cl^- + NaOH \longrightarrow C_6H_5-NH_2 + NaCl + H_2O$$

溶于水　　　　不溶于水

胺的这个性质常用于胺的鉴别，分离和精制。

【例 11-1】 分离苯酚和苯胺的混合物。

$$\text{C}_6\text{H}_5\text{OH} + \text{C}_6\text{H}_5\text{NH}_2 \xrightarrow[\text{② 分离}]{\text{① 稀盐酸}} \begin{cases}\text{有机层：C}_6\text{H}_5\text{OH} \\ \text{水 层：C}_6\text{H}_5\text{NH}_3^+\text{Cl}^- \xrightarrow[\text{② 分离}]{\text{① NaOH 溶液}} \begin{cases}\text{有机层：C}_6\text{H}_5\text{NH}_2 \\ \text{水 层：NaCl, H}_2\text{O}\end{cases}\end{cases}$$

2．氧化反应

脂肪胺和芳胺很容易被氧化，且氧化过程很复杂。苯胺在空气中放置，也会逐渐被氧化而颜色变深。苯胺的氧化产物，因所用氧化剂和反应条件不同而异。例如，苯胺用二氧化锰和硫酸氧化时主要产物为对苯醌。

$$\text{C}_6\text{H}_5\text{NH}_2 \xrightarrow{MnO_2 + H_2SO_4} O{=}\text{C}_6\text{H}_4{=}O$$

对苯醌

若用酸性重铬酸氧化，则生成黑色染料苯胺黑，广泛用于棉织物的染色和印花。

3．烃基化反应

伯胺和卤代烃或醇等烃基化试剂作用，先生成铵盐，再经碱中和脱去卤代氢而得到仲胺，后者继续反应可得叔胺，叔胺再与卤代烷反应生成季铵盐。例如，伯胺与卤代烷的反应如下：

$$\underset{\text{伯胺}}{R{-}\ddot{N}H_2} + R{-}X \longrightarrow \underset{\text{铵盐}}{(R_2NH_2)^+X^-} \xrightarrow[-HX]{NaOH} \underset{\text{仲胺}}{R_2NH}$$

$$R_2\ddot{N}H + R{-}X \longrightarrow \underset{\text{铵盐}}{(R_3NH)^+X^-} \xrightarrow[-HX]{NaOH} \underset{\text{叔胺}}{R_3N}$$

$$R_3\ddot{N} + R{-}X \longrightarrow \underset{\text{季铵盐}}{(R_4N)^+X^-}$$

胺与卤代烃反应，得到的往往是伯、仲、叔胺和季铵盐的混合物。若要得到伯胺为主要产物，可采用过量的胺与卤代烃作用制得。

芳胺与脂肪胺相似，也与卤烷或醇发生烃基化反应。例如，工业上利用苯胺与甲醇在硫酸催化下，加热、加压制取 *N*-甲基苯胺和 *N*,*N*-二甲基苯胺：

$$\text{C}_6\text{H}_5\text{NH}_2 \xrightarrow[230℃,2.5\sim3MPa]{CH_3OH, H_2SO_4} \text{C}_6\text{H}_5\text{NHCH}_3$$

N-甲基苯胺

$$\text{C}_6\text{H}_5\text{NH}_2 \xrightarrow[230℃,2.5\sim3MPa]{2CH_3OH, H_2SO_4} \text{C}_6\text{H}_5\text{N(CH}_3)_2$$

N,*N*-二甲基苯胺

当苯胺过量时，主要产物为 *N*-甲基苯胺，若甲醇过量，则主要产物为 *N*,*N*-二甲基苯胺。

N-甲基苯胺主要用于有机合成的原料及提高汽油的辛烷值，也可用作溶剂。*N*,*N*-二甲基苯胺用于制备香草醛、偶氮染料和三苯甲烷染料等。

4．酰基化反应

伯胺和仲胺与酰卤、酸酐等酰基化试剂反应，生成 *N*-烷基酰胺、*N*,*N*-二烷基酰胺。叔胺氮原子上没有氢原子，故不发生酰基化反应。

$$R-\overset{\displaystyle H}{\overset{|}{N}}-H + Cl-\overset{\displaystyle O}{\overset{\|}{C}}-R' \longrightarrow \underset{N\text{-烷基酰胺}}{R-NH-\overset{\displaystyle O}{\overset{\|}{C}}-R'} + HCl$$

$$R_2N-H + Cl-\overset{\displaystyle O}{\overset{\|}{C}}-R' \longrightarrow \underset{N,N\text{-二烷基酰胺}}{R_2N-\overset{\displaystyle O}{\overset{\|}{C}}-R'} + HCl$$

酰胺都是结晶固体，具有一定的熔点，通过测定酰胺的熔点，可以推测原来的胺。因此，酰基化反应可用于伯胺、仲胺与叔胺的鉴别。

胺经酰化后生成的取代酰胺呈中性，不能与酸作用生成盐，因此也可利用酰基化反应使叔胺与伯胺或仲胺分离。

芳伯胺和芳仲胺也能与乙酸酐等酰基化试剂反应，生成芳胺的酰基衍生物，它比芳胺稳定，不易被氧化，经水解后又转变为芳胺。因此，有机合成中可利用酰基化反应来保护氨基。例如对氨基苯甲酸可由对甲苯胺经下列化学反应合成：

$$CH_3C_6H_4NH_2 \xrightarrow[CH_3COOH]{(CH_3CO)_2O} CH_3C_6H_4NHCOCH_3 \xrightarrow[H^+]{KMnO_4} HOOCC_6H_4NHCOCH_3 \xrightarrow[H^+\text{或}OH^-]{H_2O} HOOCC_6H_4NH_2$$

5．与亚硝酸反应

胺能与亚硝酸反应，不同的胺与亚硝酸反应得到不同的产物。由于亚硝酸不稳定，一般是在反应过程中由亚硝酸钠与盐酸（或硫酸）作用生成亚硝酸。

（1）伯胺的反应　脂肪族伯胺与亚硝酸反应生成醇、烯烃等混合物，并定量释放出氮气，故可通过测量氮气的体积，定量分析脂肪族伯胺的含量。例如：

$$CH_3CH_2NH_2 \xrightarrow{NaNO_2+HCl} CH_3CH_2OH + CH_2{=}CH_2 + CH_3CH_2Cl + N_2\uparrow$$

芳香族伯胺与亚硝酸在低温（0～5℃）及强酸溶液中反应，生成重氮盐。这个反应称为重氮化反应。重氮化反应在有机合成中具有重要的作用，其化学反应式如下：

$$C_6H_5-NH_2 + NaNO_2 + 2HCl \xrightarrow{0\sim5℃} \underset{\text{氯化重氮苯}}{C_6H_5-N_2Cl} + 2H_2O + NaCl$$

重氮盐在弱碱条件下与β-萘酚反应，析出橘红色的沉淀，可用于芳伯胺的鉴别（见本章第四节）。

（2）仲胺的反应　脂肪族和芳香族仲胺与亚硝酸反应，都生成黄色的N-亚硝基胺。

$$(CH_3)_2NH + NaNO_2 + HCl \longrightarrow (CH_3)_2N-NO + H_2O + NaCl$$

N-亚硝基二甲胺

（黄色油状液体）

$$C_6H_5-NHCH_3 + NaNO_2 + HCl \longrightarrow C_6H_5-N(NO)CH_3 + H_2O + NaCl$$

N-甲基-N-亚硝基苯胺

（黄色液体）

N-亚硝基胺为黄色油状液体或固体，与稀盐酸共热则分解为原来的仲胺，因此该反应可用于鉴别、分离和提纯仲胺。

（3）叔胺的反应　脂肪族叔胺与亚硝酸发生中和反应，生成不稳定的亚硝酸盐，容易水解为原来的叔胺。因此向脂肪族叔胺中加入亚硝酸无明显实验现象发生。

$$(CH_3CH_2)_3N + HNO_2 \xrightarrow[(NaNO_2+HCl)]{} [(CH_3CH_2)_3NH]^+ NO_2^- \xrightarrow{H_2O} (CH_3CH_2)_3N$$

芳香族叔胺与亚硝酸反应，生成对位亚硝基芳胺。例如：

$$C_6H_5N(CH_3)_2 \xrightarrow[8℃]{NaNO_2+HCl} p\text{-}ON\text{-}C_6H_4\text{-}N(CH_3)_2$$

N,*N*-二甲基对亚硝基苯胺

（绿色固体，熔点 86℃）

由于不同的胺与亚硝酸反应生成的产物不同，反应现象不同，可用于鉴别脂肪族及芳香族伯、仲、叔胺。

许多亚硝基化合物具有致癌作用，使用时要注意避免直接接触。

6. 芳胺的环上取代反应

氨基是强的邻、对位定位基，可以活化苯环，所以在氨基邻、对位上易发生取代反应。

（1）卤化　苯胺与溴水作用，生成 2,4,6-三溴苯胺的白色沉淀，溴代反应很难停留在一元取代阶段，该反应可用来定性、定量检验苯胺。

$$C_6H_5NH_2 + 3Br_2 \longrightarrow 2,4,6\text{-}Br_3C_6H_2NH_2 \downarrow + 3HBr$$

（白色）

【演示实验 11-1】 在盛有 10mL 水的试管中，加入 4 滴苯胺，用力振荡，使苯胺全部溶解，然后滴加饱和溴水，观察沉淀的生成及颜色。

一元溴代苯胺可由苯胺乙酰化后再溴化、水解而得。

$$C_6H_5NH_2 \xrightarrow{(CH_3CO)_2O} C_6H_5NHCOCH_3 \xrightarrow{Br_2} p\text{-}Br\text{-}C_6H_4\text{-}NHCOCH_3 \xrightarrow[H^+]{H_2O} p\text{-}Br\text{-}C_6H_4\text{-}NH_2$$

（2）硝化　苯胺用硝酸硝化时，常伴有氧化反应发生。为了避免这个副反应，苯胺硝化时必须先保护氨基，先将氨基乙酰化，然后再硝化，所得产物视反应条件不同可以得到邻位或对位的硝化产物。

$$C_6H_5NH_2 \xrightarrow{(CH_3CO)_2O} C_6H_5NHCOCH_3$$

$$C_6H_5NHCOCH_3 \xrightarrow[\text{在乙酸中}]{HNO_3} p\text{-}O_2N\text{-}C_6H_4\text{-}NHCOCH_3 \xrightarrow{H_2O} p\text{-}O_2N\text{-}C_6H_4\text{-}NH_2 \text{（主产物 77\%）}$$

$$C_6H_5NHCOCH_3 \xrightarrow[\text{在乙酸酐中}]{HNO_3} o\text{-}O_2N\text{-}C_6H_4\text{-}NHCOCH_3 \xrightarrow{H_2O} o\text{-}O_2N\text{-}C_6H_4\text{-}NH_2 \text{（主产物 68\%）}$$

(3) 磺化　苯胺与浓硫酸混合，可生成苯胺硫酸氢盐，后者在180～190℃烘焙，即得对氨基苯磺酸。这是工业上生产对氨基苯磺酸的方法。

$$C_6H_5NH_2 \xrightarrow{H_2SO_4} C_6H_5NH_2 \cdot H_2SO_4 \xrightarrow[-H_2O]{\triangle} C_6H_5NHSO_3H \xrightarrow{180\sim190^\circ C} p\text{-}H_2N\text{—}C_6H_4\text{—}SO_3H$$

在对氨基苯磺酸分子内，因同时含有碱性的氨基和酸性的磺酸基，因此其分子内可以形成盐（$H_3N^+\text{—}C_6H_4\text{—}SO_3^-$），这种盐叫内盐。对氨基苯磺酸为白色晶体，是制备染料和药物的重要中间体。

四、重要的胺

1. 乙二胺

乙二胺（$H_2N\text{—}CH_2\text{—}CH_2\text{—}NH_2$）是无色液体，有氨味，呈碱性。沸点116.5℃，比乙胺的沸点（16.6℃）高得多，可与水或乙醇混溶。乙二胺有毒，对眼睛、呼吸道、皮肤有刺激性。乙二胺由1,2-二氯乙烷与氨反应制得。

$$Cl\text{—}CH_2\text{—}CH_2\text{—}Cl + 4NH_3 \xrightarrow[1MPa]{110\sim150^\circ C} H_2N\text{—}CH_2\text{—}CH_2\text{—}NH_2 + 2NH_4Cl$$

乙二胺是制备药物、乳化剂和杀虫剂的原料，又可作为环氧树脂的固化剂。乙二胺与氯乙酸钠为原料，可合成乙二胺四乙酸二钠，经酸化后得乙二胺四乙酸（EDTA）。

$$H_2N\text{—}CH_2\text{—}CH_2\text{—}NH_2 + 4ClCH_2COONa + 2Na_2CO_3 \longrightarrow (NaOOCCH_2)_2N\text{—}CH_2\text{—}CH_2\text{—}N(CH_2COONa)_2 + 2CO_2 + 4NaCl + 2H_2O$$

EDTA及其盐是分析上常用的金属离子络合剂。

2. 己二胺

己二胺［$H_2N\text{—}(CH_2)_6\text{—}NH_2$］是无色片状结晶，熔点42℃，沸点205℃，微溶于水，溶于乙醇、乙醚、苯等有机溶剂。毒性较大，对皮肤、眼睛有刺激性。

工业上制取己二胺的主要方法，可分别由己二酸、1,3-丁二烯、丙烯腈为原料，经己二腈再催化加氢制得。

$$\underset{\text{己二酸}}{HOOC(CH_2)_4COOH} + 2NH_3 \xrightarrow{220\sim280^\circ C} \underset{\text{己二酸二铵}}{H_4NOOC(CH_2)_4COONH_4} \xrightarrow[\triangle]{-4H_2O}$$

$$\underset{\text{己二腈}}{NC(CH_2)_4CN} \xrightarrow[NaOH,75^\circ C,3MPa]{H_2,Ni} \underset{\text{己二胺}}{H_2N(CH_2)_6NH_2}$$

$$\underset{\text{1,3-丁二烯}}{CH_2=CH\text{—}CH=CH_2} + Cl_2 \xrightarrow[\text{1,4-加成}]{220\sim230^\circ C} ClCH_2CH=CHCH_2Cl \xrightarrow[80\sim100^\circ C]{NaCN}$$

$$NCCH_2CH=CHCH_2CN \xrightarrow{H_2,Ni} H_2N(CH_2)_6NH_2$$

$$\underset{\text{丙烯腈}}{CH_2=CH\text{—}CN} \xrightarrow[50^\circ C]{\text{电解}} \underset{\text{(阴极得到)}}{NC(CH_2)_4CN} \xrightarrow{H_2,Ni} H_2N(CH_2)_6NH_2$$

由丙烯腈为原料制取己二胺的方法工艺流程短，杂质少，产率高。世界上已趋向于采用这种方法制取己二胺。

己二胺主要用于合成尼龙-66、尼龙-610、尼龙-612的单体。

3. 苯胺

苯胺（$C_6H_5-NH_2$）又称阿尼林油，存在于煤焦油中，为无色油状液体，沸点184℃。具有特殊气味。苯胺有毒！皮肤与之接触或吸入其蒸气都能引起中毒，导致头晕、周身无力。苯胺微溶于水，可溶于苯、乙醇、乙醚。置于空气中易被氧化颜色逐渐变成棕色。若遇漂白粉溶液呈紫色，此法可用来检验苯胺。工业上苯胺主要由硝基苯还原制得。苯胺是重要的工业原料，用于制备染料、医药和橡胶的硫化促进剂等。

五、胺的鉴别

1. 胺类的碱性试验

不溶于水的胺能溶于5%的盐酸而成盐，胺的水溶液能使石蕊试液变蓝色。此试验可用于区别胺类化合物。

2. 酰化试验

伯、仲胺和乙酸酐或乙酸氯反应生成酰胺，叔胺不反应，因此可用于伯、仲胺和叔胺的区别。另外各种酰胺有固定的熔点，可进一步区别伯胺和仲胺。

$$RCH_2 + (R'CO)_2O \longrightarrow R-NH-\overset{\overset{O}{\|}}{C}-R' + R'COOH$$

$$R-NHCH_3 + CH_3-\overset{\overset{O}{\|}}{C}-Cl \longrightarrow R-\overset{\overset{H_3C}{|}}{N}-\overset{\overset{O}{\|}}{C}-CH_3 + HCl$$

3. 亚硝酸试验

不同的胺与亚硝酸作用得到不同的产物。可用来鉴别伯、仲、叔胺。

① 在0℃有氮气放出的为脂肪族伯胺。

② 在0℃无氮气放出，但生成的重氮盐与β-萘酚反应，立即析出橘红色沉淀的为芳香族伯胺。

③ 脂肪族仲胺生成黄色油状液体，加酸分解为原来的仲胺，芳香族仲胺生成黄色油状液体或固体，不溶于酸。

④ 看不出反应现象的为脂肪族叔胺。

⑤ 生成绿色固体的为芳香族叔胺。

4. 溴水试验

苯胺和溴水作用生成2,4,6-三溴苯胺白色沉淀（苯酚也有类似反应）。

*5. 苯磺酰氯试验

苯磺酰氯与伯胺作用，生成的苯磺酰伯胺，显弱酸性，能溶于稀碱中；苯磺酰氯与仲胺作用，生成的苯磺酰仲胺呈中性，不溶于碱；叔胺分子中不含可取代的氢原子，一般不与苯磺酰氯反应。因而此反应可用于鉴别伯、仲、叔胺。

$$RNH_2 + C_6H_5SO_2Cl \xrightarrow{NaOH} \underset{\text{（白色沉淀）}}{C_6H_5SO_2NHR\downarrow} \xrightarrow[\text{水溶液}]{NaOH} \underset{\text{（溶于稀碱中）}}{C_6H_5SO_2NR^-\ Na^+}$$

$$R_2NH + C_6H_5SO_2Cl \xrightarrow{NaOH} C_6H_5SO_2NR_2\downarrow \xrightarrow[\text{水溶液}]{NaOH} \text{不溶解}$$

（白色沉淀）

$$RNH_2 + C_6H_5SO_2Cl \xrightarrow{NaOH} \text{一般不反应}$$

第四节　重氮和偶氮化合物

重氮和偶氮化合物分子中都含有氮氮重键（$—N_2—$）基团。其中$—N_2—$基团的一端与烃基相连，另一端与非碳的原子或原子团相连的化合物，叫重氮化合物。例如：

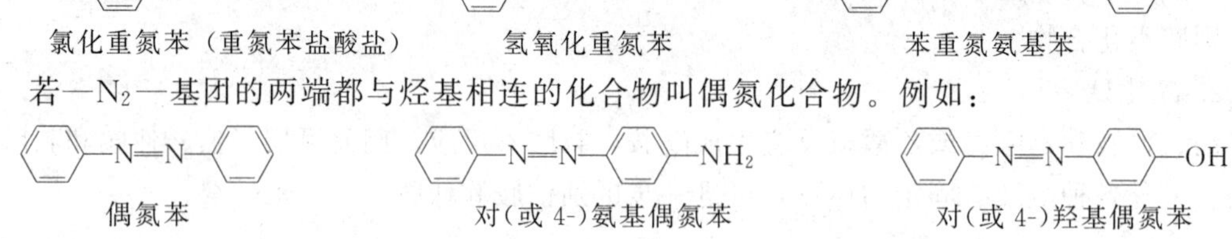

氯化重氮苯（重氮苯盐酸盐）　　氢氧化重氮苯　　苯重氮氨基苯

若$—N_2—$基团的两端都与烃基相连的化合物叫偶氮化合物。例如：

偶氮苯　　对（或 4-）氨基偶氮苯　　对（或 4-）羟基偶氮苯

一、重氮化反应

在较低温度和强酸性溶液中，芳香族伯胺与亚硝酸反应生成重氮盐，此反应叫重氮化反应。例如：

$$C_6H_5NH_2 + NaNO_2 + 2HCl \xrightarrow{0\sim5^\circ C} C_6H_5N_2^+Cl^- + NaCl + 2H_2O$$

重氮化反应一般在较低温度下进行，因为重氮盐不稳定，温度稍高就会分解。重氮化反应所用的酸，通常是盐酸或硫酸。若用硫酸，则生成硫酸氢重氮苯（$C_6H_5N_2^+HSO_4^-$）。

重氮盐具有盐的性质，溶于水，不溶于有机溶剂，其水溶液能导电。干燥的重氮盐极不稳定，而在低温和水溶液中较稳定。因此重氮化反应一般在水溶液中进行，且不需要分离，可直接使用。

二、重氮盐的反应及其应用

重氮盐的化学性质很活泼，能够发生许多化学反应。根据反应中是否有氮气放出，可分为失去氮的反应和保留氮的反应。

1. 失去氮的反应

重氮盐在一定条件下，重氮基可以被羟基、氢原子、卤素和氰基等取代，并放出氮气。

（1）被羟基取代　重氮苯硫酸氢盐在酸性水溶液中加热分解，并放出氮气，重氮基被羟基取代，生成酚。例如：

$$C_6H_5N_2^+HSO_4^- + 2H_2O \xrightarrow[\triangle]{H^+} C_6H_5OH + N_2\uparrow + H_2SO_4$$

在有机合成中，常利用这个反应把氨基转变为羟基，从而制备一些不能由其他方法合成的酚。

例如，间溴苯酚不宜用溴苯磺酸钠碱熔制取，因为溴原子也会在碱熔时水解。此时可用间溴苯胺经重氮化，水解而制得间溴苯酚。

$$\text{间溴苯胺}\xrightarrow[0\sim5^{\circ}C]{NaNO_2, H_2SO_4}\text{间溴苯重氮硫酸盐}(N_2^+HSO_4^-)\xrightarrow[\triangle]{H_2O, H^+}\text{间溴苯酚}$$

(2) 被卤原子取代 重氮盐与氯化亚铜的浓盐酸溶液共热，或与溴化亚铜的氢溴酸溶液共热，重氮基可以被氯原子或溴原子取代，生成氯苯或溴苯，并放出氮气。

$$C_6H_5N_2^+Cl^- \xrightarrow[\triangle]{Cu_2Cl_2\text{-}HCl} C_6H_5Cl + N_2\uparrow$$

$$C_6H_5N_2^+Br^- \xrightarrow[\triangle]{Cu_2Br_2\text{-}HBr} C_6H_5Br + N_2\uparrow$$

重氮基被碘取代比较容易。重氮盐与碘化钾的水溶液反应，重氮基被碘原子取代生成相应的碘代苯。例如：

$$C_6H_5N_2^+HSO_4^- + KI \xrightarrow{\triangle} C_6H_5I + N_2\uparrow + KHSO_4$$

在有机合成中，利用重氮基被卤素取代的反应可制备某些不能用直接卤化法得到的卤素衍生物。

(3) 被氰基取代 重氮盐与氰化亚铜的氰化钾水溶液作用，重氮基被氰基取代生成苯甲腈。

$$C_6H_5N_2^+Cl^- \xrightarrow[\triangle]{CuCN\text{-}KCN} C_6H_5CN + N_2\uparrow$$

由于氰基很容易水解为羧基，因此可利用这个反应使苯胺转化为苯甲酸。另外氰基还可还原为氨甲基（$—CH_2NH_2$）。

(4) 被氢原子取代 重氮盐与次磷酸或乙醇反应，重氮基被氢原子所取代，并放出氮气。

$$C_6H_5N_2^+Cl^- + H_3PO_2 + H_2O \longrightarrow C_6H_6 + N_2\uparrow + H_3PO_3 + HCl$$

$$C_6H_5N_2^+Cl^- + C_2H_5OH \longrightarrow C_6H_6 + N_2\uparrow + C_2H_5OH + HCl$$

这个反应在合成上可作为从苯环上除去$—NH_2$或$—NO_2$的方法。

由上述反应可以看出重氮基在不同条件下可被不同的原子或原子团所取代，生成不同的产物。利用这些反应可以制备用其他方法不易或不能得到的一些化合物。

【例 11-2】 以苯为原料合成间二氯苯

解 此题不能由苯直接氯代得到间二氯苯，但可采用重氮盐被卤素取代的方法制备。

$$\text{苯}\xrightarrow[\triangle]{\text{混酸}}\text{间二硝基苯}\xrightarrow[Ni]{H_2}\text{间苯二胺}\xrightarrow[0\sim5^{\circ}C]{NaNO_2, HCl}\text{间苯双重氮盐}(N_2Cl)\xrightarrow{Cu_2Cl_2, HCl}\text{间二氯苯}$$

【例 11-3】 以苯为原料合成 1,3,5-三溴苯。

解 由苯无法直接合成 1,3,5-三溴苯，但可由苯经苯胺通过溴代、重氮化再还原制得：

$$\text{苯}\xrightarrow[\text{浓}H_2SO_4]{\text{浓}HNO_3}\text{硝基苯}\xrightarrow{Fe+HCl}\text{苯胺}\xrightarrow{Br_2}\text{2,4,6-三溴苯胺}\xrightarrow[0\sim5^{\circ}C]{NaNO_2,\ HCl}$$

$$\text{2,4,6-三溴苯重氮盐}(N_2^+Cl^-)\xrightarrow{H_3PO_2}\text{1,3,5-三溴苯}\downarrow$$

2. 保留氮的反应

保留氮的反应，是指重氮盐在反应后，重氮基上的两个氮原子仍保留在产物的分子中。

(1) 还原反应　重氮盐被二氯化锡和盐酸或亚硫酸钠还原，都生成苯肼盐酸盐，再加碱即得到苯肼。

$$C_6H_5N_2^+Cl^- + 4[H] \xrightarrow[\text{或 } Na_2SO_3]{SnCl_2\text{-}HCl} C_6H_5NHNH_2 \cdot HCl \xrightarrow{NaOH} C_6H_5NHNH_2$$

苯肼为无色液体，沸点 241℃，不溶于水，有强碱性，在空气中容易变黑。苯肼有毒，使用时应注意安全。苯肼是羰基试剂，也是合成药物及染料的原料，如合成“安乃近”。

(2) 偶合反应　重氮盐与酚或芳胺在适当的条件下反应，生成有颜色的偶氮化合物，这个反应叫偶合反应。例如：

$$C_6H_5N_2^+Cl^- + H-C_6H_4-OH \xrightarrow{NaOH} C_6H_5-N=N-C_6H_4-OH$$

对羟基偶氮苯（橘红色）

$$C_6H_5N_2^+Cl^- + H-C_6H_4-N(CH_3)_2 \xrightarrow[\text{中性或弱酸性溶液中}]{CH_3COONa} C_6H_5-N=N-C_6H_4-N(CH_3)_2 + HCl$$

对二甲氨基偶氮苯（黄色）

参加偶合反应的重氮盐叫重氮组分，与其偶合的酚和芳胺叫偶合组分，偶合反应主要发生在酚羟基或氨基的对位，如对位已有其他基团，则发生在邻位。

重氮盐与酚类的偶合反应通常在弱碱性溶液（pH 为 8～10）中进行，与芳胺的偶合反应通常在弱酸性溶液（pH 为 5～7）中进行。

三、偶氮化合物

芳香族偶氮化合物都具有颜色，性质稳定，广泛用作染料。偶氮染料是品种最多，应用最广的一类合成染料。有些偶氮化合物可作分析试剂或在高分子化合物合成上作引发剂。下面简单介绍几种偶氮化合物。

1. 甲基橙

甲基橙由对氨基苯磺酸经重氮化后，再与 *N*,*N*-二甲基苯胺偶合而成。

$$HO_3S-C_6H_4-NH_2 \xrightarrow[HCl]{NaNO_2} HO_3S-C_6H_4-N_2^+Cl^- \xrightarrow[CH_3COOH]{C_6H_5-N(CH_3)_2}$$

$$HO_3S-C_6H_4-N=N-C_6H_4-N(CH_3)_2 \xrightarrow{NaOH} NaO_3S-C_6H_4-N=N-C_6H_4-N(CH_3)_2$$

对二甲氨基偶氮苯磺酸钠（甲基橙）

甲基橙为黄色鳞状晶体，用作酸碱指示剂，变色范围的 pH 为 3.1～4.4，由红色变为黄色，pH 在 3.1～4.4 的溶液中显橙色。

$$^-O_3S-C_6H_4-N=N-C_6H_4-N(CH_3)_2 \underset{OH^-}{\overset{H^+}{\rightleftharpoons}} C_6H_5-N(H)-N=C_6H_4=\overset{+}{N}(CH_3)_2$$

（pH>4.4 黄色）　　（pH<3.1 红色）

由于甲基橙的颜色不稳定，且不牢固，所以不适合作染料。

2. 对位红

对位红是由对硝基苯胺经重氮化后，再与β-萘酚偶合而成。

$$\text{β-萘酚(}C_{10}H_7OH\text{)} + {}^{-}Cl\,{}^{+}_{2}N\text{—}C_6H_4\text{—}NO_2 \xrightarrow{-HCl} \text{1-(}O_2N\text{—}C_6H_4\text{—}N{=}N\text{—)-2-萘酚}$$

对位红

对位红是能在纤维上直接生成并牢固附着的一种偶氮染料。染色时，先将白色织物浸入β-萘酚的碱溶液中，然后取出，再浸入对硝基苯胺的重氮盐溶液内，于是就在纤维上发生了偶合反应，生成的染料附着在白色织物上，染上鲜艳的红色。

【演示实验 11-2】 把一小块洁白的棉织物浸入溶有适量β-萘酚的氢氧化钠溶液里，取出，再放入盛有对硝基氯化重氮苯溶液的烧杯中，搅动一段时间后取出，用水冲洗，就可观察到洁白的棉织物被染上鲜艳的红色（被对位红染料染上的颜色）。

【阅读材料】

亚硝胺——一类具有强烈致癌作用的有机物

亚硝胺的结构通式可以表示为 $R_2N\text{—}NO$。在 1937 年的一次化学实验室的意外事故后，人们发现二甲基亚硝胺会对人的肝脏造成损伤。1956 年，发现 *N*-亚硝基二乙胺、*N*-亚硝基吗啉会引起大鼠的肝癌。研究结果是亚硝胺类化合物可以使 DNA 发生异变，使正常的 DNA 减少，而且还影响 DNA 的复制。*N*-亚硝基-*N*-甲基苯胺在体内代谢时，能使 DNA 的碱基芳基化，有强烈的致癌作用。1967 年，有人总结了 70 多种亚硝胺在 1000 多只大鼠身上诱发的实验肿瘤，致癌率最高的是肝癌，其次是食管癌和咽部癌症。亚硝胺是一种常见的致癌因素，应该引起我们的注意。

亚硝胺存在于我们日常的食品中，如熏鱼、咸肉，也存在于不少罐头食品中。由于亚硝胺的化学性质不稳定，遇光、热可以分解，就使我们食入亚硝胺的可能性大为减少。但是，人体的肠道内能够合成亚硝胺，而提供合成亚硝胺的原料——仲胺和亚硝酸盐却广泛存在于自然界。不新鲜的鱼、肉中仲胺的含量较高，香烟和隔夜茶中也有仲胺存在。各种酱菜、腌菜的汁液中亚硝酸盐的含量较高。有时亚硝酸盐要作为食品防腐剂添加在一些食品中，但加入量是有规定的，不能超过限量。另外，硝酸盐在胃肠道中也可以被细菌还原为亚硝酸盐。

癌症的发生与亚硝胺的量有关，微量的亚硝胺可以在体内被代谢，而且亚硝胺的结构与致癌作用也有关系。酱菜、腌菜、熏肉及香肠是我国人民喜爱的传统食品，但是我国的癌症发病率并不比其他国家高。亚硝胺与致癌的真正联系，我们还不十分清楚，还需要深入研究。我们必须对它提高警惕，改变不良的饮食习惯，注意食品卫生。现在发现维生素 C 可以对抗亚硝胺的致癌作用，食用富含维生素 C 的食物是非常有益的。

本章小结

1. 硝基取代苯环后，不仅使苯环的卤化、硝化取代反应钝化。同时硝基对苯环上其他取代基也产生着影响，使其邻、对位卤原子活化，也使酚的酸性增强。

2. 胺的化学反应（以芳胺为例）

(1) 碱性　$C_6H_5NH_2 \underset{NaOH}{\overset{HCl}{\rightleftharpoons}} [C_6H_5NH_3]^+Cl^-$ （或 $C_6H_5NH_2\cdot HCl$）

胺的碱性强弱顺序（在水溶液中）：

$R_2NH > RNH_2 > R_3N > NH_3 >$ $C_6H_5NH_2$ ［季铵碱（$R_4N^+OH^-$）的碱性大于各种胺］

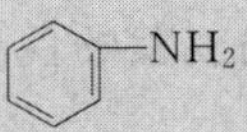

（2）芳胺的其他反应（以芳香族伯胺为例）

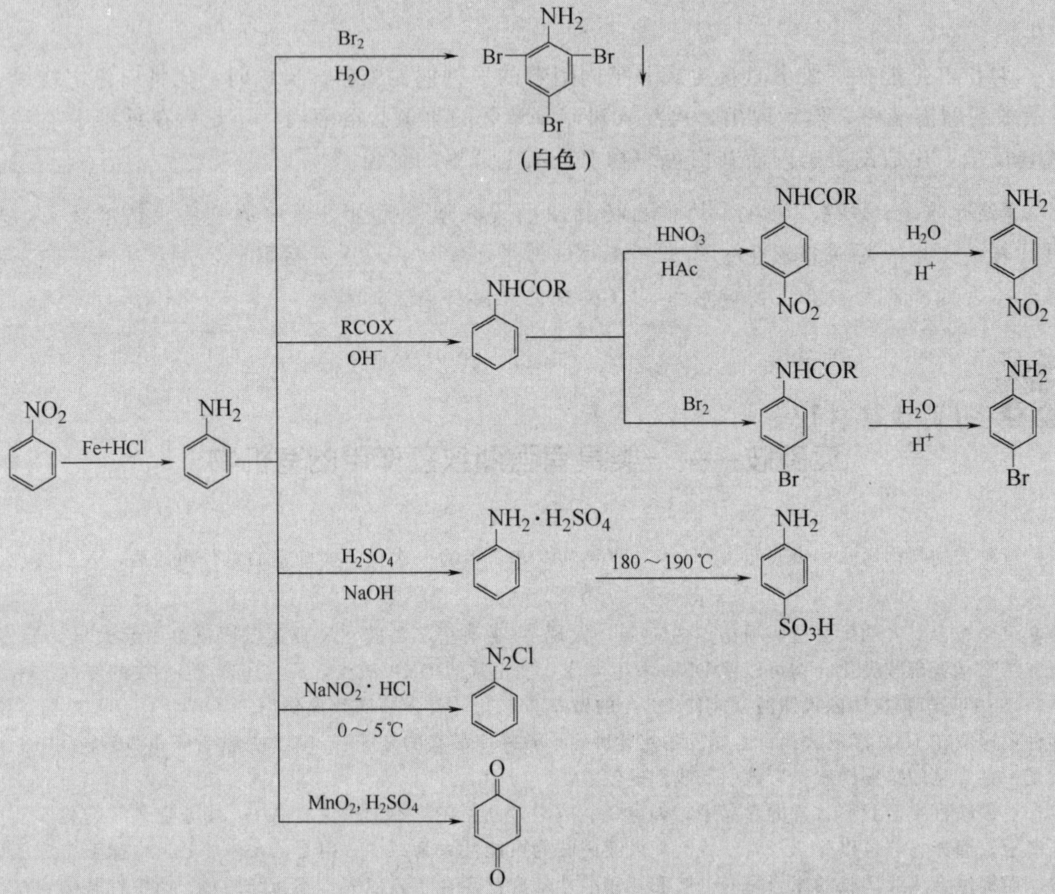

$C_6H_5NO_2$ $\xrightarrow{Fe+HCl}$ $C_6H_5NH_2$

$C_6H_5NH_2$ $\xrightarrow[H_2O]{Br_2}$ 2,4,6-三溴苯胺 ↓（白色）

$C_6H_5NH_2$ $\xrightarrow[OH^-]{RCOX}$ C_6H_5NHCOR

C_6H_5NHCOR $\xrightarrow[HAc]{HNO_3}$ 对硝基乙酰苯胺（NHCOR，NO_2） $\xrightarrow[H^+]{H_2O}$ 对硝基苯胺（NH_2，NO_2）

C_6H_5NHCOR $\xrightarrow{Br_2}$ 对溴乙酰苯胺（NHCOR，Br） $\xrightarrow[H^+]{H_2O}$ 对溴苯胺（NH_2，Br）

$C_6H_5NH_2$ $\xrightarrow[NaOH]{H_2SO_4}$ $C_6H_5NH_2 \cdot H_2SO_4$ $\xrightarrow{180 \sim 190℃}$ 对氨基苯磺酸（NH_2，SO_3H）

$C_6H_5NH_2$ $\xrightarrow[0 \sim 5℃]{NaNO_2 \cdot HCl}$ $C_6H_5N_2Cl$

$C_6H_5NH_2$ $\xrightarrow{MnO_2,\ H_2SO_4}$ 对苯醌

3. 芳香族重氮盐的反应

（1）失去氮的反应

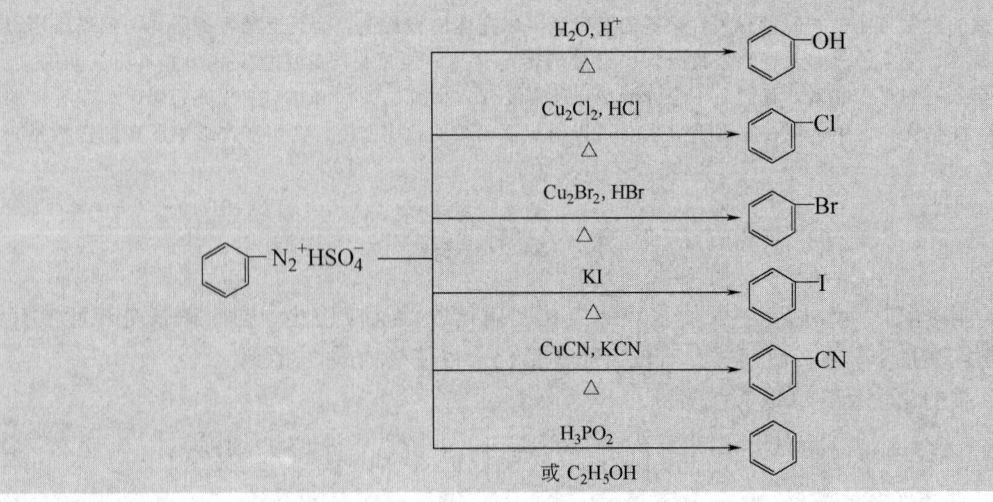

（2）保留氮的反应　重氮盐与酚偶合宜在弱碱性溶液中时行；芳胺的偶合反应宜在弱酸性溶液中进行。

$$C_6H_5N_2^+Cl^- \xrightarrow[\text{稀 } H^+,\ 40℃]{C_6H_5NH_2} C_6H_5-N{=}N-C_6H_4-NH_2$$

$$C_6H_5N_2^+Cl^- \xrightarrow[\text{稀 } OH^-]{C_6H_5OH} C_6H_5-N{=}N-C_6H_4-OH$$

$$C_6H_5N_2^+Cl^- \xrightarrow[\text{②}NaOH]{\text{①}SnCl_2+HCl} C_6H_5NHNH_2$$

习　　题

1. 给下列化合物命名。

(1) $CH_3NCH(CH_3)_2$　(2) $C_6H_5-CH_2NH_2$　(3) $CH_2{=}CH-CN$

(4) 3-CH_3-C_6H_4-NO_2（间位）　(5) $C_6H_5-NHCH_3$　(6) $C_6H_5-N_2^+Br^-$

(7) $[C_6H_5-NH(CH_3)_2]^+Cl^-$　(8) $[C_2H_5N(CH_3)_3]^+OH^-$

(9) $H_2N-CH_2CH_2-NH_2$　(10) $C_6H_5-N{=}N-C_6H_4-OH$

2. 写出下列化合物的构造式。

(1) 仲丁胺　(2) 苦味酸　(3) 三乙胺　(4) 己二腈　(5) 对硝基乙酰苯胺

(6) 对甲基苯肼　(7) 硫酸氢二甲基异丙基胺　(8) 对硝基偶氨苯

3. 完成下列化学反应。

(1) $CH_3CH_2CN \xrightarrow{H_2O,H^+} ? \xrightarrow{SOCl_2} ? \xrightarrow{CH_3CH_2NH_2} ?$

(2) $(CH_3)_3C-\overset{O}{\overset{\|}{C}}-NH_2 \xrightarrow[NaOH]{NaClO} ?$

(3) $CH_2{=}CH_2 \xrightarrow{Br_2} ? \xrightarrow{2NaCN} ? \xrightarrow[?]{?} H_2NCH_2CH_2CH_2CH_2NH_2$

(4) $C_6H_5NO_2 \xrightarrow[95\sim100℃]{\text{发烟 }HNO_3\text{,浓硫酸}}$ 间二硝基苯 $\xrightarrow{?}$ 间苯二胺（NH_2, NH_2）；间二硝基苯 $\xrightarrow{?}$ 间硝基苯胺（NO_2, NH_2）

(5) $C_6H_5NH_2 \xrightarrow{?}$ 2,4,6-三溴苯胺（NH_2；Br, Br, Br）

(6) $C_6H_5-NH_2 \xrightarrow{HCl} ? \xrightarrow{NaOH} ?$

(7) $C_6H_5-NO_2 \xrightarrow{Fe+HCl} ? \xrightarrow[0\sim5℃]{NaNO_2+HCl} ? \xrightarrow[\text{稀 }NaOH\text{ 溶液},0℃]{C_6H_5OH} ?$

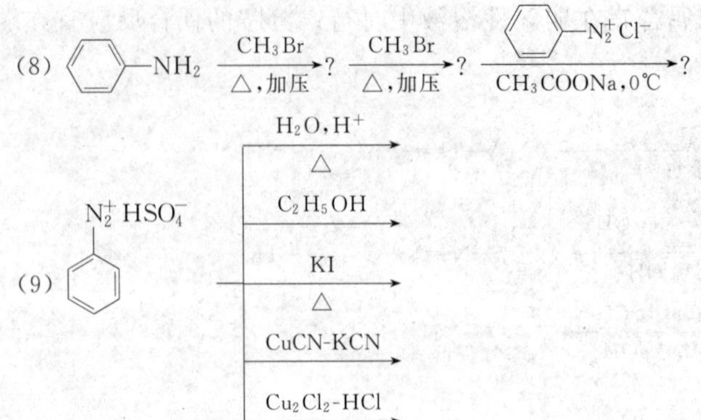

4. 填空题。

(1) 芳胺易氧化，其酰基衍生物较稳定，它们容易由芳胺制得，又容易________为原来的芳胺，因此，有机合成中可利用________来保护氨基。芳叔胺不能发生________反应，利用这一性质可将叔胺与伯胺和仲胺________和________。

(2) 胺可以看作是________分子中的氢原子被________取代后生成的化合物，根据分子中氢原子被________取代的数目不同，将胺分为________、________和________。

(3) 胺的碱性较弱，可与强酸作用生成盐，它的盐与强碱作用时，就会重新________出来，利用以上性质可以将胺与其他的________分离。

(4) 当酚羟基的邻位或对位上有强吸电子的硝基时，可使羟基氧原子的电子云密度________，所以羟基上的________很容易离解成质子，因此，________增强，随着取代硝基的数目的增多，这种影响加大，酸性________。

5. 选择题。

(1) 下列胺中不属于仲胺的是（　　）。

A. $CH_3CH_2CH_2NHCH_3$　　B. $CH_3—CH(NH_2)—CH_2—CH(CH_3)_2$

C. $C_6H_5—NHCH_3$　　D. $CH_3—NH—CH(CH_3)—CH_3$

(2) 下列各异构体中，氯原子特别活泼、容易被羟基取代（和碳酸钠的水溶液共热）的是（　　）。

A. 2,3-二硝基氯苯　　B. 2,4-二硝基氯苯

C. 2,5-二硝基氯苯　　D. 2-硝基氯苯

(3) 分离苯酚、苯胺、苯甲酸需用的那组试剂是（　　）。

A. NaOH，CO_2　　B. HCl，$NaHCO_3$

C. Br_2-H_2O　　D. HNO_2，$KMnO_4$

(4) 鉴别苯酚、苯胺、苯甲酸需用的试剂是（　　）。

A. Br_2-H_2O，$FeCl_3$　　B. HNO_2，$KMnO_4$

C. 托伦试剂　　D. HCl，$NaHCO_3$

(5) 下列化合物中属于季铵盐的是（　　）；属于腈的是（　　）。

A. $C_6H_5—CH_2CN$　　B. $C_6H_5—N_2^+Cl^-$

C. $[CH_3CH_2N(CH_3)_3]^+Cl^-$　　D. $CH_3CH_2NH_2$

6. 将下列各组化合物按碱性由强到弱的顺序排列。

(1) 苯胺、丙胺、氨

(2) 苯胺、二甲胺、二苯胺、氢氧化四甲铵

（3）苯胺、对硝基苯胺、对甲基苯胺

7. 将下列化合物，按酸性由强到弱的顺序排列。

苯酚、对甲苯酚、2,4-二硝基苯酚、2,4,6-三硝基苯酚、对硝基苯酚

8. 用化学方法鉴别下列各组化合物。

（1）乙醛、乙酸和乙胺

（2）甲胺、二甲胺和三甲胺

（3）苯胺、*N*-甲基苯胺和 *N*,*N*-二甲基苯胺

9. 由指定原料合成下列化合物。

（1）由丙醇合成丁胺和乙胺。

（2）由乙醇合成 1,4-丁二胺。

（3）由苯、甲苯为原料合成下列化合物：

① 间硝基苯胺　　② 苯乙酸

10. A、B、C 三种化合物的分子式都是 $C_4H_{11}N$，当与亚硝酸作用时，A 和 B 生成含有四个碳原子的醇，而 C 则与亚硝酸结合成盐，氧化由 A 所得的醇生成异丁酸，氧化由 B 所得的醇生成 2-丁酮，试推测化合物 A、B、C 的构造式，并写出各步反应。

11. 对氨基苯酚与 1mol 乙酸酐反应生成化合物 A 和 B，A、B 的分子式都是 $C_8H_9NO_2$。A 溶于氢氧化钠溶液，在 NaOH 溶液中与碘乙烷反应生成对乙氧基乙酰苯胺。试推测 A、B 的构造式。

12. 化合物 A（C_7H_9N），与乙酸酐反应时，生成无色晶体 B，将 A 置于冰水中滴加 $NaNO_2$ 和 HCl 溶液，会放出气体，试推测 A 和 B 的构造式。

第十二章 杂环化合物

【学习目标】

1. 了解杂环化合物的分类，掌握含一个杂原子的五元杂环、六元杂环和稠杂环化合物的命名方法。

2. 熟悉重要的含一个杂原子的杂环和稠杂环化合物的来源、性质和用途。

3. 了解生物碱的一般概念及其生理功能。

参与成环的原子除碳原子外，还有O、N、S等杂原子，且具有类似苯环结构及芳香性的环状化合物叫杂环化合物。在前几章中，曾遇到一些含有杂原子的环状化合物。如：

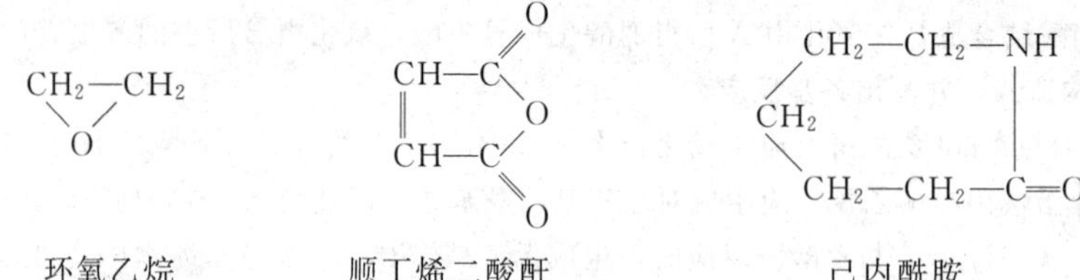

环氧乙烷　　顺丁烯二酸酐　　己内酰胺

这些化合物的环比较容易生成，也容易破裂，性质与脂肪族性质相似，所以一般放在脂肪族化合物中讨论，不列入杂环化合物的讨论范围。

杂环化合物的种类繁多，在自然界中分布非常广泛，其中很多具有重要的生理作用，如叶绿素、花色素、血红素、维生素、抗生素、生物碱和与生命活动有密切关系的核酸等。杂环化合物也是合成许多药物、染料、塑料、农药等的原料。因此研究杂环化合物对于科学研究和实际应用方面都很重要。

第一节 杂环化合物的分类和命名

一、杂环化合物的分类

杂环化合物一般可分为单杂环和稠杂环两大类。常见的单杂环有五元及六元杂环，稠杂环常由苯环与单杂环或单杂环与单杂环稠合而成。环中的杂原子可以是一个、两个或多个，而且杂原子可以相同，也可以不同。一些简单杂环化合物的分类及命名见表12-1。

表 12-1 杂环化合物的分类及命名

类别		含一个杂原子	含两个或多个杂原子
单杂环	五元杂环	呋喃　噻吩　吡咯	噁唑　噻唑　咪唑
	六元杂环	吡啶　吡喃	哒嗪　嘧啶　吡嗪

续表

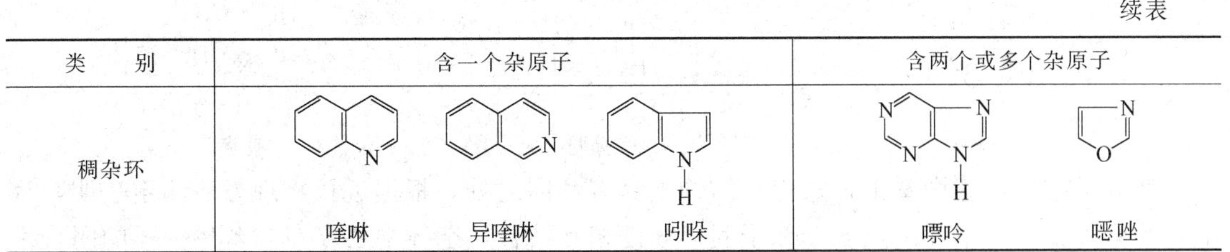

类　别	含一个杂原子			含两个或多个杂原子	
稠杂环	喹啉	异喹啉	吲哚	嘌呤	噁唑

二、杂环化合物的命名

杂环化合物的命名一般采用译音法。译音法是根据国际通用英文名称的译音，选择带“口”字旁的同音汉字来命名，例如：

呋喃 furan　　噻吩 thiophene　　吡咯 pyrrole　　吡啶 pyrdine　　喹啉 guinoline

环上有取代基的杂环化合物，若取代基是烃基、硝基、卤素、氨基（或烷氨基）、烷酰基、羟基等，则以杂环作母体；若取代基是磺酸基、醛基、羧基等，则把杂环当作取代基。杂环编号的一般原则是：从杂原子开始编号。杂原子位次为 1。当环上含有两个或两个以上相同的杂原子时，应从连有取代基（或氢原子）的那个杂原子开始编号，并使其他杂原子的位次尽可能最小。当环上有不同的杂原子时，则按 O、S、N 的顺序编号。例如：

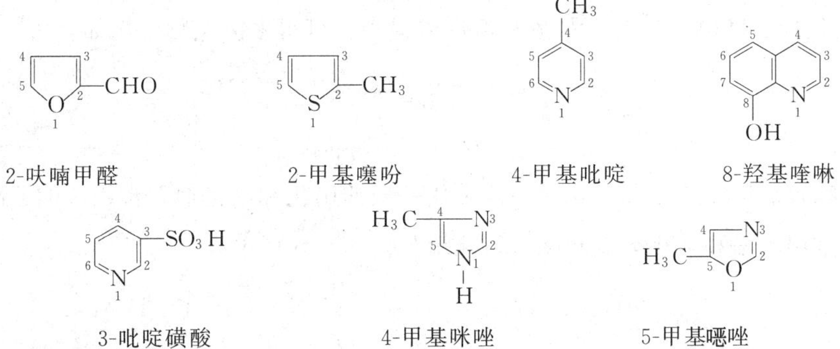

2-呋喃甲醛　　2-甲基噻吩　　4-甲基吡啶　　8-羟基喹啉

3-吡啶磺酸　　4-甲基咪唑　　5-甲基噁唑

环上只有一个杂原子，也可用希腊字母编号，把靠近杂原子的位置叫 α 位，其后依次为 β 位和 γ 位。五元杂环只有 α 位和 β 位，六元杂环有 α、β、γ 位。例如：

α,α'-二甲基呋喃（2,5-二甲基呋喃）　　γ-溴吡啶（4-溴吡啶）

第二节　重要的五元杂环化合物及其衍生物

呋喃、噻吩、吡咯是含一个杂原子的典型的五元杂环化合物，它们的分子结构示意图如下：

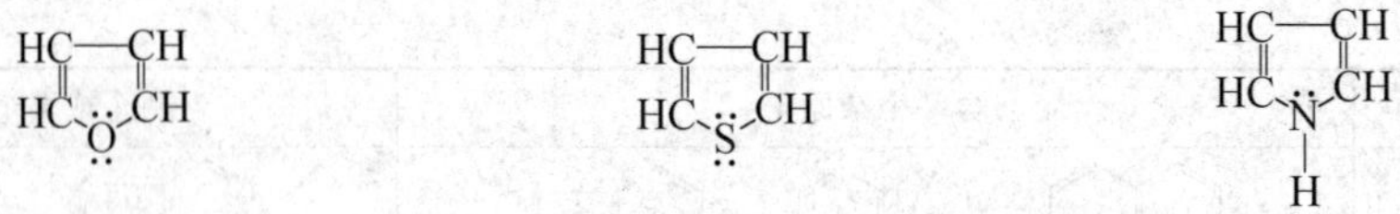

$$\begin{matrix}HC{=}CH\\ HC\ \ \ CH\\ \ddot{O}\end{matrix}\qquad\qquad \begin{matrix}HC{=}CH\\ HC\ \ \ CH\\ \ddot{S}\end{matrix}\qquad\qquad \begin{matrix}HC{=}CH\\ HC\ \ \ CH\\ \ddot{N}\\ H\end{matrix}$$

呋喃　　　　噻吩　　　　吡咯

从分子结构示意图看出，它们在结构上具有共同之处，根据近代物理方法测定表明，环上五个原子在同一平面上，五个原子间以σ键相互结合，杂环中还存在与苯环一样的闭合大π键。因此，它们与苯环相似，具有芳香性，但芳香性比苯弱，所以杂环化合物比苯容易发生卤化、硝化等取代反应，并且主要得到α-位取代物，它们与苯取代反应的活性顺序如下：

吡咯＞呋喃＞噻吩＞苯

一、呋喃和糠醛

1. 呋喃

（1）来源与制法　呋喃（呋喃环结构式）存在于松木焦油中。目前工业上以糠醛和水蒸气为原料，在高温及催化剂的作用下制取呋喃。

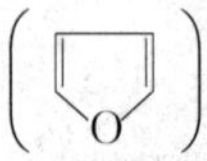

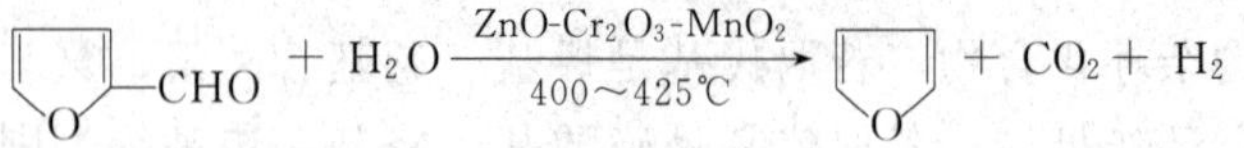

$$\text{糠醛(呋喃-CHO)} + H_2O \xrightarrow[400\sim425℃]{ZnO\text{-}Cr_2O_3\text{-}MnO_2} \text{呋喃} + CO_2 + H_2$$

（2）性质与用途　呋喃为无色液体。沸点 31.4℃，有类似氯仿气味。它遇盐酸浸湿的松木片呈绿色，这叫松木片反应，可用于检验呋喃。

呋喃是重要的化工原料，可用来合成药物、除草剂和洗涤剂等精细化工产品。

呋喃容易进行环上取代反应，主要发生在α-位。它也可以发生加成反应。

① 取代反应。呋喃在室温下与氯和溴反应强烈，可得多卤化物。例如：

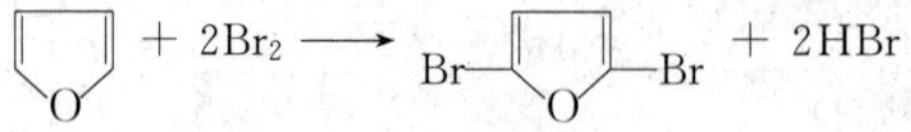

$$\text{呋喃} + 2Br_2 \longrightarrow \text{Br-呋喃-Br} + 2HBr$$

2,5-二溴呋喃

由于呋喃较活泼，硝化和磺化时不能采用一般的硝化和磺化剂，常用硝酸乙酯在低温下进行硝化。常用的温和磺化剂是吡啶三氧化硫（吡啶环N—SO_3）。

$$\text{呋喃} + CH_3COONO_2 \xrightarrow{-5\sim30℃} \text{呋喃-}NO_2 + CH_3COOH$$

$$\text{呋喃} + SO_3 \xrightarrow{\text{吡啶}} \text{呋喃-}SO_3H$$

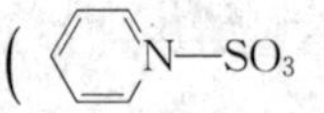

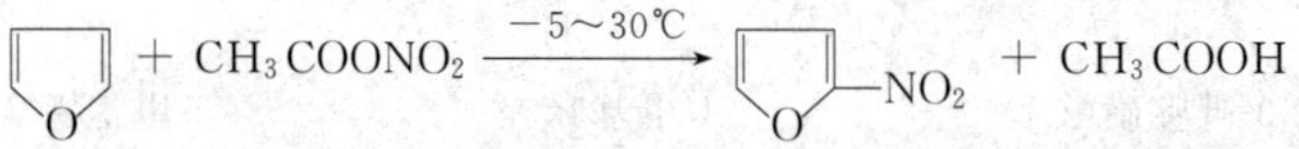

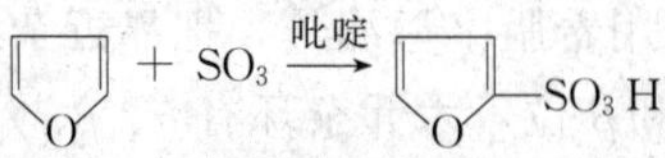

② 加成反应。呋喃在催化剂存在下能进行加氢反应，生成相应的四氢呋喃（THF）。

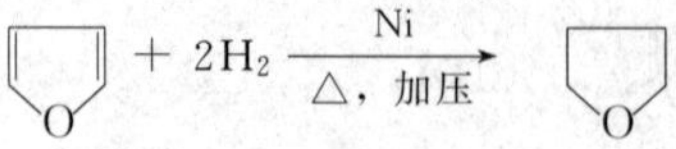

$$\text{呋喃} + 2H_2 \xrightarrow[\triangle,\text{加压}]{Ni} \text{四氢呋喃}$$

四氢呋喃（THF）

四氢呋喃为无色液体，沸点 65℃，它是一种优良的溶剂和重要的有机合成原料，也是医药原料。常用四氢呋喃合成己二酸、己二胺。

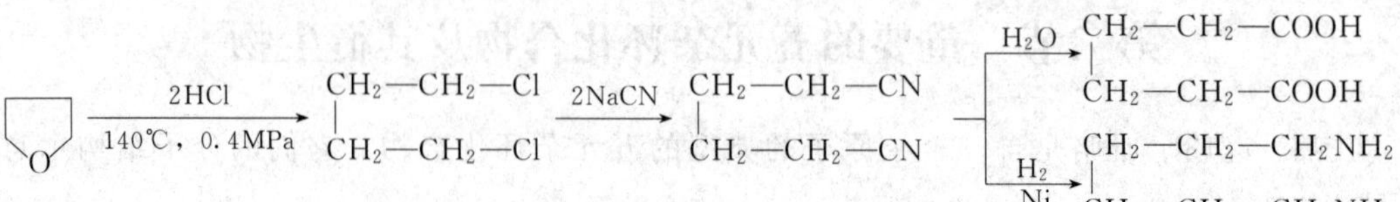

$$\text{四氢呋喃} \xrightarrow[140℃,\ 0.4MPa]{2HCl} \begin{matrix}CH_2{-}CH_2{-}Cl\\ |\\ CH_2{-}CH_2{-}Cl\end{matrix} \xrightarrow{2NaCN} \begin{matrix}CH_2{-}CH_2{-}CN\\ |\\ CH_2{-}CH_2{-}CN\end{matrix} \begin{cases}\xrightarrow{H_2O} \begin{matrix}CH_2{-}CH_2{-}COOH\\ |\\ CH_2{-}CH_2{-}COOH\end{matrix}\\ \xrightarrow[Ni]{H_2} \begin{matrix}CH_2{-}CH_2{-}CH_2NH_2\\ |\\ CH_2{-}CH_2{-}CH_2NH_2\end{matrix}\end{cases}$$

2. 糠醛

（1）制法　糠醛（呋喃环—CHO）的学名为 α-呋喃甲醛，是呋喃的重要衍生物。工业上生产糠醛的方法是以含有多缩戊糖的玉米芯、花生皮、棉籽壳等为原料，在常压或稍高的压力下，用稀硫酸加热进行水解、环化而制得。化学反应如下：

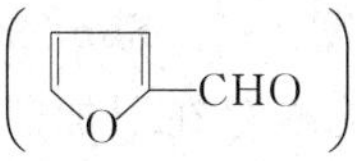

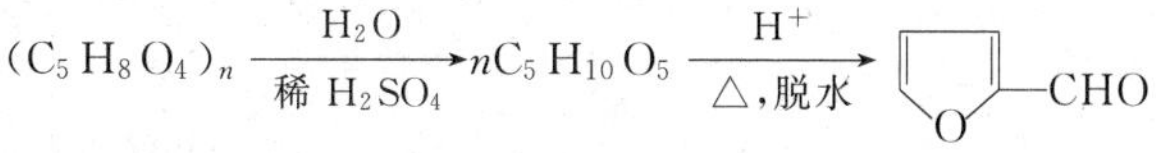

$$(C_5H_8O_4)_n \xrightarrow[\text{稀 } H_2SO_4]{H_2O} nC_5H_{10}O_5 \xrightarrow[\triangle,\text{脱水}]{H^+} \text{(呋喃环)—CHO}$$

多缩戊糖　　　　戊糖　　　　糠醛

（2）性质和用途　糠醛为无色液体，暴露于空气中颜色逐渐变为黄色至棕褐色，沸点 161.7℃，熔点 38.7℃，密度 1.159g/cm^3，20℃，可溶于水并能溶于乙醇、乙醚等有机溶剂中。糠醛在醋酸存在下，与苯胺作用呈红色，可用于检验糠醛。

糠醛除具有呋喃环的反应性能外，还具有与苯甲醛相似的性质，比较容易被氧化和还原，也可以发生坎尼扎罗反应和银镜反应等。

① 氧化反应。

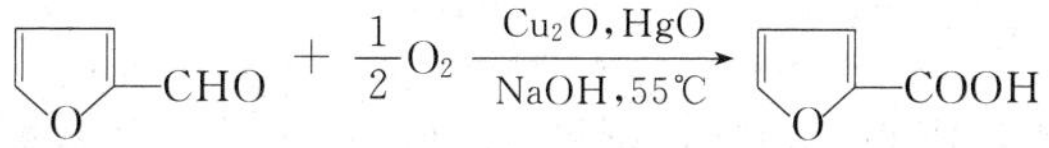

$$\text{(呋喃环)—CHO} + \frac{1}{2}O_2 \xrightarrow[NaOH,55℃]{Cu_2O,HgO} \text{(呋喃环)—COOH}$$

糠酸（α-呋喃甲酸）

② 加氢反应。糠醛在不同条件下加氢，可以得到不同程度的还原产物。如下式为制取糠醇的反应。

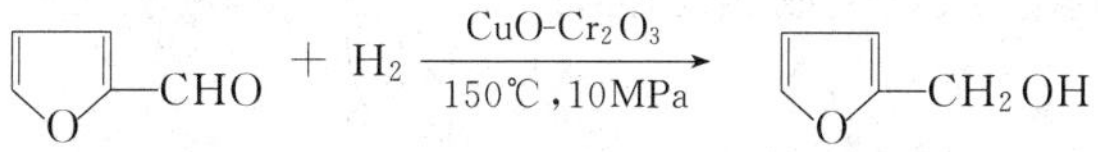

$$\text{(呋喃环)—CHO} + H_2 \xrightarrow[150℃,10MPa]{CuO\text{-}Cr_2O_3} \text{(呋喃环)—}CH_2OH$$

α-呋喃甲醇（糠醇）

糠醇为优良的溶剂，也是合成糠醇树脂的单体。

③ 歧化反应。糠醛为不含 α-氢的醛，在强碱作用下，发生歧化反应，生成糠醇和糠酸。

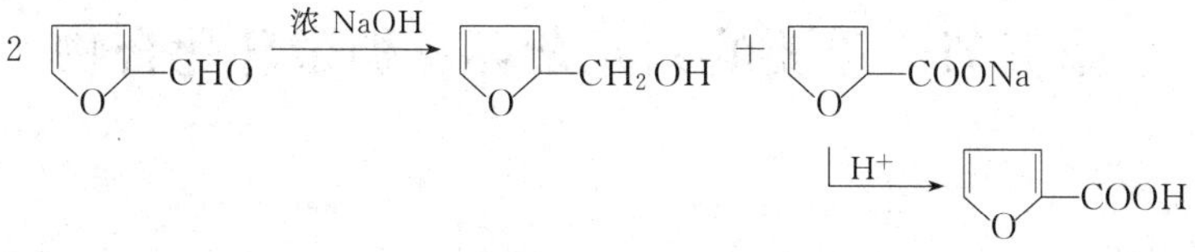

$$2\ \text{(呋喃环)—CHO} \xrightarrow{\text{浓 } NaOH} \text{(呋喃环)—}CH_2OH + \text{(呋喃环)—COONa}$$

$$\text{(呋喃环)—COONa} \xrightarrow{H^+} \text{(呋喃环)—COOH}$$

糠酸（α-呋喃甲酸）

糠醛可用作色谱分析试剂，也是有机化工原料，可用以制取糠醇、糠酸、呋喃。也可用以合成医药、农药、己二酸、己二胺、酚糠醛树脂等，还可用作溶剂。糠酸是制造增塑剂和香料的原料。

二、噻吩

1. 来源

噻吩（噻吩环，S）与苯共存于煤焦油及页岩油中，粗苯中约含 0.5%的噻吩，噻吩与苯的沸点相近，不易用分馏法分离得到。但噻吩比苯容易磺化，常温下，苯中的噻吩在用浓硫酸洗涤时，被磺化后生成 α-噻吩磺酸而溶于浓硫酸，与苯分离后加热水解，再以碱中和并进行精馏，可得到 99%以上纯度的噻吩。

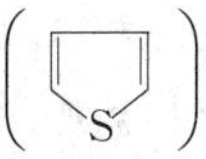

2. 性质和用途

噻吩是无色易挥发的液体，沸点 84.2℃，20℃时密度为 1.065g/cm³，有类似于苯的气味，不溶于水，易溶于多种有机溶剂。噻吩与靛红在浓硫酸存在下加热而显蓝色，可用于检验噻吩。

噻吩比呋喃更易发生氯化、硝化、磺化等取代反应，例如，噻吩在常温下与浓硫酸反应，生成 α-噻吩磺酸。

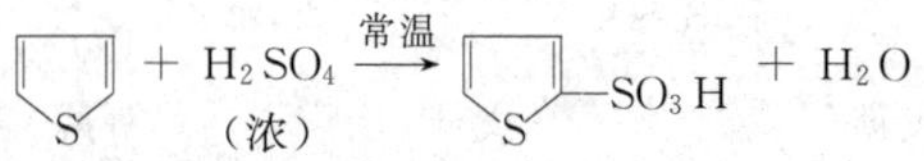

$$\text{噻吩} + H_2SO_4\text{(浓)} \xrightarrow{\text{常温}} \text{噻吩-2-}SO_3H + H_2O$$

α-噻吩磺酸

噻吩及其衍生物主要用作合成药物的原料，例如，由 α-噻吩乙酸合成的先锋霉素Ⅱ是常用的抗生素。此外，还是制造感光材料、染料、除草剂和香料的原料。

三、吡咯

吡咯（吡咯环，N—H）存在于煤焦油和骨焦油中，通过分馏可以得到。

吡咯为无色油状液体，沸点 130℃，密度 0.9698g/cm³，有微弱类似苯的气味，其蒸气遇盐酸浸湿的松木片则呈红色，可用于检验吡咯。

吡咯的化学反应与呋喃相似，也可以发生卤化、硝化等取代反应，主要生成 α-取代产物。也可以进行催化加氢反应，生成四氢吡咯（四氢吡咯环，N—H）。四氢吡咯有较强的碱性，其碱性强弱与脂肪仲胺相当，比吡咯强。

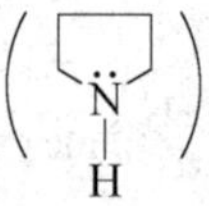

在叶绿素、血红素、胆红素及许多生物碱等重要分子的结构中都含有吡咯环，吡咯是重要的化工原料。吡咯在工业上主要用于合成医药中间体。

第三节　重要的六元杂环及稠杂环化合物

一、吡啶

1. 来源与制法

吡啶（吡啶环）及其同系物存在于煤焦油、页岩油和某些石油催化裂化的煤油馏分中。工业上一般从煤焦油中提取。其方法是将煤焦油分馏出的轻油组分用硫酸处理，吡啶和硫酸成盐后溶解在酸中，然后加碱中和，游离出吡啶，再经蒸馏制得。

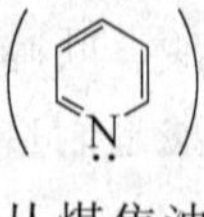

2. 性质与用途

吡啶是无色具有特殊臭味的液体，沸点 115.5℃，熔点 42℃，密度（20℃）0.982g/cm³，能与水、乙醇、乙醚等混溶，还能溶解大部分有机化合物和许多无机盐类，是一种优良的溶剂。吡啶的化学反应如下。

（1）碱性　吡啶环上的氮原子有一对未共用电子对，能与质子结合而显碱性，它的水溶液能使石蕊试纸变蓝。它的碱性比苯胺强，但比氨和脂肪族胺弱得多。

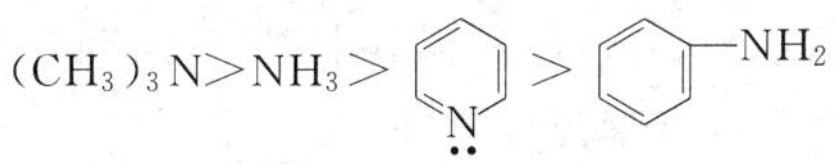

$$(CH_3)_3N > NH_3 > \text{吡啶} > \text{苯胺}$$

pK_b　4.2　4.8　8.8　9.4

吡啶可与强无机酸生成盐，加入强碱后吡啶又游离出来，此性质可用于分离或提纯吡啶。

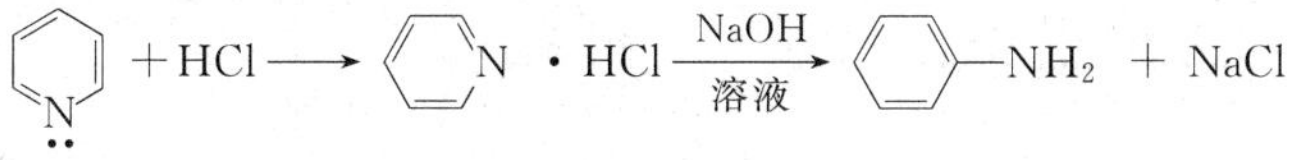

$$\text{吡啶} + HCl \longrightarrow \text{吡啶} \cdot HCl \xrightarrow[\text{溶液}]{NaOH} \text{吡啶} + NaCl$$

吡啶盐酸盐

（2）取代反应　吡啶可发生卤化、硝化和磺化反应，但反应比苯困难，需在强烈条件下进行，取代基主要进入β位。例如：

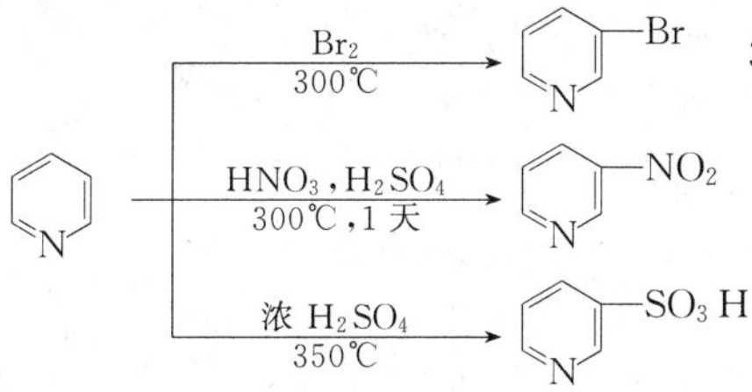

$$\text{吡啶} \xrightarrow[300℃]{Br_2} \text{3-溴吡啶}$$

$$\text{吡啶} \xrightarrow[300℃,1\text{天}]{HNO_3, H_2SO_4} \text{3-硝基吡啶}$$

$$\text{吡啶} \xrightarrow[350℃]{\text{浓 } H_2SO_4} \text{3-吡啶磺酸}$$

（3）氧化反应　吡啶环比苯环更稳定，比苯更难于氧化。但与吡啶环相连的支链在酸性高锰酸钾溶液作用下，能生成相应的吡啶甲酸。例如：

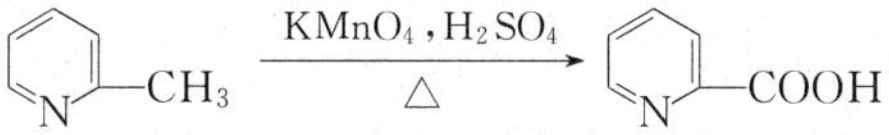

$$\text{2-甲基吡啶}(-CH_3) \xrightarrow[\triangle]{KMnO_4, H_2SO_4} \text{2-吡啶甲酸}(-COOH)$$

（4）还原反应　吡啶比苯容易加氢，用铂作催化剂，在常温、常压下得到高产率的六氢吡啶。

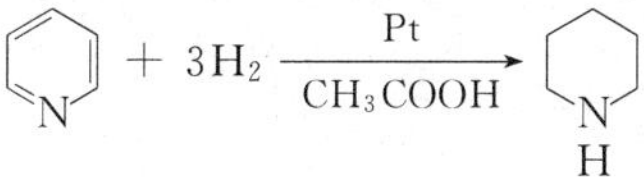

$$\text{吡啶} + 3H_2 \xrightarrow[CH_3COOH]{Pt} \text{六氢吡啶}$$

六氢吡啶（93%）

六氢吡啶为无色液体，熔点－7℃，易溶于水、乙醇、乙醚等，具有特殊臭味。其碱性（$pK_b=2.8$）比吡啶强，化学性质与脂肪族胺相似。常用作溶剂及水分测定试剂，又可作为合成医药、农药、表面活性剂的原料。

吡啶的衍生物广泛存在于生物体中，而且大都具有生理作用。例如维生素 B_6 以及吡啶系生物碱中的烟碱（尼古丁）、毒芹碱和颠茄碱等。

二、喹啉

喹啉的分子式为 C_9H_7N，构造式为（喹啉结构式）。喹啉是由苯环和吡啶环稠合而成的稠杂环化合物，又称苯并吡啶。它的构造式和萘环相似，是平面型分子，具有芳香性。

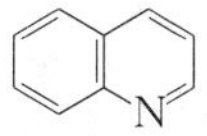

1. 来源与制法

喹啉存在于煤焦油和骨焦油中，可用稀硫酸提取得到。也可由苯胺、甘油、浓硫酸和硝基苯共热制得。

2. 性质及用途

喹啉为无色油状液体，沸点 238℃，密度（20℃）1.095g/cm^3，难溶于水，易溶于乙醇、乙醚等有机溶剂。本身也是一种高沸点的溶剂。喹啉分子中含有吡啶环，因此化学性质与吡啶相似，具有弱碱性（$pK_b=9.06$），其碱性比吡啶稍弱，与无机酸作用生成盐，与卤代烷作用生成季铵盐。喹啉的主要化学反应如下。

（1）取代反应　喹啉在发生卤化、硝化、磺化等反应时，取代基主要进入喹啉中苯环的5位及8位。例如：

硝化　喹啉 $\xrightarrow[0℃]{HNO_3, H_2SO_4}$ 5-硝基喹啉（NO_2） + 8-硝基喹啉（NO_2）

5-硝基喹啉　8-硝基喹啉

磺化　喹啉 $\xrightarrow[220℃]{浓\ H_2SO_4}$ 5-喹啉磺酸（SO_3H） + 8-喹啉磺酸（SO_3H）

5-喹啉磺酸　8-喹啉磺酸

8-喹啉磺酸 $\xrightarrow{NaOH}$ （ONa） $\xrightarrow{H^+}$ （OH）

8-羟基喹啉

8-羟基喹啉为白色晶体，在分析化学中用于金属的测定和分离。它又是制备染料和药物的中间体。

（2）氧化反应　喹啉被高锰酸钾氧化后，苯环发生破裂，生成2,3-吡啶二甲酸，2,3-吡啶二甲酸进一步加热脱羧可制得烟酸。

喹啉 $\xrightarrow[100℃]{KMnO_4}$ 2,3-吡啶二甲酸（COOH, COOH） $\xrightarrow{\triangle}$ 烟酸（COOH）

烟酸

（3）还原反应　喹啉在催化剂铂存在下，于40℃与氢气反应时，生成十氢喹啉。十氢喹啉是重要的溶剂。

喹啉 $\xrightarrow[40℃]{H_2, Pt, CH_3COOH}$ 十氢喹啉（N—H）

喹啉是重要的医药原料，如用于制备烟酸类，8-羟基喹啉类和喹啉类三大类药物。喹啉也可用作高沸点溶剂和萃取剂，还可用于保存解剖标本等。

【阅读材料】

生物碱及其生理功能

生物碱是一类重要的天然有机化合物。自1803年从鸦片中分离出吗啡以后，迄今已从自然界中分离出一万多种生物碱。生物碱是指存在于生物的体内，具有明显生理活性的碱性含氮有机化合物。大多数生物碱是结构较复杂的含氮杂环化合物，少数是胺类化合物。

生物碱来源于植物，所以曾称为植物碱。它们是一些中草药的重要有效成分，对人体有特殊的生理活性，具有止痛、平喘、止咳、清热、抗癌等作用。被广泛用于治疗疾病。但是，生物碱一般毒性较大，适量使用能治疗疾病，用量过大则可能引起中毒以致死亡。

下面介绍几种重要的生物碱及其生理功能。

1. 烟碱

烟碱（结构式）又名尼古丁，属于吡啶类生物碱。它在烟草中含量较高，国产烟叶约含烟碱1%～4%。

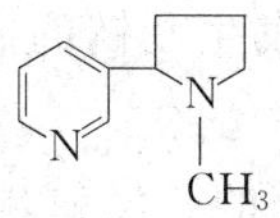

烟碱剧毒，少量能引起中枢神经的兴奋，血压升高，大量就会抑制中枢神经系统，使心脏麻痹致死。成人口服致死量为40～60mg。因此吸烟对人体有害，尤其是对青少年危害更大，应提倡不要吸烟！

烟碱在农业上用作杀虫剂。

2. 吗啡碱、可待因和海洛因

吗啡碱、可待因和海洛因均存在于罂粟科植物鸦片中，它们都属于异哇啉类生物碱。吗啡碱对中枢神经有麻醉作用，有极快的镇痛效力，但久用成瘾，要严格控制使用。可待因镇痛作用较吗啡弱，镇咳效果较好，成瘾性虽较小，但仍不宜滥用。海洛因是麻醉作用和毒性都比吗啡强得多的毒品，极易成瘾，绝对不能食用。它们的结构式如下：

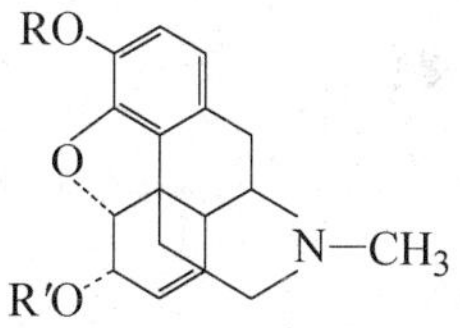

RO　R'O　O　$N-CH_3$

R=R'=H　吗啡

$R=CH_3, R'=H$　可待因

$R=R'=CH_3C(=O)—$　海洛因

3. 小檗碱

小檗碱（结构式：N^+OH^-，$-OCH_3$，$-OCH_3$）又名黄连素，存在于黄连和黄柏中，属于异喹啉类生物碱。

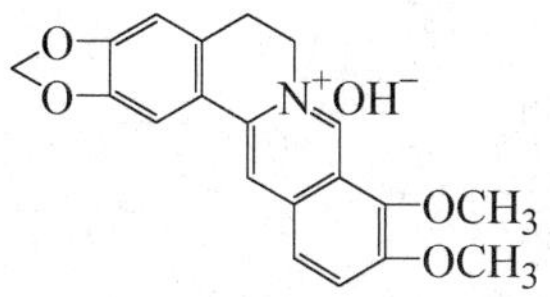

黄连素能抑制痢疾杆菌、链球菌和葡萄球菌，临床主要用于治疗细菌性痢疾和肠胃炎。

4. 喜树碱

喜树碱（结构式：HO　C_2H_5）是从我国特有植物喜树中提取的一种喹啉类生物碱。喜树碱具有抗癌作用，用于治疗胃癌、肠癌和白血病。

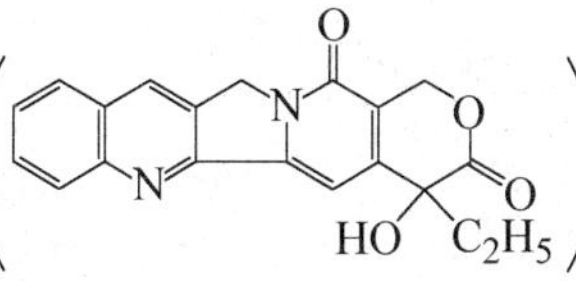

本章小结

1. 杂环化合物的结构特征

环中含有O、S、N等杂原子；成环原子在同一平面上，具有类似苯环的结构；环系稳定，具有芳香性。

2. 杂环化合物的命名

采用译音法，在同音汉字左边加"口"字旁。

3. 杂环化合物的反应规律

（1）五元杂环化合物　呋喃、噻吩、吡咯都比苯易发生卤代、硝化、磺化等取代反应，取代反应主要发生在α位，其反应活性顺序为：

吡咯＞呋喃＞噻吩＞苯

（2）吡啶与叔胺相似，具有碱性，与卤代烷反应生成季铵盐。吡啶的卤化、硝化等取代反应比苯难，取代反应主要发生在β位。吡啶环上连有烷基时，可以发生侧链的氧化反应，生成相应的吡啶甲酸。也可发生还原反应。

（3）喹啉是稠杂环化合物，卤化、硝化等取代反应主要发生在苯环的5位和8位。喹啉具有弱碱性，其碱性比吡啶稍弱，但比苯胺稍强些。

4. 杂环化合物的鉴别

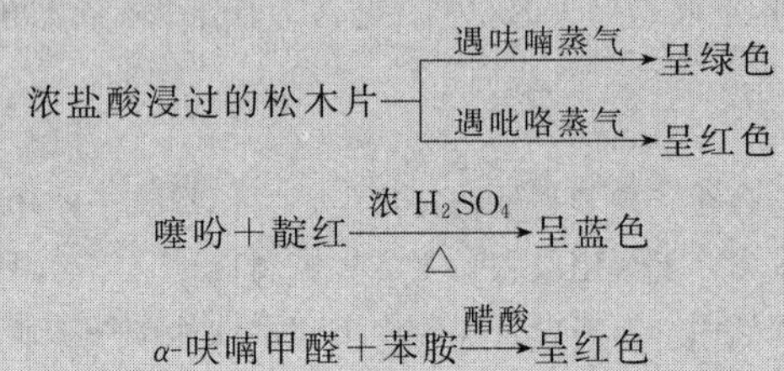

习　　题

1. 给下列化合物命名或由名称写出构造式。

（1）$-SO_3H$（呋喃环）　（2）$-COOH$（呋喃环）　（3）$-NO_2$（吡咯环，N—H）

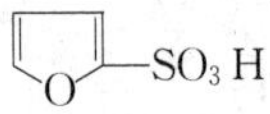

（4）$-COOH$（吡啶环）　（5）OH（喹啉环）　（6）四氢呋喃

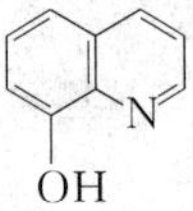

（7）糠醛　（8）糠酸　（9）3-乙基喹啉

2. 完成下列化学反应。

（1）呋喃 $\xrightarrow{?}$ 2-硝基呋喃（$-NO_2$）

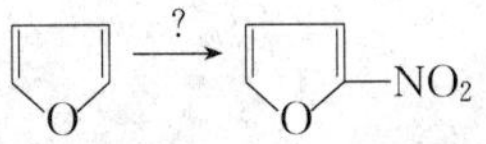

（2）呋喃 $+ 2H_2 \xrightarrow[\triangle,加压]{Ni} ?$

（3）噻吩 $+ H_2 \xrightarrow{Ni} ?$

（4）糠醛（$-CHO$）$+ HCHO \xrightarrow{浓\ NaOH} ? + ?$

（5）吡啶 $+ H_2SO_4 \longrightarrow ?$

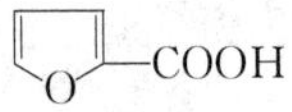

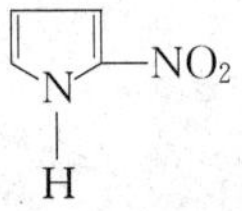

（6）吡啶 $+ C_2H_5Br \longrightarrow ?$

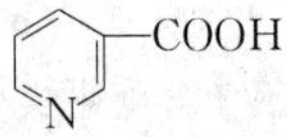

（7）喹啉 $\xrightarrow[H^+]{KMnO_4} ?$

（8）3-甲基吡啶（$-CH_3$）$\xrightarrow[\triangle]{KMnO_4} ? \xrightarrow{PCl_5} ? \xrightarrow{NH_3} ? \xrightarrow[OH^-]{NaOBr} ?$

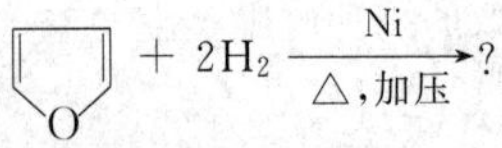

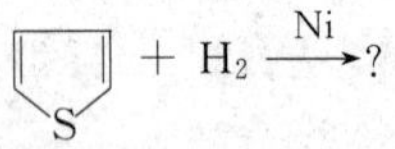

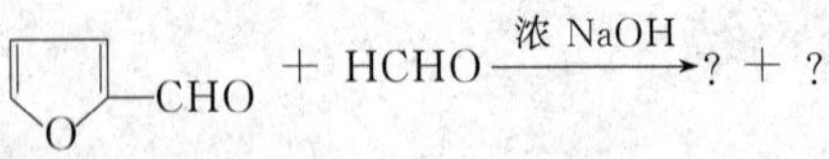

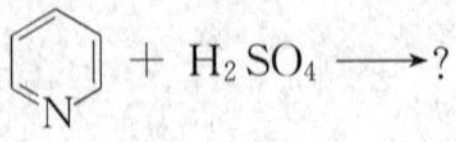

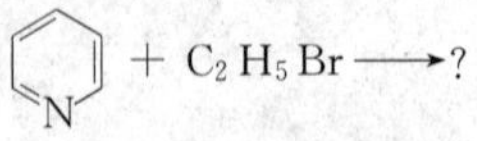

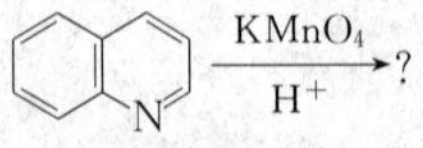

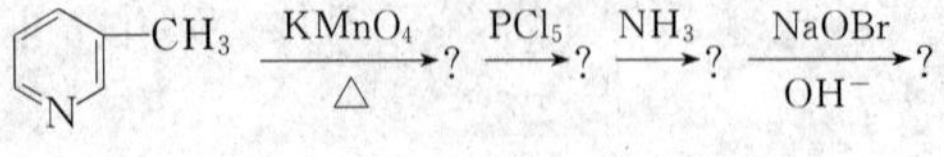

3. 填空题。

（1）在环状化合物中，参与成环的原子除碳原子外，还有________等杂原子，具有类似________结构及_________的环状化合物叫杂环化合物。

（2）吡啶可通过氮原子上的__________与质子结合，它是一个弱碱，其水溶液能使_________变蓝，它的碱性比___________强，但比_________弱得多。

4. 选择题。

（1）下列化合物中具有芳香性的是（　　）。

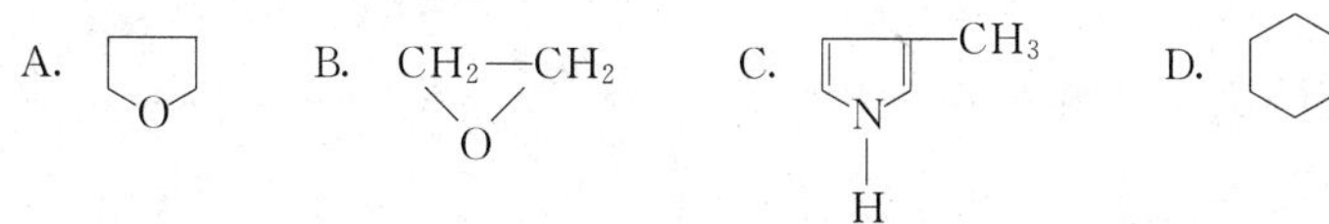

（2）除去甲苯中少量噻吩常用的试剂是（　　）。

A. 浓 H_2SO_4　　B. NaOH 溶液　　C. 乙烷　　D. CCl_4

（3）区别吡啶和 α-甲基吡啶的试剂是（　　）。

A. HCl　　B. NaOH 溶液　　C. $KMnO_4$，H^+　　D. 乙醇

5. 用化学方法鉴别下列各组化合物。

（1）呋喃、糠醛、噻吩　　（2）苯甲醛、糠醛

6. 用化学方法，将下列混合物中的少量杂质除去。

（1）苯中混有少量的噻吩　　（2）甲苯中混有少量的吡啶

7. 将下列各组化合物按其碱性由强到弱顺序排列。

（1）甲胺、吡啶、氨、苯胺　　（2）吡啶、六氢吡啶、喹啉、苯胺

8. 某化合物 A 分子式为 C_6H_6OS，它不能与托伦试剂反应，但能与羟胺反应生成肟，与次碘酸钠反应生成 α-噻吩甲酸钠。试推测该化合物的构造式。

9. 某杂环化合物 A 的分子式为 $C_5H_4O_2$，经氧化后生成羧酸 $C_5H_4O_3$，把此羧酸的钠盐与碱石灰作用，转变为 C_4H_4O，后者可发生松木片反应。试推测化合物 A 的构造式。

第十三章 碳水化合物和蛋白质

【学习目标】

1. 了解碳水化合物的结构特点及其分类。
2. 掌握重要碳水化合物的主要性质及其鉴别方法。
3. 了解蛋白质的组成和分类。
4. 掌握蛋白质的主要性质及其鉴别方法。
5. 了解生物酶及其催化作用的特点。

第一节 碳水化合物

碳水化合物也称糖类，是一类重要的天然有机化合物。例如葡萄糖、果糖、肝糖、淀粉、纤维素等都广泛地存在于动植物中，是绿色植物光合作用的主要产物。是动植物所需能量的重要来源，根据我国居民的食物构成，人们每天摄取的热能中大约有75%来自糖类。

一、碳水化合物的含义和分类

碳水化合物含有碳、氢、氧三种元素，其中氢原子和氧原子数的比例恰与水一样为2∶1，因此得名为碳水化合物。它们可用通式 $C_n(H_2O)_m$ 来表示，如葡萄糖的分子式为 $C_6H_{12}O_6$，也可用 $C_6(H_2O)_6$ 表示，蔗糖的分子式为 $C_{12}H_{22}O_{11}$，也可用 $C_{12}(H_2O)_{11}$ 表示。随着科学的发展，有机化合物数量的不断增多，发现有些化合物，如鼠李糖（$C_6H_{12}O_5$）和脱氧核糖（$C_5H_{10}O_4$）其结构和性质属于碳水化合物，但分子式不符合上述通式，而有些化合物，如乙酸（$C_2H_4O_2$）、乳酸（$C_3H_6O_3$），它们的分子式虽然符合上述通式，但它们的结构和性质与碳水化合物不同。“碳水化合物”这一名称由于沿用已久，所以至今仍在采用，但已失去原有意义。从结构上看，碳水化合物是多羟基醛和多羟基酮，或者是能水解生成多羟基醛或多羟基酮的化合物。

碳水化合物常根据它能否水解及水解后生成的物质分为三大类。

单糖　不能水解的多羟基醛和多羟基酮，叫单糖，例如葡萄糖、果糖等，它是最简单的糖。

低聚糖　水解后能生成几个分子单糖的化合物叫低聚糖。其中二糖是最重要的低聚糖，如纤维二糖、蔗糖和麦芽糖等。

多糖　水解后能生成多个分子单糖的化合物叫多糖。多糖也叫高聚糖。如淀粉、纤维素等。多糖属于天然高分子化合物。

二、单糖

天然来源的单糖种类很多，按分子中所含碳原子数目可分为丙糖、丁糖、戊糖和己糖等。分子中含有醛基的叫醛糖，含有酮基的叫酮糖。戊糖中最重要的是核糖，己糖中最重要的是葡萄糖和果糖，它们互为同分异构体。葡萄糖和果糖的分子式为 $C_6H_{12}O_6$，它们的构造式如下：

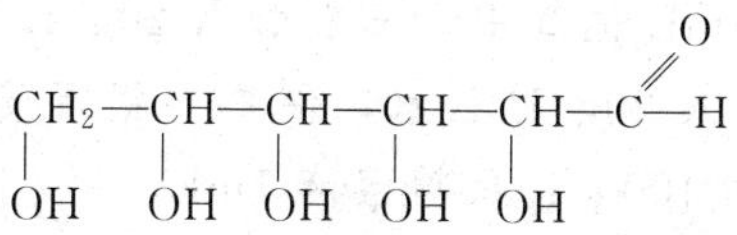

$$\underset{\text{OH}}{\underset{|}{\text{CH}_2}}-\underset{\text{OH}}{\underset{|}{\text{CH}}}-\underset{\text{OH}}{\underset{|}{\text{CH}}}-\underset{\text{OH}}{\underset{|}{\text{CH}}}-\underset{\text{OH}}{\underset{|}{\text{CH}}}-\overset{\text{O}}{\overset{\|}{\text{C}}}-\text{H}$$

葡萄糖

$$\underset{\text{OH}}{\underset{|}{\text{CH}_2}}-\underset{\text{OH}}{\underset{|}{\text{CH}}}-\underset{\text{OH}}{\underset{|}{\text{CH}}}-\underset{\text{OH}}{\underset{|}{\text{CH}}}-\overset{\text{O}}{\overset{\|}{\text{C}}}-\text{CH}_2\text{OH}$$

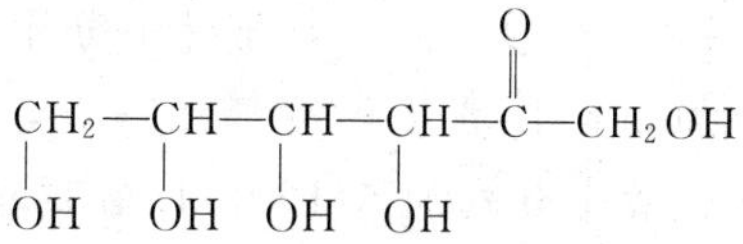

果糖

1. 葡萄糖和果糖的来源与制法

葡萄糖是自然界分布最广的已醛糖，广泛存在于蜂蜜和带甜味的水果汁以及植物的根、茎、叶和花等部位。尤其在成熟的葡萄中含量较高，因而得名。人体和动物体内都含有游离的葡萄糖，人体血液中的葡萄糖医学上叫血糖。正常人空腹的血糖含量为 3.9～6.1mmoL/L 血液（或 0.70～1.10g/L）。

工业上，葡萄糖可由淀粉或纤维素在酸性条件下水解制得：

$$(C_6H_{10}O_5)_n + nH_2O \xrightarrow{\text{酸或酶}} nC_6H_{12}O_6$$

果糖是自然界分布很广的一种已酮糖，主要存在于蜂蜜和水果中。工业上由菊粉经水解而制得。

2. 葡萄糖和果糖的性质和用途

葡萄糖是白色晶体，味甜，熔点 146℃，易溶于水，难溶于酒精，微溶于乙酸，不溶于乙醚和苯。

果糖为白色晶体或结晶粉末。味最甜，熔点 103℃。

在一定条件下，葡萄糖和果糖可以发生氧化、还原和成脎等化学反应。

(1) 氧化反应　葡萄糖能被弱氧化剂溴水氧化，生成含碳原子数相同的葡萄糖酸，同时溴水颜色褪去，而果糖是酮糖，不能被溴水氧化，因此可用溴水氧化来鉴别葡萄糖和果糖。

$$\begin{array}{l}\text{CHO}\\|\\(\text{CHOH})_4\\|\\\text{CH}_2\text{OH}\end{array} \xrightarrow{Br_2/H_2O} \begin{array}{l}\text{COOH}\\|\\(\text{CHOH})_4\\|\\\text{CH}_2\text{OH}\end{array}$$

葡萄糖酸

葡萄糖和果糖均能和托伦试剂、菲林试剂反应，分别生成银镜和氧化亚铜砖红色沉淀。

$$\begin{array}{l}\text{CHO}\\|\\(\text{CHOH})_4\\|\\\text{CH}_2\text{OH}\end{array} + 2Ag(NH_3)_2OH \longrightarrow \begin{array}{l}\text{COONH}_4\\|\\(\text{CHOH})_4\\|\\\text{CH}_2\text{OH}\end{array} + 2Ag\downarrow + 3NH_3 + H_2O$$

葡萄糖酸铵

$$\begin{array}{l}\text{CHO}\\|\\(\text{CHOH})_4\\|\\\text{CH}_2\text{OH}\end{array} + 2Cu^{2+} + NaOH + H_2O \xrightarrow{\triangle} \begin{array}{l}\text{COONa}\\|\\(\text{CHOH})_4\\|\\\text{CH}_2\text{OH}\end{array} + Cu_2O\downarrow + 4H^+$$

葡萄糖酸钠

果糖是酮糖，虽不含醛基，但在碱性溶液中能转变成醛糖，所以果糖也能发生银镜反应和菲林反应。

在碳水化合物中，凡能与托伦试剂和菲林试剂发生反应的糖都为还原糖，反之叫非还原糖，单糖都是还原糖。可以利用这两个反应来区别还原糖和非还原糖。

【演示实验 13-1】 在两支洗得十分干净的 25mL 试管中，分别加入 20g/L 硝酸银溶液 8mL。各滴加 50g/L 氢氧化钠溶液一滴，逐滴加入 20g/L 氨水，使氧化银沉淀恰好溶解，然后在两支试管中分别加入 100g/L 葡萄糖溶液和 100g/L 果糖溶液 1mL，用水浴温热，静置观察银镜的生成。

（2）还原反应 葡萄糖和果糖用化学还原剂（如 $NaBH_4$）或催化加氢等还原方法，都可以生成已六醇（又叫葡萄糖醇或山梨醇）。

$$\begin{array}{l} CHO \\ | \\ (CHOH)_4 \\ | \\ CH_2OH \end{array} \xrightarrow[\text{或 } NaBH_4]{H_2/Cu\text{-}Cr} \begin{array}{l} CH_2OH \\ | \\ (CHOH)_4 \\ | \\ CH_2OH \end{array}$$

$$\begin{array}{l} CH_2OH \\ | \\ C{=}O \\ | \\ (CHOH)_3 \\ | \\ CH_2OH \end{array} \xrightarrow[\text{或 } NaBH_4]{H_2/Cu\text{-}Cr} \begin{array}{l} CH_2OH \\ | \\ (CHOH)_4 \\ | \\ CH_2OH \end{array}$$

（3）成脎反应 单糖因有羰基，故与醛、酮相似，也能与苯肼作用，生成单糖苯腙。单糖的 α-羟基可被过量的苯肼氧化成羰基，继续与苯肼反应，最终在 C-1 和 C-2 处生成含有两个苯腙基团的化合物，称为糖脎。

$$\underset{\text{葡萄糖}}{\begin{array}{l} CHO \\ | \\ CHOH \\ | \\ (CHOH)_3 \\ | \\ CH_2OH \end{array}} \xrightarrow[-H_2O]{C_6H_5NHNH_2} \underset{\text{葡萄糖苯腙}}{\begin{array}{l} CH{=}N{-}NH{-}C_6H_5 \\ | \\ CH_2OH \\ | \\ (CHOH)_3 \\ | \\ CH_2OH \end{array}} \xrightarrow[-C_6H_5NH_2,\,-NH_3,\,-H_2O]{2C_6H_5NHNH_2} \underset{\text{葡萄糖脎}}{\begin{array}{l} CH{=}N{-}NH{-}C_6H_5 \\ | \\ C{=}N{-}NH{-}C_6H_5 \\ | \\ (CHOH)_3 \\ | \\ CH_2OH \end{array}}$$

$$\underset{\text{果糖}}{\begin{array}{l} CH_2OH \\ | \\ C{=}O \\ | \\ (CHOH)_3 \\ | \\ CH_2OH \end{array}} \xrightarrow[-H_2O]{C_6H_5NHNH_2} \underset{\text{果糖苯腙}}{\begin{array}{l} CH_2OH \\ | \\ CH{=}N{-}NH{-}C_6H_5 \\ | \\ (CHOH)_3 \\ | \\ CH_2OH \end{array}} \xrightarrow[-C_6H_5NH_2,\,-NH_3,\,-H_2O]{2C_6H_5NHNH_2} \underset{\text{果糖脎}}{\begin{array}{l} CH{=}N{-}NH{-}C_6H_5 \\ | \\ C{=}N{-}NH{-}C_6H_5 \\ | \\ (CHOH)_3 \\ | \\ CH_2OH \end{array}}$$

糖脎为黄色结晶，微溶于水。一般来说，不同的单糖所生成的糖脎，其晶形和熔点是不同的。葡萄糖与果糖虽生成相同的脎，但析出的时间不同（果糖比葡萄糖快）。因此，常用成脎反应鉴别单糖。

【演示实验 13-2】 取两支 25mL 的试管，分别加入 50g/L 葡萄糖和果糖溶液 8mL，再各加入苯肼试剂 8mL 混匀后，放在沸水浴中加热，观察各试管出现结晶的时间及颜色。

葡萄糖是人体新陈代谢不可缺少的营养物质。葡萄糖经缓慢氧化而释放出能量，以供给肌肉活动并保持人体正常的体温。在医药上用作营养补充剂，以供给能量，也是制备维生素 C、葡萄糖酸钙等药物的原料，维生素 C 能防治坏血病，所以又叫抗坏血酸，具有增强机体抗病能力和解毒的作用，维生素 C 存在于新鲜水果和蔬菜中，故可以从中摄取以满足需要。葡萄糖酸钙是重要的补充钙质的药物，有抗过敏的作用，与维生素 D 合用，有助于骨质形成，可以治疗小儿佝偻病（钙缺乏症）。工业上葡萄糖用来还原银氨溶液，使析出的银均匀地镀在玻璃上，制成玻璃镜子及热水瓶胆。葡萄糖还大量用于食品工业中。果糖也是营养剂，在体内果糖极易转变为葡萄糖。在食品工业中作调味剂。

三、二糖

二糖是低聚糖中最重要的一类。凡是经水解能生成两分子单糖的化合物称为二糖。二糖中最重要的是蔗糖和麦芽糖，分子式为 $C_{12}H_{22}O_{11}$，它们互为同分异构体。

1. 麦芽糖

自然界不存在游离的麦芽糖。通常麦芽糖是用含有淀粉较多的农产品如大米、玉米、薯类等作为原料，在淀粉酶（存在于大麦芽中）的作用下，约 60℃时，发生水解反应而生成的。

$$2(C_6H_{10}O_5)_n + nH_2O \xrightarrow[60℃]{\text{淀粉酶}} nC_{12}H_{22}O_{11}$$

麦芽糖

唾液中也有淀粉酶，也能使淀粉水解为麦芽糖，所以细嚼淀粉食物后常有甜味感。

麦芽糖为无色结晶，熔点 102～103℃，易溶于水，甜味不及蔗糖。

麦芽糖属于还原糖，能发生银镜反应、菲林反应，也能与苯肼作用生成糖脎。麦芽糖在无机酸或酶的作用下发生水解，得到两分子葡萄糖。

$$\underset{\text{麦芽糖}}{C_{12}H_{22}O_{11}} + H_2O \xrightarrow{H^+\text{或酶}} \underset{\text{葡萄糖}}{2C_6H_{12}O_6}$$

麦芽糖是饴糖的主要成分，主要用于食品工业中。麦芽糖易为动物消化，是一种廉价的营养剂。也可作为微生物的培养剂。

2. 蔗糖

蔗糖也叫甜菜糖，是自然界中分布最广的糖，广泛存在于植物的茎、叶、种子、根和果实内，其中以甘蔗的茎和甜菜的块根含量较多。工业上将甘蔗或甜菜经榨汁、浓缩、结晶等操作可制得食用蔗糖。

蔗糖为白色结晶，熔点 160～186℃分解，易溶于水，其甜味超过葡萄糖，但不及果糖。

蔗糖属于非还原性糖，不能被托伦试剂、菲林试剂氧化，也不能与苯肼作用成脎。蔗糖在无机酸或酶作用下水解，生成一分子葡萄糖和一分子果糖。

$$C_{12}H_{22}O_{11} + H_2O \xrightarrow{H^+\text{或酶}} \underset{\text{葡萄糖}}{C_6H_{12}O_6} + \underset{\text{果糖}}{C_6H_{12}O_6}$$

蔗糖是人类生活中不可缺少的食用糖，在医药上用作矫味剂，常制成糖浆应用。蔗糖高浓度时能抑制细菌生长，因此可用作医药上的防腐剂和抗氧剂。

四、多糖

多糖是高分子化合物，其水解后生成的最终产物是多个分子的单糖。多糖广泛存在于动植物体中。是重要的天然高分子化合物。多糖的性质与单糖和低聚糖有较大的差别，一般为无定形固体，不溶于水，无甜味，不具有还原性。淀粉和纤维素是最重要和最常见的多糖，分子式为（$C_6H_{10}O_5$）$_n$，互为同分异构体。

1. 淀粉

淀粉是绿色植物进行光合作用的产物，存在于植物的种子、块根和茎中，谷类植物中含淀粉较多。淀粉是无色、无味和无臭的颗粒。淀粉由直链淀粉和支链淀粉两部分组成。一般直链淀粉的含量为 10％～30％，支链淀粉的含量为 70％～90％。

直链淀粉不溶于冷水，但能溶于热水。直链淀粉遇碘溶液显蓝色。支链淀粉易溶于冷水，遇热水则因膨胀而成糊状。支链淀粉遇碘溶液呈蓝紫色。一般淀粉以含支链淀粉为主，故遇碘溶液呈深蓝色。可用于淀粉的检验。

淀粉在酸或酶的催化作用下，可逐步水解，依次生成糊精、麦芽糖和葡萄糖。

$$\underset{\text{淀粉}}{(C_6H_{10}O_5)_n} \xrightarrow[\text{酸或酶}]{H_2O} \underset{\text{糊精}}{(C_6H_{10}O_5)_m} \xrightarrow[\text{酸或酶}]{H_2O} \underset{\text{麦芽糖}}{C_{12}H_{22}O_{11}} \xrightarrow[\text{酸或酶}]{H_2O} \underset{\text{葡萄糖}}{C_6H_{12}O_6}$$

糊精是相对分子质量比淀粉小的多糖，能溶于水，可作浆糊及纸张布匹等的上浆剂。

淀粉没有还原性，不发生银镜反应、菲林反应，也不能与苯肼成脎。

淀粉除供食用外，也是工业上的重要原料。淀粉经发酵可制得乙醇、丙酮和丁醇等。近年来还用淀粉氧化制备草酸。淀粉还可用作纺织品的上浆及医药上用于生产葡萄糖。

2. 纤维素

纤维素是自然界分布最广的一种多糖。是构成植物茎干的主要成分。例如木材含纤维素约 50%，亚麻约含 80%，棉花中约含 90%以上。纤维素的相对分子质量比淀粉大得多，如木纤维素的相对分子质量为 30 万～50 万。

纯净的纤维素无色、无味、无臭。不溶于水和一般有机溶剂。无还原性，也不能成脎。纤维素比淀粉难水解，在高温、高压和无机酸存在下完全水解，得到葡萄糖。因此它和淀粉都可看成是葡萄糖的聚合体。

虽然纤维素水解最终的产物也是葡萄糖，但在人体消化道中不含能水解纤维素的酶，因此纤维素不能作为人类的营养物质。然而食物中的纤维素在人体消化过程中也起着重要的作用，它刺激肠道蠕动和分泌消化液，有助于食物的消化，促进粪便的排泄和防止便秘，有助于预防结肠炎及结肠癌的发生。有些食物纤维能与食物中的胆固醇及甘油三酯结合，减少脂类的吸收，降低血液中胆固醇及甘油三酯的含量，降低冠心病的发病率。因此，膳食纤维被列为蛋白质、脂肪、碳水化合物、维生素、无机盐和水之外的第七营养素，是其他营养素无法代替的物质。为此，人类应多吃蔬菜、水果、粗粮等，保持足量的纤维素有益于身体健康。不过，对于患有肠胃溃疡的人，还是少吃纤维素食物为好。

牛、马、羊等食草动物，其消化道能分泌纤维素酶，使纤维素水解生成葡萄糖，所以纤维素可作为食草动物的营养物质。

纤维素除直接用于纺织、造纸和建筑外，还可用于制造硝酸纤维、醋酸纤维和黏胶纤维等许多有用的人造纤维。

（1）黏胶纤维　在氢氧化钠存在下，纤维素与二硫化碳反应生成纤维素黄原酸酯的钠盐，后者溶于稀碱，成为半透明的黏胶液，再使黏胶液通过喷丝头的细孔进入酸浴中，黄原酸酯的钠盐即分解生成丝状的纤维素——人造纤维，又叫黏胶纤维，其外形与天然丝一样，因此又叫人造丝。若黏胶液通过窄缝压入稀酸中，则得到玻璃纸。黏胶纤维是一种人造纤维，主要用作纺织原料，在橡胶工业中用作轮胎的帘子线。玻璃纸可用于包装食品、服装和香烟等。

（2）硝酸纤维素酯　硝酸纤维素也叫纤维素硝酸酯。纤维素与浓硝酸和浓硫酸的混合物反应即得到硝酸纤维素酯。反应条件不同，酯化程度不同，得到的酯的含氮量不同。含氮量在 11%左右的，叫做胶棉。胶棉易燃烧，但无爆炸性，是制造喷漆和赛璐珞等的原料。含氮量在 13%左右的，叫做火棉。火棉易燃烧，且有爆炸性，是制造无烟火药的原料。

（3）醋酸纤维素　醋酸纤维素又称纤维素醋酸酯。在少量硫酸存在下，纤维素与醋酐和醋酸的混合物反应得到三醋酸纤维素。由于三醋酸纤维素酯又硬又脆，常将其部分水解，得到二醋酸纤维素酯，它能溶于丙酮，其溶液经细孔压入到热空气中，丙酮蒸发后即得到人造丝，可用作纺织原料。二醋酸纤维素酯不易燃烧，也可用来制造电影安全胶片。它也是制作香烟过滤嘴的材料。

第二节　蛋　白　质

蛋白质广泛存在于生物体内，是组成细胞的基础物质。动物的肌肉、皮肤、发、毛、蹄、角等的主要成分都是蛋白质。蛋白质是构成人体的物质基础，它约占人体除水分外剩余物质量的一半。许多植物（如大豆、花生、小麦、稻谷）的种子里也含有丰富的蛋白质。一切重要的生命现象和生理机能，都与蛋白质密切相关。如在生物新陈代谢中起催化作用的酶，调节物质代谢的某些激素。输送氧气的血红蛋白，以及引起疾病的细菌、病毒、抵抗疾病的抗体等，都含有蛋白质。所以说蛋白质是生命的基础，没有蛋白质就没有生命。研究蛋白质的结构和组成，进一步探索生命现象，是科学研究中的重要课题。

1965 年我国在世界上首次人工合成了具有生理活性的蛋白质——牛胰岛素。1971 年又完成了对猪胰岛素结构的测定工作，为蛋白质科学的发展做出了重大贡献。

一、蛋白质的组成和分类

根据元素分析，蛋白质中含有碳、氢、氧、氮、硫等元素，某些蛋白质还含有磷、铁、碘、锰、锌及其他元素。各种蛋白质的元素组成大约为：碳 50%～55%；氢 6.0%～7.3%；氧 19%～24%；氮 13%～19%；硫 0～4%。

蛋白质可分为单纯蛋白质和结合蛋白质两大类。单纯蛋白质完全由 α-氨基酸组成。如清蛋白、球蛋白、谷蛋白等。结合蛋白质是由单纯蛋白质和非蛋白质（辅基）组分结合而成的。其中辅基组分一般为糖、色素、磷酸酯、金属等。糖蛋白、核蛋白、色蛋白等都属于结合蛋白质。

二、α-氨基酸与蛋白质的关系

羧酸分子中的氢原子被氨基取代后的生成物叫氨基酸。氨基位于羧酸分子 α-位上的称为 α-氨基酸。例如：

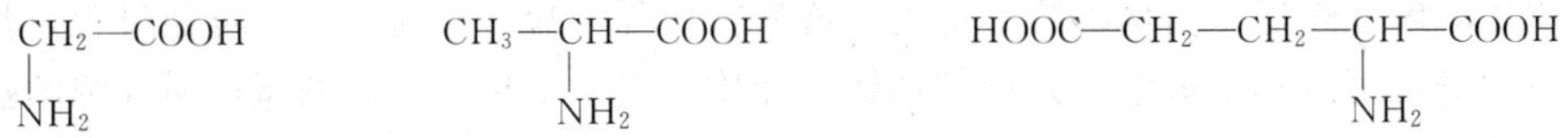

$$\underset{\displaystyle\text{NH}_2}{\underset{|}{\text{CH}_2}}\text{—COOH} \qquad \text{CH}_3\text{—}\underset{\displaystyle\text{NH}_2}{\underset{|}{\text{CH}}}\text{—COOH} \qquad \text{HOOC—CH}_2\text{—CH}_2\text{—}\underset{\displaystyle\text{NH}_2}{\underset{|}{\text{CH}}}\text{—COOH}$$

氨基乙酸（甘氨酸）　α-氨基丙酸（丙氨酸）　α-氨基戊二酸（谷氨酸）

谷氨酸的单钠盐 $\left(\text{HOOCCH}_2\text{CH}_2\underset{\displaystyle\text{NH}_2}{\underset{|}{\text{CH}}}\text{COONa}\right)$，简称谷氨酸钠，是味精的主要成分。

氨基酸分子构造中含有羧基和氨基，是两性化合物。它与酸和碱作用都可以生成盐。

两个氨基酸分子中一个 α-氨基酸分子中的氨基可与另一个 α-氨基酸分子中的羧基发生缩合反应失去一分子水，生成以酰胺键连接的化合物叫二肽。形成的酰胺键 $\left(\text{—}\overset{\displaystyle\text{O}}{\overset{\|}{\text{C}}}\text{—NH—}\right)$ 又叫肽键。例如：

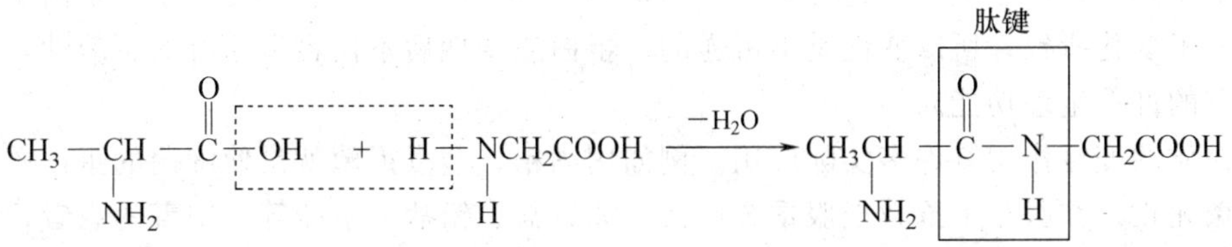

$$\text{CH}_3\text{—}\underset{\displaystyle\text{NH}_2}{\underset{|}{\text{CH}}}\text{—}\overset{\displaystyle\text{O}}{\overset{\|}{\text{C}}}\text{—OH} + \text{H—}\underset{\displaystyle\text{H}}{\underset{|}{\text{N}}}\text{CH}_2\text{COOH} \xrightarrow{-\text{H}_2\text{O}} \text{CH}_3\underset{\displaystyle\text{NH}_2}{\underset{|}{\text{CH}}}\text{—}\boxed{\overset{\displaystyle\text{O}}{\overset{\|}{\text{C}}}\text{—}\underset{\displaystyle\text{H}}{\underset{|}{\text{N}}}}\text{—CH}_2\text{COOH}$$

丙氨酸　甘氨酸　丙氨酰甘氨酸（方框内为：肽键）

若由多个α-氨基酸分子通过分子间的氨基与羧基失水，缩合生成含多个肽键的化合物则称多肽。多肽可看成是相对分子质量小的蛋白质。

蛋白质在酸、碱或酶的作用下，能水解生成一系列中间产物，水解的最后产物为各种α-氨基酸的混合物。

$$\text{蛋白质} \xrightarrow{\text{水解}} \text{多肽} \xrightarrow{\text{水解}} \text{二肽} \xrightarrow{\text{水解}} \alpha\text{-氨基酸}$$

不同蛋白质水解后所得的α-氨基酸，其种类和数量各不相同。由蛋白质水解得到的α-氨基酸主要有二十多种，其中许多是人体必需的氨基酸。

可见α-氨基酸是组成蛋白质的“结构单元”，是构成蛋白质的基石。蛋白质是由许多α-氨基酸通过分子间氨基与羧基间的脱水反应，缩合成以酰胺键（$\overset{\overset{\displaystyle O}{\|}}{\text{—C—}}\text{NH—}$，亦称肽键）相连，具有复杂空间结构的高分子化合物，相对分子质量可高达数千万，一般也在一万以上。其基本构造如下：

$$\cdots\text{—NH—}\underset{\underset{\displaystyle R}{|}}{\text{CH}}\text{—}\boxed{\overset{\overset{\displaystyle O}{\|}}{\text{C}}\text{—NH}}\text{—}\underset{\underset{\displaystyle R'}{|}}{\text{CH}}\text{—}\overset{\overset{\displaystyle O}{\|}}{\text{C}}\text{—}\cdots$$

酰胺键

三、蛋白质的性质

多数蛋白质易溶于水及极性溶剂，不溶于有机溶剂中。也有的难溶于水，如丝、毛等。蛋白质除了能水解为各种α-氨基酸外，还具有如下的性质：

1. 盐析

【演示实验 13-3】 在盛有鸡蛋白溶液的试管中，缓慢地加入饱和 $(NH_4)_2SO_4$ 或 Na_2SO_4 溶液，观察沉淀的析出。然后把少量带有沉淀的液体加入盛有蒸馏水的试管里，观察沉淀是否溶解。

在蛋白质的水溶液中，加入一定量的无机盐（如硫酸铵、硫酸镁、氯化钠等）溶液后可使蛋白质的溶解度降低，而从溶液中析出。这种作用称为盐析。这是一个可逆过程，盐析出来的蛋白质仍可再溶解于水中，并且其结构和性质不发生变化。所有的蛋白质在浓的盐溶液中都可沉淀出来，但是不同的蛋白质盐析出来时，盐的最低浓度是不同的。利用这个性质采用多次盐析和溶解，可以分离、提纯不同的蛋白质。

2. 蛋白质的变性

【演示实验 13-4】 在两支试管中各加入 3mL 鸡蛋白溶液，将其中一支试管加热，同时向另一支试管加入少量乙酸铅溶液，观察发生的现象，把凝结的蛋白质和生成的沉淀分别放入两支盛有清水的试管中，观察是否溶解。

许多蛋白质在受热、紫外光照射或酸、碱、重金属盐作用时，蛋白质的性质会发生改变，溶解度降低，甚至凝固，这种现象称为蛋白质的变性。蛋白质的变性主要是由于其分子结构发生了变化所致，所以变性是不可逆的。蛋白质变性后不仅丧失原有的可溶性，也失去了它原有的许多生理功能。

蛋白质的变性作用有许多实际应用。例如用酒精、蒸煮灭菌就是使细菌的蛋白质凝固从而使细菌死亡。在医疗上抢救误服重金属盐（如铜盐、铅盐、汞盐等）中毒的患者，常给患者口服大量含蛋白质丰富的生鸡蛋、牛奶或豆浆使重金属与之结合而生成变性蛋白质，减少了人体蛋白质的受损，再用催吐剂将结合的重金属盐呕出，达到解毒目的。但是在制备血清、疫苗、酶等蛋白质制剂时则应避免其变性失去生物活性。此外，延缓和抑制蛋白质的变性，也是人类保持青春，防止衰老的一个有效途径。

*3. 两性和等电点

蛋白质和氨基酸相似，分子中含有羧基和氨基，既能与酸又能与碱反应，都能生成盐，蛋白质分子内的氨基和羧基也能反应生成内盐，亦称两性离子或偶极离子，是两性电解质，在酸性溶液中，蛋白质以正离子形式存在，在电场中向阴极移动；在强碱性溶液中则以负离子的形式存在，在电场中向阳极移动。调节溶液的 pH 至某一数值时，蛋白质所带正、负电荷恰好相等，蛋白质分子以两性离子存在，在电场中不移动，此时溶液的 pH 称为该蛋白质的等电点 pI，如用 $P\begin{matrix}\diagup NH_2\\ \diagdown COOH\end{matrix}$ 代表蛋白质（式中 P 代表不包括氨基和羧基在内的蛋白质大分子），则蛋白质的两性电离可以用下式表示：

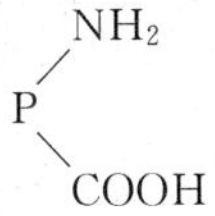

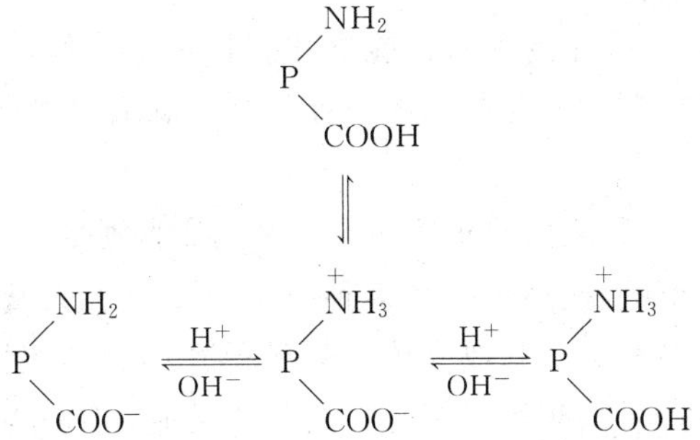

$$P\begin{matrix}\diagup NH_2\\ \diagdown COOH\end{matrix}$$

$$\Updownarrow$$

$$\underset{\substack{负离子\\ pH>pI}}{P\begin{matrix}\diagup NH_2\\ \diagdown COO^-\end{matrix}} \underset{OH^-}{\overset{H^+}{\rightleftharpoons}} \underset{\substack{两性离子\\ pI}}{P\begin{matrix}\diagup \overset{+}{N}H_3\\ \diagdown COO^-\end{matrix}} \underset{OH^-}{\overset{H^+}{\rightleftharpoons}} \underset{\substack{正离子\\ pH<pI}}{P\begin{matrix}\diagup \overset{+}{N}H_3\\ \diagdown COOH\end{matrix}}$$

不同的蛋白质等电点也不同，例如鱼精蛋白的 pI 为 12.0～12.4，牛胰岛素的 pI 为 5.30～5.35，血清蛋白的 pI 为 4.64。蛋白质在等电点时，易结合成大的聚集体，所以蛋白质在等电点时溶解度最小，可沉淀析出，利用此性质可通过调节溶液的 pH 进行分离，提纯蛋白质。

4. 显色反应

蛋白质能和许多试剂发生特殊的颜色反应，常用于蛋白质的鉴别。

（1）缩二脲反应　蛋白质分子中含有多个酰胺键 $\left(\begin{matrix}O\\ \Vert\\ -C-NH-\end{matrix}\right)$，当在蛋白质溶液中加入氢氧化钠溶液及数滴硫酸铜稀溶液时，呈现紫色。

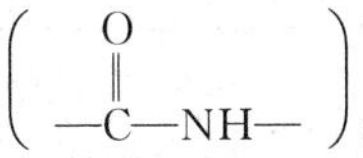

（2）蛋白黄反应　分子中含有苯环的蛋白质，与浓硝酸作用，立即呈现黄色，这是由于苯环发生了硝化反应，生成了硝基化合物的缘故。若再用氨水处理，则又变成橙色。皮肤接触硝酸，立即变黄，便是蛋白质黄色反应的例子。

（3）水合茚三酮反应　蛋白质与水合茚三酮 $\left(\text{水合茚三酮结构式：苯环并 }\begin{matrix}C=O\\ C=O\end{matrix}\!>\!C\begin{matrix}\diagup OH\\ \diagdown OH\end{matrix}\right)$ 加热反应，呈现紫蓝色，反应非常灵敏，其灵敏度可达十万分之一的浓度。这个反应在蛋白质的鉴定上极为重要。

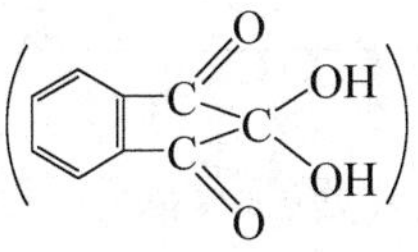

此外，蛋白质被灼烧时，如羊毛、蚕丝等会产生具有烧焦羽毛的气味，可用于鉴别

它们。

四、酶

人体是一个复杂的“化工厂”，在这个“化工厂”中同时进行着许多互相协同配合的化学反应。这些反应不能在高温、高压、剧毒、强腐蚀的条件下进行，只能在体温条件下温和地进行。这些反应还要求有较高的速率，而且需要随着环境和身体情况的变化而随时自动地进行精密的调节。如此苛刻的条件是怎样实现的呢？这要靠一类特殊的蛋白质——酶的作用。酶是一种由生物细胞合成的，具有生物活性的蛋白质，是生物体内许多复杂的新陈代谢反应和许多有机化学反应的催化剂。酶的催化作用具有以下特点。

① 条件温和、不需加热。例如在人体中的各种酶催化反应，一般在接近体温和接近中性（pH 约为 7）的条件下，酶就可以起作用。在 30～50℃之间酶的活性最强，超过适宜的温度时，酶将失去活性。

② 对环境变化敏感。酶当受到高温、强酸、强碱、重金属离子、或紫外线照射等因素的影响时，非常容易失去活性。

③ 具有高度的专一性。例如蛋白酶只能催化蛋白质的水解反应，淀粉酶只能催化淀粉的水解反应，麦芽糖酶只能催化麦芽糖水解成葡萄糖，脲酶只能催化尿素水解，如同一把钥匙开一把锁那样。

④ 具有高效催化作用。酶催化的化学反应速率，比普通催化剂高 10^6～10^{13} 倍。

目前，人们已经鉴定出的酶已达 2000 多种以上。工业上大量使用的酶多数是通过微生物发酵制得的，并且有许多种酶已制成晶体。酶已得到广泛的应用，如淀粉酶应用于食品、发酵、纺织、制药等工业；蛋白酶用于医药、制革等工业；脂肪酶用于使脂肪水解、羊毛脱脂等。酶还可用于疾病的诊断。

本章小结

1. 碳水化合物

（1）碳水化合物的含义　碳水化合物亦称糖类。它是指多羟基醛和多羟基酮，以及能水解生成多羟基醛和多羟基酮的一类化合物。碳水化合物可分为单糖、低聚糖和多糖。

（2）单糖的性质

试剂 \ 现象 \ 糖类	葡萄糖	果糖
托伦和菲林试剂	被氧化成葡萄糖酸并分别有 Ag 及 Cu_2O 生成	同葡萄糖
溴水	被氧化成葡萄糖酸	不易氧化
$NaBH_4$	用 $NaBH_4$ 还原得多元醇	同葡萄糖
苯肼	生成黄色葡萄糖脎	同葡萄糖

（3）二糖的性质

试剂 \ 现象 \ 糖类	麦芽糖	蔗糖
托伦和菲林试剂	能还原托伦试剂及菲林试剂，并分别生成 Ag 及 Cu_2O	不能
苯肼	成脎	不能
水解	在酸或酶催化下水解为两分子葡萄糖	在酸或酶催化下水解为一分子葡萄糖和一分子果糖

（4）多糖的性质

试剂＼糖类/现象	淀　粉	纤　维　素
托伦试剂和菲林试剂	无	无
苯肼	无	无
碘溶液	深蓝色	无
酸催化水解	葡萄糖	葡萄糖

2. 蛋白质

（1）蛋白质是由许多α-氨基酸通过分子间氨基与羧基间的脱水反应，缩合成以酰胺键相连的高分子化合物。

（2）蛋白质是一种两性电解质，与酸或碱都能成盐。当溶液处于某一 pH 时，蛋白质分子以两性离子存在，在电场中不移动，此时溶液的 pH 为该蛋白质的等电点。蛋白质具有盐析和变性作用，能和许多化合物发生显色反应。显色反应可用于蛋白质的鉴别。

3. 酶

（1）酶是一种由生物细胞合成的具有生命活性的蛋白质，是生物体内许多复杂的新陈代谢反应和许多有机化学反应的催化剂。

（2）生物酶催化剂的特点　催化反应条件温和；对环境变化敏感；催化对象具有专一性；具有高效催化作用。

习　　题

1. 写出下列化合物的构造式。

（1）氨基乙酸（甘氨酸）　（2）2-氨基戊二酸（谷氨酸）

（3）葡萄糖　（4）葡萄糖酸　（5）果糖

2. 写出葡萄糖与下列试剂作用的化学反应式。

（1）溴水　（2）托伦试剂　（3）过量苯肼

（4）菲林试剂　（5）硼氢化钠

3. 填空题。

（1）蛋白质主要是由__________、__________、__________、__________四种元素组成，它是由许多α-氨基酸通过__________结合而成的高分子化合物。

（2）酶对于许多有机化学反应和生物体内许多复杂的新陈代谢反应都具有很强的__________作用。酶的催化作用的特点是__________，__________，__________，__________。

（3）凡是能发生银镜反应的一定含有__________基，但不一定都是__________类。

（4）有些蛋白质遇硝酸变成__________色；淀粉遇碘溶液变成__________色。

4. 选择题。

（1）葡萄糖不能发生的反应是（　　）。

A. 银镜反应　B. 还原反应　C. 酯化反应　D. 水解反应

（2）蛋白质溶液在做如下处理后，仍不丧失生理作用的是（　　）。

A. 加硫酸铵溶液　B. 加氢氧化钠溶液

C. 加浓硫酸　D. 用福尔马林浸泡

（3）下列关于纤维素用途的说法不正确的是（　　）。

A. 造纸　B. 制造硝酸纤维　C. 制造醋酸纤维　D. 制造合成纤维

5. 用化学方法鉴别下列各组化合物。

(1) 葡萄糖和果糖　　(2) 蔗糖和麦芽糖

(3) 淀粉和纤维素　　(4) 淀粉、纤维素、蛋白质

6. 解释下列名词。

(1) 蛋白质的盐析作用　　(2) 蛋白质的变性作用

(3) 还原糖　　(4) 非还原糖

7. 某化合物分子式为 $C_3H_7O_2N$，能与氢氧化钠或盐酸反应生成盐，并能与醇反应生成酯，与亚硝酸作用放出氮气，同时生成 α-羟基酸。试推测该化合物的构造式。

第十四章　合成高分子化合物

【学习目标】

1. 了解高分子化合物的基本概念和命名方法。

2. 了解高分子化合物的合成方法和特性。

3. 熟悉重要的合成高分子材料——塑料、纤维、橡胶、离子交换树脂等的制法、性能和用途。

4. 了解新型有机高分子材料及其发展趋势。

蛋白质、淀粉、纤维素都是天然高分子化合物，它们在生物体的生命活动中起着重要的作用，随着社会的发展和科学技术水平的提高，20 世纪初期出现了人工合成的高分子化合物，如三大合成材料——塑料、橡胶、合成纤维，现在合成材料的使用远远超过了天然高分子材料，从人们的衣、食、住、行到现代工业、农业、尖端科学技术中已成为不可缺少的应用材料。目前，世界合成高分子材料的年产量已超过全部金属材料的产量，因此，20 世纪被称为聚合物时代。

进入 21 世纪，对性能更优异、应用更广泛的新型高分子材料，如具有光、电、磁等特殊功能的高分子材料、隐身材料、复合材料、高分子分离膜、具有优良导电性能的导电塑料——聚乙炔等，尤其是具有生物功能的智能高分子材料的研究，将是 21 世纪功能高分子材料的一个新生长点。如果说 20 世纪，合成材料是人类文明的标志，那么 21 世纪将是智能材料的时代。

本章仅就高分子化合物的一些基本概念、基本知识、几种常见的有机高分子材料及有机新型高分子材料的性能与用途做简单的介绍。

第一节　基本概念

一、高分子化合物的含义

高分子化合物是指相对分子质量高达 $10^4 \sim 10^6$ 的大分子化合物。由于高分子化合物大部分是由一种或几种小分子化合物经聚合反应以共价键连接而成的，所以也叫高聚物或聚合物。

虽然高分子化合物的相对分子质量很高，但其元素组成和分子构造并不复杂。它是由简单的构造单元以重复的方式连接而成，例如，聚氯乙烯是由氯乙烯聚合而成的。

$$n\mathrm{CH_2{=}\underset{\underset{Cl}{|}}{CH}} \xrightarrow{\text{聚合}} \left[\mathrm{CH_2{-}\underset{\underset{Cl}{|}}{CH}}\right]_n$$

其中氯乙烯（$CH_2{=}CHCl$）就是聚氯乙烯的单体，组成聚氯乙烯的重复构造单元 $\left[\mathrm{CH_2{-}\underset{\underset{Cl}{|}}{CH}}\right]$ 称为链节，n 表示链节的数目，称为聚合度。高分子化合物的相对分子质量

M_r 是链节式量 M_o 与聚合度 n 的乘积，可用下式表示：

$$M_r = M_o n$$

实际上，同一种高分子化合物是由许多链节相同而聚合度不同的化合物组成的混合物，也就是说，同一种高分子化合物中各个分子的相对分子质量是不同的，因此，高分子化合物的相对分子质量是指平均相对分子质量。高聚物中相对分子质量不等的现象称为高分子化合物的多分散性。

二、高分子化合物的分类

高分子化合物的种类繁多，为了便于研究，将它们进行分类。常用的分类方法有下列几种。

1. 按来源分类

可将高分子化合物分为天然高分子化合物和合成高分子化合物。

2. 按性能及用途分类

可将高分子化合物分为塑料、橡胶和纤维三大类。各大类化合物又可分为若干类别。

- 塑料
  - 热塑性塑料（如聚乙烯、聚氯乙烯等）
  - 热固性塑料（如酚醛塑料）
- 橡胶
  - 天然橡胶
  - 合成橡胶（如丁苯橡胶、丁腈橡胶等）
- 纤维
  - 天然纤维（如棉、毛、丝等）
  - 化学纤维
    - 人造纤维（如黏胶纤维）
    - 合成纤维（如涤纶、腈纶等）

3. 按主链结构分类

根据高分子化合物主链结构的不同，可分为碳链高分子化合物，杂链高分子化合物和元素高分子化合物。

（1）碳链高分子化合物　主链全部由碳原子连接而成，如聚丙烯 $\left[\!\!-CH_2-\underset{}{\overset{CH_3}{\overset{|}{C}}}H-\!\!\right]_n$。

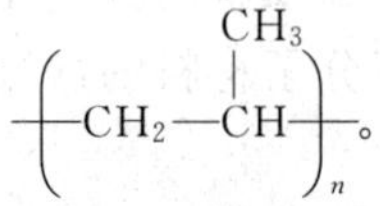

（2）杂链高分子化合物　主链除碳原子外，还夹有氧、硫、氮等杂原子，如聚己内酰胺 $H\!\left[\!-NH-(CH_2)_5-\overset{O}{\overset{\|}{C}}-\right]_n\!H$ 等。

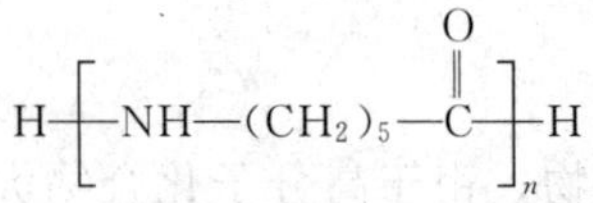

（3）元素高分子化合物　主链通常由硅、氧、铝、钛、硼等原子所组成。但侧链多为有机基团，例如：甲基硅橡胶 $\left[\!-\underset{CH_3}{\underset{|}{\overset{CH_3}{\overset{|}{Si}}}}-O-\right]_n$。

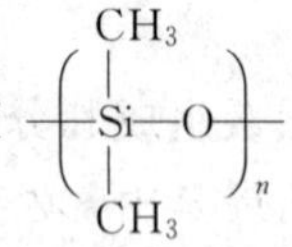

4. 按分子链的结构分类

可将高分子化合物分为线型高分子化合物和体型高分子化合物。

（1）线型高分子化合物　高聚物的各链节连接成一长链，在主链上也可以带支链，见图 14-1。如聚乙烯、聚氯乙烯等。

（2）体型高分子化合物　高聚物是由线型高分子互相交联起来，形成网状的三度空间结构，见图 14-1。如酚醛树脂等。

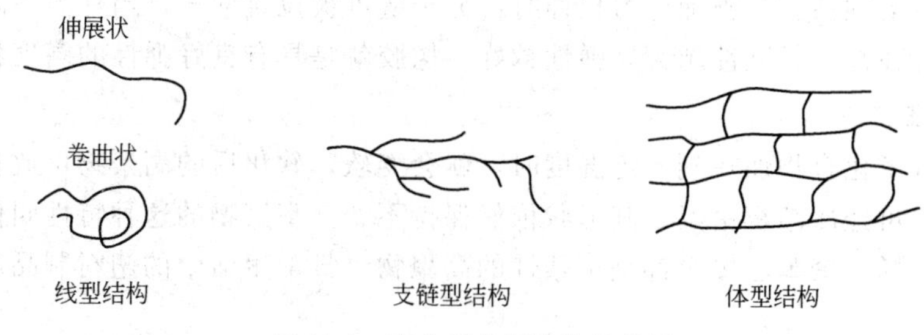

图 14-1　高分子几何形状示意图

三、高分子化合物的命名

高分子化合物系统命名法比较复杂，实际上很少使用。合成高分子化合物通常按制备方法及原料名称来命名。

1. 按制备方法命名

(1) 加聚物的命名　如用加聚反应制得的高聚物，往往是在单体名称前面加个“聚”字。例如氯乙烯的聚合物叫聚氯乙烯，苯乙烯的聚合物叫聚苯乙烯。

(2) 缩聚物的命名　用缩聚反应制得的高聚物，大多数在单体的简称后面加上“树脂”二字来命名。例如：苯酚和甲醛缩合得到的缩聚物叫酚醛树脂；由尿素和甲醛缩聚得到的缩聚物叫脲醛树脂等。加聚物在未制成制品前也常用树脂来称呼，例如聚乙烯树脂、聚氯乙烯树脂等。

(3) 合成橡胶的命名　由不同单体共聚得到的合成橡胶是在单体简称后面加“橡胶”二字。例如：由 1,3-丁二烯和苯乙烯共聚得到的共聚物叫丁苯橡胶；由 1,3-丁二烯和丙烯腈共聚得到的共聚物叫丁腈橡胶等。

2. 商品名称

许多高聚物还常用商品名。例如：聚己内酰胺叫尼龙-6；聚己二酰己二胺叫尼龙-66；聚甲基丙烯酸甲酯叫有机玻璃。

第二节　高分子化合物的特性

一、溶解性

线型高分子化合物一般可溶解在适当的溶剂中。例如聚乙烯可溶解于环己醇中。具有网状结构的体型高分子化合物（如丁苯橡胶）一般不易溶解；有的只能被溶剂溶胀而不溶解，如丁苯橡胶就属于此类。

二、良好的机械强度

高分子化合物由于其分子链具有线型和网状结构，分子中的原子数目又非常多，因此分子间作用力较大，具有良好的机械强度。某些高聚物可代替一些金属，制成多种机械零件，有的比金属强度还大。例如，将 10kg 高分子材料或金属材料做成 100m 长的绳子吊重物，尼龙绳能吊 15500kg，涤纶绳能吊 12000kg，金属钛绳能吊 7700kg，碳钢绳能吊 6500kg。

三、柔顺性和弹性

线型高分子化合物的分子链很长，由于原子间的 σ 键可以自由旋转，分子链也能自由旋转，这样使每个链节的相对位置可以不断变化，因此分子能以各种卷曲状态存在，这种性能称为高分子链的柔顺性。当施加外力拉伸时，分子链可被拉直伸长，当外力消除后又卷曲收缩，所以它具有弹性。柔顺性越大，弹性越好。橡胶就是具有良好弹性的高聚物。

四、可塑性

将线型高分子化合物加热到一定温度时，就会变软，软化后的高聚物可放在模子里压制成特定的形状，再经冷却至室温，其形状依然保持不变。高聚物的这种特性叫做可塑性。常见的塑料如聚乙烯、聚苯乙烯等都是可塑性的高聚物。日常生活中的塑料制品就是这样压制成型的。

五、良好的电绝缘性

不含极性基团的高聚物，如聚乙烯、聚丙烯等，由于分子中不存在自由电子和离子，键的极性也很小，因此不易导电，是良好的电绝缘材料，用于包裹电缆、电线，制成各种电器设备的零件等。

分子中含有极性基的高聚物，如聚氯乙烯、聚酰胺等，其绝缘性随分子极性的增强而降低。

高分子化合物除具有上述几种特性外，还有耐油、耐磨、不透水、不透气等特性。

高分子化合物虽然有许多优良特性，但也有一些缺点，如废弃后不易分解、易燃烧、易老化等。如何通过改善高分子化合物的结构，改进它们的聚合和加工工艺及注意它们的使用环境和条件，以提高高分子材料的性能，降低老化，减少高分子材料对环境的污染，都是研究高分子化合物的重要课题。

第三节 高分子化合物的合成

由单体合成高分子化合物主要采用两种基本反应，一是加成聚合反应（简称加聚反应），二是缩合聚合反应（简称缩聚反应）。

一、加聚反应

加聚反应是指由一种或多种单体通过相互加成而聚合成高聚物的反应，并且反应中无低分子物质析出。在高聚物中链节的化学组成与单体相同，故加聚物的相对分子质量是单体相对分子质量的整数倍。通常用含有双键、共轭双键的化合物作为加聚反应的单体。

加聚反应按照单体种类的多少，又可分为均聚反应和共聚反应。

1. 均聚反应

由同种单体发生的加聚反应叫均聚反应。例如乙烯聚合成聚乙烯。

$$n\mathrm{CH_2{=}CH_2} \longrightarrow \left[\mathrm{CH_2{-}CH_2}\right]_n$$

2. 共聚反应　由不同单体发生的加聚反应叫共聚反应。例如乙烯和丙烯聚合成乙丙橡胶。

$$n\mathrm{CH_2{=}CH_2} + n\mathrm{CH_2{=}CH{-}CH_3} \longrightarrow \left[\mathrm{CH_2{-}CH_2{-}CH_2{-}\underset{\displaystyle CH_3}{\underset{|}{CH}}}\right]_n$$

共聚反应往往用来改善高分子化合物的性能。例如，通过均聚反应得到的聚丁二烯橡胶的耐油性较差，而通过共聚反应得到的丁腈橡胶就具有较好的耐油性。

二、缩聚反应

缩聚反应是指由一种或多种单体通过缩合而形成高聚物，同时伴有低分子物质（如水、卤化氢、氨、醇等）生成的反应。在缩聚反应中，由于析出了低分子副产物，所以缩聚物中链节的化学组成与单体不同，故缩聚物的相对分子质量不是单体的整数倍。

根据缩聚产物的结构不同，一般可分为线型缩聚反应和体型缩聚反应。

凡参加反应的两种单体都只含有两个官能团时，反应后生成线型高聚物，这种缩聚反应称为线型缩聚反应。例如，由己二胺和己二酸缩聚而成的尼龙-66。

$$nH_2N{+}CH_2{+_6}NH_2 + nHOOC{+}CH_2{+_4}COOH \longrightarrow H{-}\!\!\left[NH{+}CH_2{+_6}NH{-}\overset{O}{\overset{\|}{C}}{+}CH_2{+_4}\overset{O}{\overset{\|}{C}}\right]_n\!\!OH + (2n-1)H_2O$$

尼龙-66

当参加缩聚反应的两种单体中，其中有一种单体的官能团数大于 2 时，反应后生成体型高聚物，这种缩聚反应称为体型缩聚反应。例如，酚醛树脂就是体型缩聚物（见本章第四节）。

通常用二元酸、二元胺、二元或三元醇、苯酚等分子中含有两个及其以上官能团的化合物作为缩聚反应的单体。

第四节　重要的合成高分子材料

合成高分子材料主要是指塑料、合成纤维、合成橡胶三大合成材料及离子交换树脂、涂料、胶黏剂等。它们具有天然材料所没有的优越性能，其用途非常广泛，发展极为迅速。

一、塑料

塑料是由合成树脂及其他填料、增塑剂、稳定剂、润滑剂、着色剂等添加剂（为增强和改进塑料的性能）在一定的条件下塑制而成，其中树脂为主要成分，约占塑料总质量的40%～100%。

塑料的种类很多，至今已达 300 多种，其中常用的有 60 多种。塑料根据其受热后表现的特性，可分为热塑性和热固性塑料两大类，热塑性塑料受热时软化，可以塑制成一定形状，并且能多次重复加热塑制。如聚乙烯、聚氯乙烯、纤维素塑料等。热固性塑料加工成型后，加热不会软化，在溶剂中也不会溶解。如酚醛树脂、环氧树脂等。

塑料按其应用情况和使用性能，又可分为通用塑料和工程塑料。聚烯烃（聚乙烯、聚丙烯）、聚苯乙烯、聚氯乙烯、酚醛树脂、氨基树脂通称为五大通用塑料。其产量占塑料总产量的四分之三，广泛应用于工农业生产、日常生活和国防上。工程塑料是一类新兴的高分子合成材料，是 20 世纪 60 年代出现的一类机械强度好，可以代替金属用作工程材料的一类塑料。工程塑料不仅在机械制造工业、仪器仪表工业、化工、建筑等方面得到了广泛应用，而且在宇宙航行、导弹等尖端科学技术上已成为不可缺少的材料。聚酰胺、聚甲醛、聚碳酸酯和 ABS 树脂称为四大工程塑料。

下面介绍几种重要的塑料，其中聚乙烯、聚丙烯、聚 α-甲基丙烯酸甲酯及聚四氟乙烯已分别在第三、第五、第十章中介绍，不再赘述。

1. 聚氯乙烯

聚氯乙烯是由氯乙烯在引发剂作用下，发生聚合反应得到的。

$$nCH_2{=}\underset{\underset{Cl}{|}}{CH} \xrightarrow[50\sim60℃,\ 0.5MPa]{引发剂} \left[CH_2{-}\underset{\underset{Cl}{|}}{CH}\right]_n$$

聚氯乙烯简称 PVC，是一种通用塑料。它是由聚氯乙烯树脂为主要原料，加入各种添加剂后制得，加入添加剂的数量不同、种类不同及加工方法不同，可得到性状不同的多种制品。例如在聚氯乙烯树脂中加入少量增塑剂（约 5%）得到硬聚氯乙烯，适用于制造硬板、硬管及容器等。若加入较多增塑剂（30%～70%）则得到软聚氯乙烯塑料，可用于制造薄膜、软管和塑料鞋等日用品。

此外，聚氯乙烯树脂还可以用于制备人造革、聚氯乙烯纤维（氯纶）及泡沫塑料（加入发泡剂加工后制得）等。

聚氯乙烯的原料来源丰富，价格低廉，经济效益高，又容易加工成各种透明制品，且具有较好的机械性能和耐腐蚀性能，因此在工农业生产和日常生活中得到广泛应用。但聚氯乙烯制品中含有毒的硬脂酸铅，因此不能用于包装和盛放食物。

2. 聚苯乙烯

苯乙烯在加热或过氧化物引发下聚合，制得聚苯乙烯。

$$n\,C_6H_5\text{—CH=CH}_2 \xrightarrow[\text{或 }100^\circ\text{C左右}]{\text{过氧化物}} \text{⁅CH—CH}_2\text{⁆}_n \text{（CH 上连 }C_6H_5\text{）}$$

聚苯乙烯是应用较广的塑料之一，它的产量仅次于聚乙烯和聚氯乙烯。

聚苯乙烯是一种无色、无味、透明、坚硬的热塑性塑料，电绝缘性良好，能耐酸、碱腐蚀，富有光泽，容易染成各种鲜艳的颜色，但质地发脆，耐热和耐油性不佳。

聚苯乙烯主要作为高频电绝缘材料，制造化工设备、日用品，还可制造泡沫塑料，是防震隔音材料，在仪器包装中应用广泛。

3. 聚氨酯泡沫塑料

聚氨酯是由二异氰酸酯（O═C═N—R—N═C═O）与多元醇反应得到的线型高聚物。其主链结构为氨基甲酸酯链：

$$\sim\sim\text{HN—}\overset{\overset{\displaystyle O}{\|}}{C}\text{—O}\sim\sim$$

在合成聚氨酯过程中，加入少量水，使其与部分异氰酸酯反应，生成不稳定的取代氨基甲酸，氨基甲酸立即分解释放出二氧化碳。二氧化碳形成的小气泡留在高聚物分子内，使产品呈现海绵状，这就是聚氨酯泡沫塑料。聚氨酯泡沫塑料的用途很广，可用作表面涂层、纤维、合成橡胶和保温材料等。更广泛地用在家具、床垫、卡车座椅等方面作柔软性泡沫填充材料，是理想的坐垫材料。

4. ABS 塑料

在引发剂的作用下，由丙烯腈、1,3-丁二烯和苯乙烯三种单体共聚合而成，反应式如下：

$$n\text{CH}_2\text{═}\underset{\underset{\displaystyle CN}{|}}{\text{CH}} + m\text{CH}_2\text{═CH—CH═CH}_2 + p\,C_6H_5\text{—CH═CH}_2 \xrightarrow{\text{引发剂}}$$

$$\cdots\text{—CH}_2\text{—}\underset{\underset{\displaystyle CN}{|}}{\text{CH}}\text{—CH}_2\text{—CH═CH—CH}_2\text{—}\underset{\underset{\displaystyle C_6H_5}{|}}{\text{CH}}\text{—CH}_2\text{—}\cdots$$

ABS 是一种生产量大、用途比较广泛的新型工程塑料，具有良好的机械强度、耐温、耐化学腐蚀、容易加工、可电镀，制品美观实用。缺点是价格比较昂贵，常与其他树脂掺和使用，广泛用于制造电器外壳、仪表罩、汽车部件和日常用品等。

5．酚醛塑料

它是世界上最早（1909 年）生产的热固性塑料。工业上用苯酚和甲醛为原料在酸性催化剂存在下，经缩合反应制得线型热塑性树脂，然后加入填料、固化剂、润滑剂及颜料等各种添加剂，再经加热混炼，即得体型结构的酚醛塑料（又称电木粉）。其主链结构如下：

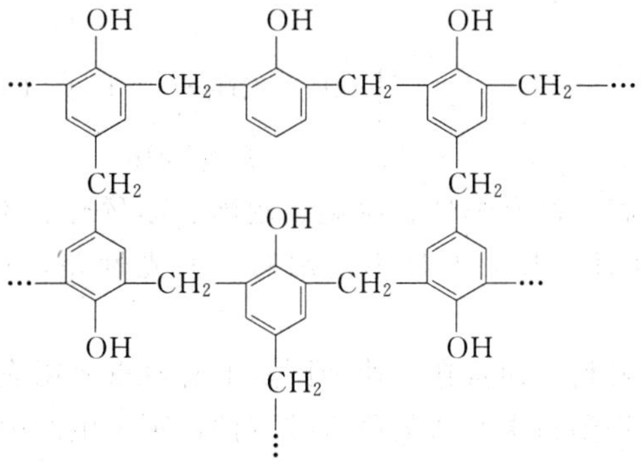

体型酚醛塑料

酚醛塑料具有较高的机械强度和良好的电绝缘性能，耐热、耐磨、耐腐蚀。可用作各种电绝缘材料、化工设备材料、电机及汽车配件、隔音材料等。

二、合成纤维

棉花、羊毛、丝、麻等属于天然纤维，化学纤维根据所用的原料不同可分为人造纤维和合成纤维两类。人造纤维是利用天然高分子物质如木浆、短棉绒等为原料，经过化学加工处理而制成的黏胶纤维。合成纤维是利用石油、天然气、煤和农副产品作原料制成单体，经加聚反应或缩聚反应合成得到的，合成纤维都是线型高聚物，有较好的强度和挠曲性能，在合成纤维中涤纶、锦纶、腈纶、丙纶、维纶和氯纶被称为“六大纶”。它们都具有比天然纤维和人造纤维更优越的性能。

合成纤维不仅为人民生活提供了经久耐用而美观的衣着材料，还为现代工业技术的发展提供了特殊性能的纤维。目前已有耐高温纤维、耐辐射纤维、防火纤维和光导纤维。下面介绍几种常见的合成纤维。

1．聚酰胺纤维

聚酰胺纤维的商品名称叫尼龙（又称锦纶）。它是以酰胺键$\left(-\overset{\overset{O}{\|}}{C}-NH-\right)$连接分子中各链节的合成纤维。其品种较多，在此介绍尼龙-6、尼龙-610、尼龙-1010 等。

尼龙-6 是由己内酰胺开环聚合而成的。“6”表明高聚物链节中含有 6 个碳原子。

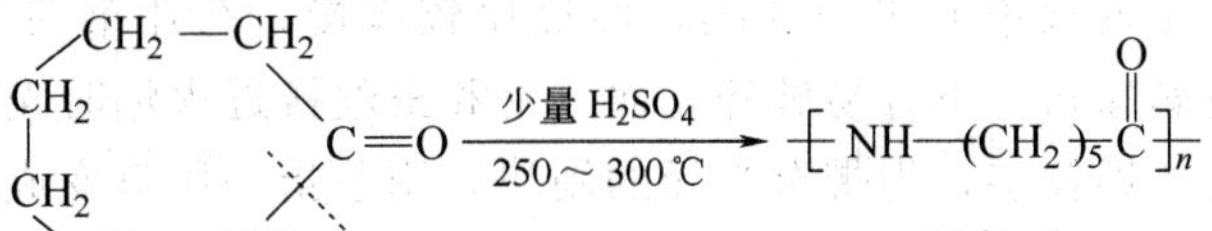

$$\text{(}CH_2-CH_2-CH_2-CH_2-CH_2-NH-C{=}O\text{，环状)} \xrightarrow[250\sim300℃]{\text{少量 }H_2SO_4} \left[NH-(CH_2)_5-\overset{\overset{O}{\|}}{C}\right]_n$$

尼龙-6

尼龙-610 是由己二胺和癸二酸两种单体发生缩聚反应而合成的。其中“6”代表己二胺中的 6 个碳原子，“10”代表癸二酸中的 10 个碳原子。

$$nH_2N\text{-}(CH_2)_6\text{-}NH_2 + nHOOC\text{-}(CH_2)_8\text{-}COOH \longrightarrow \left[NH\text{-}(CH_2)_6\text{-}NH\text{-}\overset{O}{\overset{\|}{C}}\text{-}(CH_2)_8\text{-}\overset{O}{\overset{\|}{C}}\right]_n + 2nH_2O$$

尼龙-610

尼龙-1010是我国首创的以蓖麻油为原料，先制得癸二酸和癸二胺两种单体，再经缩聚反应而成高聚物。两个“10”分别代表癸二胺和癸二酸分子中的碳原子。

$$nH_2N\text{-}(CH_2)_{10}\text{-}NH_2 + nHOOC\text{-}(CH_2)_8\text{-}COOH \longrightarrow \left[NH\text{-}(CH_2)_{10}\text{-}NH\text{-}\overset{O}{\overset{\|}{C}}\text{-}(CH_2)_8\text{-}\overset{O}{\overset{\|}{C}}\right]_n + 2nH_2O$$

尼龙-1010

聚酰胺纤维具有强度高、富有弹性、耐温、耐酸、耐稀碱、不被虫蛀、不发霉的优点，特别是耐磨性优于其他纤维，其缺点是不耐浓碱，耐光性差，长期光照下易发黄，强度下降。

尼龙不仅是民用衣着材料，而且在工业和国防上有着重要用途，如用来制造轮胎的帘子线、渔网等，还可作为工程塑料来制造某些机械零件，军工生产中用于制作降落伞和宇宙飞行服等。

2. 聚酯纤维

聚酯纤维是分子中含有酯键$\left(\text{—}\overset{O}{\overset{\|}{C}}\text{—}O\text{—}\right)$的一类合成纤维。其中以对苯二甲酸二乙二醇酯为单体的缩聚物为主要品种，商品名为涤纶，俗称“的确良”。

涤纶性能优良、强度大、耐磨、保型性好、富有弹性、耐漂白粉和无机酸等腐蚀、绝缘性良好。涤纶还具有良好的热稳定性和光稳定性，例如，在150℃加热1000h，强度只减小50%，在日光下曝晒6000h，强度只减小60%，超过天然纤维和其他合成纤维。其缺点是不易染色、吸水性小、耐碱性差。涤纶是一种理想的纺织材料，工业上常用作渔网、帘子线耐酸滤布、水龙带和人造血管等。

3. 聚丙烯腈纤维

聚丙烯腈纤维商品名叫腈纶。由于它的外观和性能与羊毛类似，故有“合成羊毛”之称。它是由丙烯腈为单体，在偶氮二异丁腈的引发下，缩聚而成的高聚物。

$$nCH_2{=}\underset{CN}{\underset{|}{CH}} \xrightarrow[35℃]{引发剂} \left(CH_2\text{—}\underset{CN}{\underset{|}{CH}}\right)_n$$

腈纶不仅质轻丰满，而且强度高、耐温、保暖性好，它的密度比羊毛小11%，而强度相当于羊毛的2～3倍，腈纶不霉不蛀，耐日晒。适宜于制毛线、毛毯、膨体纱、窗帘、帐篷、军用帆布等，也是人造毛皮服装、运动衣的理想面料。

化学纤维如锦纶接近火焰时迅速卷缩，燃烧比较缓慢，有芹菜的气味，趁热可以拉成丝，灰烬为灰褐色玻璃球状，不容易破碎。而羊毛和蚕丝接近火焰时先卷缩，燃烧时有烧毛发的焦煳味，燃烧后灰烬较多，为带有光泽的硬块，用手指一压就变成粉末。利用这个性质可以初步区分化学纤维织物和羊毛织物。

三、合成橡胶

合成橡胶是由人工合成具有天然橡胶性能的线型高聚物，它在某些性能上优于天然橡胶，具有一些特殊的用途。

合成橡胶品种较多，按照性能及用途的不同，可分为通用橡胶和特种橡胶，前者用于制造轮胎及一般的橡胶制品，后者具有特殊性能（如耐高温、耐油、耐老化和高气密性等），用于制造在特殊条件下使用的橡胶制品。下面介绍几种合成橡胶。

1. 丁苯橡胶

丁苯橡胶是合成橡胶中产量最大的一个品种，占世界上合成橡胶总量的 60%～70%。它是由 1,3-丁二烯和苯乙烯共聚而成的高聚物。反应式如下：

$$n\mathrm{CH_2{=}CH{-}CH{=}CH_2} + n\mathrm{CH_2{=}CH(C_6H_5)} \xrightarrow[5\sim20^\circ\mathrm{C}]{\text{引发剂}} \mathrm{\left[CH_2{-}CH{=}CH{-}CH_2{-}CH_2{-}CH(C_6H_5)\right]}_n$$

丁苯橡胶

丁苯橡胶为红褐色的弹性体，经适当硫化后，它的耐磨性、耐老化性都优于天然橡胶，但它的弹性比天然橡胶差，目前丁苯橡胶的主要用途是制造车辆的外胎、内胎、电缆和胶鞋等。

2. 氯丁橡胶

氯丁橡胶是由 2-氯-1,3-丁二烯聚合而成的高聚物，反应式如下：

$$n\mathrm{CH_2{=}CH{-}C(Cl){=}CH_2} \xrightarrow{\text{聚合}} \mathrm{\left[CH_2{-}CH{=}C(Cl){-}CH_2\right]}_n$$

氯丁橡胶

氯丁橡胶的耐油性、耐老化和化学稳定性都优于天然橡胶，用于制造轮胎、运输带及油箱等。

3. 丁腈橡胶

丁腈橡胶是特种橡胶中产量最大的一种。它是由 1,3-丁二烯和丙烯腈发生共聚反应制得的。反应式如下：

$$n\mathrm{CH_2{=}CH{-}CH{=}CH_2} + n\mathrm{CH_2{=}CH(CN)} \xrightarrow[35^\circ\mathrm{C}]{\text{引发剂}} \mathrm{\left[CH_2{-}CH{=}CH{-}CH_2{-}CH_2{-}CH(CN)\right]}_n$$

丁腈橡胶

丁腈橡胶具有优良的耐油性。耐磨、耐热和抗老化性能也优于天然橡胶，还具有良好的加工性能。缺点是弹性及耐臭氧能力较差。丁腈橡胶主要用于制造各种耐油制品，如胶管、密封垫、贮槽衬里等。由于它的耐热性能良好，还可用作运输热物料（140℃以下）的传送带等。

四、离子交换树脂

离子交换树脂是具有离子交换作用的一类合成高分子化合物。这类高分子化合物的特点是在高分子的“骨架”上带有活性基团，这种活性基团能离解出离子与溶液的其他离子进行交换。故称离子交换树脂。根据活性基团的种类和作用不同，可分为阳离子型离子交换树脂和阴离子型离子交换树脂。

阳离子型离子交换树脂的高分子骨架上连有酸性基团（如—SO_3H、—COOH、—OH 等），它们能离解出 H^+，与溶液中的 Na^+、K^+、Mg^{2+}、Ca^{2+} 等阳离子进行交换。

阴离子型离子交换树脂的高分子骨架上连有碱性基团［如—NH_2、—NHR 或—$N^+(CH_3)_3OH^-$等］，它们能够交换阴离子，与溶液中的 Cl^-、SO_4^{2-}、HCO_3^- 等阴离子进行交换。

离子交换树脂的品种很多，应用最广的是交联聚苯乙烯强酸型和强碱型。

在苯乙烯和对二乙烯苯共聚物的骨架上引入磺酸基就得到强酸型阳离子交换树脂，引入季铵碱基则得到强碱型阴离子交换树脂。

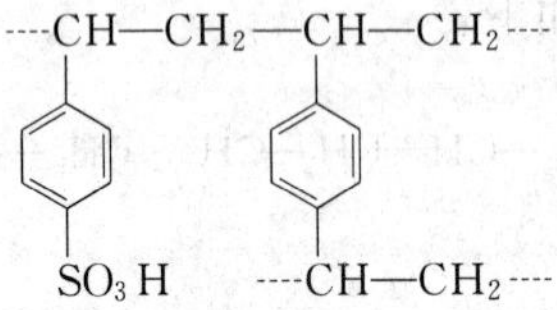

…CH—CH_2—CH—CH_2…

SO_3H　…CH—CH_2…

强酸型离子交换树脂

…CH—CH_2—CH—CH_2…

$HO^-(CH_3)_3N^+$—CH_2　…CH—CH_2…

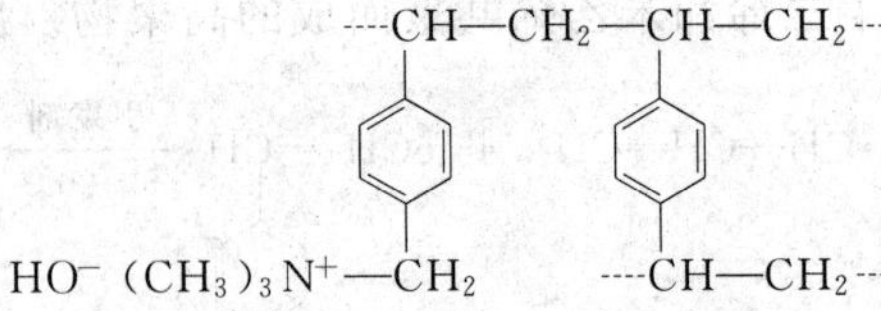

强碱型离子交换树脂

离子交换树脂的用途很广，可以纯化水，普通水中含有 NaCl、Na_2SO_3、$MgCl_2$、$Ca(HCO_3)_2$ 等矿物质，当这种水通过强酸性阳离子交换树脂时，水中的阳离子被交换除去：

$$R—SO_3H+Na^+(Ca^{2+},Mg^{2+}\text{等}) \rightleftharpoons R—SO_3Na(Ca^{2+},Mg^{2+}\text{等})+H^+$$

再使水通过强碱性阴离子交换树脂可以除去 HCO_3^-、SO_4^{2-}、Cl^- 等阴离子就被交换除去：

$$R—N^+(CH_3)_3OH^-+HCO_3^-(SO_4^{2-},Cl^-) \rightleftharpoons R—N^+(CH_3)_3HCO_3^-(SO_4^{2-},Cl^-)+OH^-$$

经过离子交换处理的水，叫无离子水。

离子交换是可逆过程，所以使用过的离子交换树脂，可以分别用稀酸或稀碱进行洗涤，使树脂恢复成原来状态，可以重复使用，这一过程称为再生。其反应为以上交换反应的逆反应。

离子交换树脂还可用来分离、萃取金属，如可用于回收电镀液中的铬、锌、铜、显影液中的银，分离和提纯抗生素，纯化和浓缩原子能工业中的铀等。还可用作某些有机合成反应中的酸、碱催化剂。

五、胶黏剂和涂料

胶黏剂是一类具有优良胶黏性能的高聚物。根据来源不同可分为天然胶黏剂和合成胶黏剂。天然胶黏剂来源于动、植物体，如淀粉、松香、鱼胶、牛皮胶等。合成胶黏剂是人工合成的高聚物，如聚乙烯醇、环氧树脂等。合成胶黏剂粘合力强，性能优异，具有强度高、工艺温度低、绝缘和抗腐蚀性能好，连接部位受力均匀等优点，因而得到广泛的应用。特别是近几年来，由于宇航、飞机、汽车、电子等行业的发展，对胶黏剂提出了更高的要求，随之研制出一系列特种胶黏剂，如耐高温、导电、导磁、导热、医用以及可在水中使用的各种胶黏剂等。

涂料是一种有机高分子的混合液或粉末。涂料涂刷在物体表面能形成薄层以达到保护、美化或者装饰的目的。常用的油漆就是较早使用的涂料。油漆是由颜料、胶黏剂和溶剂组成的混合物，不含颜料的油漆叫清漆。用作涂料的聚合物有氨基树脂、酚醛树脂、丙烯酸树脂等。

随着科学技术的进步，各具特色的特种涂料如耐高温涂料在航空、航天方面具有重要的用途。例如：在火箭外壳上有一层隔热烧蚀涂料，在火箭高速飞行时，表面产生数千摄氏度高温，在高温的作用下，这种涂料发生分解、熔化、升华等变化，带走大量热量，可阻止高温传到火箭内部，从而保证火箭正常运行。

第五节 新型有机高分子材料

能源、信息和材料并列为新科技革命的三大支柱，而材料又是能源和信息发展的物质基础。在重要的合成高分子材料的基础上，人们始终在不断地研究、开发着性能更优异、应用更广泛的新型高分子材料，来满足计算机、光导纤维、激光、生物工程、海洋工程、空间工业和机械工业等尖端技术发展的需要，这些新型高分子材料包括具有分离功能的高分子膜，具有光、电、磁等特殊功能的高分子材料，生物高分子材料，医用高分子材料，隐身材料、液晶高分子材料和光致变色高分子材料等。这些新型有机高分子材料在我们的日常生活、工农业生产和尖端科学技术领域中起着越来越重要的作用。本节我们简要介绍其中的几种。

一、功能高分子材料

功能高分子材料是指既有通用高分子材料的机械性能，又有某些特殊功能的高分子材料。

1. 高分子分离膜

离子交换分离膜是将离子交换树脂粉碎后与高分子胶黏剂制成的离子分离膜，如图14-2所示。以外界能量为推动力，它的特点是能够让某些物质有选择地通过，而把另外一些物质分离掉。这类分离膜广泛应用于生活污水、工业废水等废液处理以及回收废液中的有用成分，如在冶金工业中用作各种贵重金属的分离提纯等。特别是在海水和苦咸水的淡化方面已经实现了工业化。在食品工业中，分离膜可用于浓缩天然果汁、乳制品加工、酿酒等，分离时不需要加热，并可保持食品风味。目前中空纤维膜是分离功能材料的佼佼者，它们在海水淡化、超纯水的制备、抗生素的分离和浓缩、细菌病毒的分离和消毒等方面显示出独特的优异功能。

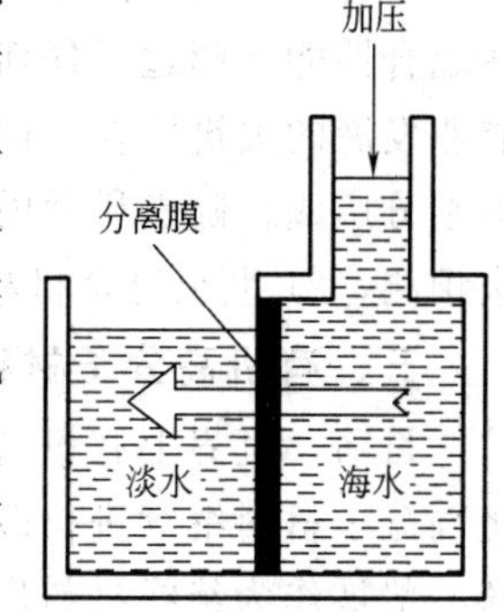

图 14-2 高分子分离膜用于海水淡化

未来的高分子膜不仅可以用在物质的分离上，而且还能用在各种能量的转换上，如传感膜能够把化学能转换成电能，热电膜能够把热能转换成电能等。这种新的高分子膜为缓解能源和资源的不足，解决环境污染问题带来希望。

2. 生物医用高分子材料

在医学上，人们一直想用人工器官代替病变器官，但是材料问题一直无法解决。直到性能优良的生物医学材料的出现，人们的这种愿望才初步得以实现。合成高分子材料一般具有优异的生物相容性，不会引起血液凝固，也不会破坏血小板等，而且还有很高的机械性能，可以满足人工器官对材料的苛刻要求，例如，人的心跳一般为每分钟 75 次左右，如果使用 10 年，人工心脏就得反复挠曲 4 亿次，这样高的要求，一般材料是很难胜任的，目前大都使用硅聚合物和聚氨酯等高分子材料。近年来，人工器官的研究取得了令人瞩目的成就，可以说现在除了大脑以外，几乎所有的人工器官都已取得进展，大部分人工器官已经成功地应用于临床治疗，取得了相当好的疗效。人工器官的发展带来了医学的巨大进步，可望逐步实现人类除大脑之外的所有患病器官都能用人工器官替代的愿望。所有这些再加上新型高分子药物的发展，到那个时候，人类的寿命将会有很大的延长。

3. 感光高分子材料

在光的作用下能迅速发生光化学反应，产生物理或化学变化的高聚物称为感光性高分子，如光致变色高分子是一类有特殊用途的感光性高分子材料。在丙烯酸类高分子侧链上引入硫代缩氨基脲基团，在光照时可出现不同的颜色，当光照停止时又恢复原来的颜色，这类光致变色高分子在军事上是很好的伪装隐形材料，可出现不同的颜色，也可用在动态图像中储存信息。作为激光、电焊光、强烈阳光照射下的护目镜，可以使眼睛免受伤害。作为玻璃的涂料，则可以自动调节室内光线，并美化了建筑物。

二、复合材料

复合材料是指由两种或两种以上材料组合而成的，物理和化学性质与原材料不同，但又保持其原来某些有效功能的新材料。复合材料中，一种材料作为基体，另外的材料作为增强剂。近代开发的复合材料有一种是用线型酚醛树脂浸渍过的布或玻璃纤维，经干燥、加热、加压制成的复合材料——玻璃纤维增强材料（又称玻璃钢），它质轻而坚硬，机械强度可与钢材相比，可作船体、汽车车身等。

由于原子能、航空、航天、电子、化工等的发展，对材料的韧性、耐磨、耐腐蚀、耐高温、电性能等提出了更高要求，使现代先进复合材料蓬勃发展起来。现代使用最广，效果最好的复合材料有纤维增强塑料、纤维增强金属、纤维增强陶瓷等。

复合材料具有强度高、材料轻、刚性大，抗疲劳性能、减振性能和高温性能好等特点。在综合性能上超过了任何单一材料，因此，复合材料就成为理想的航空、航天材料，成为宇航业发展的关键所在。此外，复合材料在汽车工业、机械工业、建筑部门等方面的应用前景也十分广阔。随着科学的发展，复合材料的生产工艺将不断完善和简化，成本不断降低。专家预测，21世纪复合材料的用量将会超过钢铁，成为未来的常规材料。

三、有机高分子材料的发展趋势

目前，世界上有机高分子材料的研究正在不断地加强和深入。一方面，对重要的通用有机高分子材料继续进行改进和推广，使它们的性能不断提高，应用范围不断扩大。例如，塑料一般被作为绝缘材料广泛使用，但是近年来，为满足电子工业需求，经科学家30余年的努力，又研制出具有优良导电性能的导电塑料。例如导电聚乙炔能把太阳光中几乎所有的能量都吸收下来，因此，它是做太阳能电池的理想材料；美国军界已把导电聚合物用于隐身飞机。21世纪导电聚合物将获得更广泛地应用，全面造福于人类。另一方面，高分子材料已向纳米化迈进，具有特殊功能材料的研究也在不断加强，并且取得了一定的进展，如仿生高分子材料、高分子智能材料等。这类高分子材料在宇航、建筑、机器人、仿生和医药领域已显示出潜在的应用前景。总之，今后高分子材料发展的主要趋势是高性能化、高功能化、复合化、精细化和智能化，高分子材料作为年轻的一类材料，生机勃勃，风华正茂，有机高分子材料必将对人们生产和生活产生越来越大的影响。

【阅读材料】

有利环保的高聚物——可降解塑料

随着石油化工的飞速发展，塑料在生产、生活以及其他领域中的应用也越来越广泛，越来越普及，但是，随着塑料的广泛应用，特别是一次性用品，如食品袋、饮料瓶、水杯、饭盒、农用薄膜等，用后废弃，又不易分解腐烂，已造成了严重的环境污染——“白色污染”。

自从 20 世纪 70 年代以来，世界上就有许多国家开始研制不污染环境的可降解塑料。可降解塑料是指在一定条件下，可逐渐分解，直到最终成为二氧化碳和水的高聚物。目前已经开发研制并投入生产的可降解塑料主要有两类，一类是光降解塑料，另一类是生物降解塑料。

1. 光降解塑料

光降解塑料是在聚合物链上引入对紫外光敏感的基团。具有光敏基团的聚合物在紫外光照射下发生光化学反应，使聚合物的长链断裂，生成较低分子量的碎片。这些碎片在空气中进一步发生氧化作用，降解成为可被生物分解的小分子化合物，最终转化为二氧化碳和水。例如，以一氧化碳为光敏单体与烯烃共聚可得到含有羰基结构的聚乙烯、聚丙烯、聚苯乙烯、聚氯乙烯等光降解聚合物。以这些聚合物为母料，分别与同类树脂共混，就可以得到各种不同的光降解塑料。此外，在塑料加工过程中，加入少量的光敏剂也可得到光降解制品。

用光降解塑料制成的包装袋，饭盒、农用薄膜等，废弃后，能在阳光照射下自动降解为二氧化碳和水，因而不会造成环境污染。

2. 生物降解塑料

生物降解塑料是指在一定条件下，能被生物侵蚀或代谢而发生降解的塑料。这类塑料可以由淀粉、纤维素等多糖天然聚合物与人工合成聚合物共同混合而成。也可用容易被生物降解的单体与其他单体经共聚反应制得。

生物降解塑料的应用范围较广泛。除可用于制作包装袋和农用地膜外，还可用作缓释载体，包埋化肥、农药、除草剂等。这些缓释载体在土壤中经生物降解，使化肥、农药、除草剂等被包埋物逐渐释放出来，从而可持久、均匀地发挥效力。

在医疗方面，用生物降解塑料作为医药缓释载体，可使药物在体内较长时间地发挥最佳疗效；用生物降解塑料制成的外科用手术线，可被人体吸收，伤口愈合后不必拆线。

现在，可降解塑料的研制和生产已经具有相当规模，其发展的势头十分迅猛。可以预见，随着人类对环境保护意识的不断增强，可降解塑料的产量会迅速增加，应用会更加广泛。

本章小结

1. 高分子化合物是由一种或几种简单的低分子化合物以共价键连接而成的大分子的化合物。其相对分子质量一般在 10^4～10^6 之间。它指的是平均相对分子质量，相对分子质量不等的现象称为多分散性。

2. 高分子化合物具有较好的机械强度和电绝缘性，良好的弹性、可塑性和耐腐蚀等性能。

3. 高分子化合物的结构和性能的关系。

（1）线型结构　具有可塑性、弹性和热塑性。

（2）体型结构　不能溶解和熔融、具有热固性。

4. 高分子化合物主要合成方法有两种：加聚反应和缩聚反应。

5. 重要的三大合成材料——塑料、合成纤维、合成橡胶。

塑料分为热塑性塑料和热固性塑料。热塑性塑料可重复加热塑制，热固性塑料不能重复加工。

合成纤维是由线型高分子化合物加工制成的，有很好的强度和挠曲性。

合成橡胶也是线型高分子化合物加工制成的，在一定温度范围内具有高弹性能。

6. 本章主要介绍两类新型有机高分子材料——功能高分子材料和复合高分子材料。

习题

1. 解释下列概念。

（1）单体　（2）链节　（3）聚合度　（4）加聚反应　（5）缩聚反应

（6）热塑性塑料　（7）离子交换树脂　（8）涂料

2. 命名下列高聚物，并写出单体的构造式。

（1）$\left[\!-CH_2-\underset{\displaystyle CN}{\underset{|}{CH}}-\!\right]_n$

（2）$\left[\!-NH-(CH_2)_6-NH-\overset{\displaystyle O}{\overset{\|}{C}}-(CH_2)_4-\overset{\displaystyle O}{\overset{\|}{C}}-\!\right]_n$

（3）$\left[\!-\underset{\displaystyle C_6H_5}{\underset{|}{CH}}-CH_2-\!\right]_n$

（4）$\left[\!-CH_2-\underset{\displaystyle Cl}{\underset{|}{C}}=CH-CH_2-\!\right]_n$

3. 填空题。

（1）重要的三大合成材料是指______、______和______，合成材料废弃物的急剧增加会带来______问题，______是目前处理城市垃圾的一个主要方法。

（2）加聚反应是由一种或多种______，通过相互______聚合成______的过程。反应中无______物质析出。

（3）除传统的三大合成材料、胶黏剂和涂料外，又出现的新型高分子材料主要有______膜，具有光、电、磁等特殊功能的______材料、______材料、______材料、隐身材料和液晶高分子材料等。

4. 选择题。

（1）随着社会的发展，复合材料成为一类新型的有发展前途的材料，目前，复合材料最主要的应用领域是（　　）。

A. 高分子分离膜　　B. 人类的人工器官

C. 航天、航空工业　　D. 新型药物

（2）下列有关新型高分子材料的说法中，不正确的是（　　）。

A. 高分子分离膜应用于食品工业中，可用于浓缩天然果汁、乳制品加工、酿造业等

B. 复合材料一般是以一种材料作为基体，另一种材料作为增强剂

C. 导电塑料是应用于电子工业的一种新型有机高分子材料

D. 合成高分子材料制成的人工器官都受到人体的排斥作用，难以达到生物相容

（3）不能用于作食品包装袋的物质是（　　）。

A. 牛皮纸　B. 聚乙烯　C. 聚丙烯　D. 聚氯乙烯

（4）发展“绿色食品”，避免“白色污染”，增强环境保护意识，是保护环境，提高人类生存质量的重要措施，请回答：

①“绿色食品”是指（　　）。

A. 绿颜色的营养食品　　B. 含有叶绿素的营养食品

C. 经济附加值高的营养食品　　D. 安全、无公害的营养食品

② 通常说的“白色污染”是指（　　）。

A. 冶炼厂的白色烟尘　　B. 石灰窑的白色粉尘

C. 聚乙烯等塑料垃圾　　D. 白色建筑废料

（5）下列物质中属于高分子合成化合物的是（　　）。

A. 棉花　B. 人造棉　C. 淀粉　D. 有机玻璃

（6）下列说法错误的是（　　）。

A. 天然纤维就是纤维素

B. 化学纤维的原料可以是天然纤维

C. 合成纤维的主要原料是石油、天然气、煤和农副产品

D. 生产合成纤维的过程中发生的是物理变化

（7）下列有关高分子化合物性质的说法中，正确的是（　　）。

A. 高分子化合物中每个分子的分子量是相同的

B. 只有通过缩聚反应合成的高聚物才称为树脂

C. 让普通水依次通过强酸性阳离子交换树脂和强碱性阴离子交换树脂后，可得到无离子水

D. 热塑性塑料能够进行多次重复加热塑制

5. 用最简便的方法鉴别下列各组物质。

（1）人造羊毛和羊毛　　（2）尼龙丝和蚕丝　　（3）聚乙烯和聚氯乙烯

6. 用石油裂化气和苯为原料，合成下列化合物。

（1）聚氯乙烯　　（2）丁苯橡胶　　（3）腈纶

附录　按次序规则排列的一些常见的原子和基

（按优先递升次序排列）

序号	取代基	构　　造	序号	取代基	构　　造
0	未共用电子对		15	羧基	$HO—C(=O)—$
1	氢	H	16	甲氧羰基	$CH_3O—C(=O)—$
2	氘	D	17	氨基	$H_2N—$
3	甲基	$CH_3—$	18	甲氨基	$CH_3NH—$
4	乙基	$CH_3CH_2—$	19	二甲氨基	$(CH_3)_2N—$
5	异丙基	$(CH_3)_2CH—$	20	硝基	$O_2N—$
6	乙烯基	$CH_2═CH—$	21	羟基	$HO—$
7	环己基	$C_6H_{11}—$（环己基结构式）	22	甲氧基	$CH_3O—$
8	叔丁基	$(CH_3)_3C—$	23	苯氧基	$C_6H_5—O—$（苯环结构式）
9	乙炔基	$HC≡C—$	24	乙酰氧基	$CH_3—C(=O)—O—$
10	苯基	$C_6H_5—$（苯环结构式）	25	氟	$F—$
11	氰基	$NC—$	26	磺酸基	$HOSO_2—$
12	羟甲基	$HOCH_2—$	27	氯	$Cl—$
13	醛基	$H—C(=O)—$	28	溴	$Br—$
14	乙酰基	$CH_3—C(=O)—$	29	碘	$I—$

主要参考书目

1 高鸿宾．有机化学．第 3 版．北京：高等教育出版社，1999
2 高鸿宾，王庆文．有机化学．第 2 版．北京：化学工业出版社，2004
3 黄素秋，郑穹，季立才．有机化学导论．武昌：武汉大学出版社，1993
4 初玉霞．有机化学．北京：化学工业出版社，2001
5 袁红兰．有机化合物及其鉴别．北京：化学工业出版社，2002
6 刘斌．化学．北京：高等教育出版社，2002
7 旷英姿．化学基础．北京：化学工业出版社，2002
8 人民教育出版社化学室．化学：第 2 册．北京：人民教育出版社，2004
9 北京大学化学系有机化学教研室．有机化学词典．科学技术出版社，1987
10 袁履冰．有机化学．北京：高等教育出版社，2000